JN082705

よくわかる最新

防災土木の基礎知識

新しい治水・防災土木の教科書

五十畑 弘 著

秀和システム

はじめに

自然災害の防災の難しさは、「災害を起こす自然現象の発生の頻度は低いが、ひとたび発生すると、人間の営みに対し圧倒的な破壊力を持つ」という点にある。多くの災害対策で指摘される「防災の日常化」「フェーズフリーの備え」等は、「忘れたころにやってくる災害への意識を、平常時の日々の生活の中にいかに組み込むか」ということである。

自然災害の防災は、地震・豪雨などの自然現象に対し、それを受け止める社会の抵抗力を高めることにほかならない。同じレベルの自然現象の作用であっても、発生する災害の程度は、地形・地盤などの自然条件のほかに、人の働きかけが可能な範囲の人為的なハード・ソフトの備えによって大きく異なる。人事を尽くすことができる範囲で、災害の発生を未然に防ぎ、あるいは被害軽減の方策を講じ、その上で発災の場合の迅速な避難と復旧・復興に備えることが防災である。

これらの取り組みの中で、最も基本となるのは、災害を起こす自然現象およびそれらの現象が被害発生につながるメカニズムに関する知識を深め、被害を抑止し、あるいは発生する被害の程度を最小限とするためのハード・ソフトの方策を、事前に講じることである。自然現象による物理的外力の作用に対して、構造物の耐震化、河川堤防や地盤の強化、排水能力の向上、あるいは津波に対する防波堤などのインフラの整備、さらには危険が予測される地域を回避する土地利用など、広範な側面がある。こういった事前の災害対策こそが、最も基本的な自然災害の防災であり、緊急時や事後の対応策は、これを補うものである。

自然現象による巨大な外力は、人間の力をはるかに超えるものもある一方、高い頻度で発生する、さほど規模の大きくない数多くの災害予備軍ともいえる自然現象がある。社会基盤のハードのインフラの備えによって、このような発生頻度の高い自然外力に対して、被害を抑える効果を発揮させることは十分可能である。大規模地震のような巨大な外力に対しても、致命的な被害を回避することにつながる。

いろいろな都市施設や各種インフラ施設は、人々の日常生活の中で、利便性・安全性を確保するための施設でもある。「多少の豪雨や地震の作用では、交通機関あるいは電気・水道などのライフラインは、停止することなく、機能が継続する」という安心感・信頼感を人々が持てることも、防災の範囲である。そのためには、インフラ施設がいつでも機能するように、平常時からの手入れが重要となる。インフラ設備は、時間の経過とともに劣化をするものであり、普段の日々に実施する長寿命化の対策は、非常時における防災機能の保証につながる。その意味で、平常時と災害発生時・緊急時の防災は連続しているといえる。

本書では、このように「事前防災が自然災害の防災の基本的対応である」との考え方に沿って、洪水や地震、斜面崩壊などの自然災害について、災害発生のメカニズムと特徴、そして各災害に備えるための主としてハード面の防災インフラの理解に必要となる基礎的ことがらについて述べる。

本書は全7章の構成であり、まず第1章「自然災害と防災」で、災害の種類や特徴、災害発生の要因、メカニズムなど、自然災害および防災全般について解説した上で、以後、自然災害の種類ごとの解説に移る。第2章「河川・沿岸域の風水害」では河川における洪水災害や沿岸域における高潮・波浪災害について、第3章「地震災害」では地震発生のメカニズム、地震波の伝播(でんぱ)や地震動の特性、耐震設計法、津波について述べ、第4章「地盤災害」では地盤災害の発生に至るメカニズムや、地盤沈下、液状化、斜面崩壊、地すべりなどについて述べる。第5章「火山災害」では、火山噴火への防災について述べる。第6章「気象変動と気象災害」では、近年顕著となっている気候変動の影響による水害、土砂災害、高潮災害などの気象災害を対象とし、第7章「防災計画」では、ハード面の防災対策の視点によるインフラ強化の防災計画として、国土強靱(きょうじん)化について述べる。

本書は、大学の土木系・環境系学科における学部生の防災関連科目の教科書を想定して、自然災害と防災の基礎知識について執筆したものである。各自然現象の解説でふれた水や地盤などの挙動は、高校物理レベルの力学の知識があれば十分理解できる範囲であり、学生や防災に関心のある一般読者はもとより、防災関連の行政担当者の参考書としても活用できる内容となっている。

本書が、自然災害と防災に関心のある幅広い立場の方々にとって、それらの基礎的知識取得の一助となれば幸いである。

2023(令和5)年7月
五十畑　弘

図解入門よくわかる
最新防災土木の基礎知識

CONTENTS

第4章 地盤災害

第5章 火山災害

第6章 気候変動と気象災害

第7章 防災計画（国土強靱化による防災対策）

第1章

自然災害と防災

本章では、自然災害の分野ごとに展開する次章以降に先立ち、自然災害と防災の全般を概観する。災害の種類と特徴、災害発生の要因、メカニズムなどを、発生に関わる地理的条件などを踏まえながら解説し、国内外における各災害の被害状況について述べる。防災については、防災・減災のための取り組み体制、組織、仕組み、および防災関連法制などとともに、災害記録、近年の防災意識の変化についてもふれる。

1-1

災害

災害は、台風による気象災害や地震に代表される地変災害などの**自然災害**と、大気汚染、地盤沈下といった都市災害、交通災害、産業災害などの**人為災害**に大別される。

■1　災害とは何か

わが国は、国土の位置、地形、地質および気象などの環境条件によって、暴風、竜巻、豪雨、豪雪、洪水、崖崩れ、土石流、高潮、地震、津波、噴火、地すべりなどの自然災害の発生が世界的にも多い国である。日本の自然災害の発生件数は、台風によるものが最も多く、次いで地震、洪水であるが、被害額からは、地震による被害が最も多い。

日本列島、日本近海には世界の活火山の7%が位置し、全世界のマグニチュード6以上の地震の約2割が、日本で発生している。全世界の災害による死亡者の0.3%が日本において発生し、災害被害金額から見ると、日本は世界全体の10%以上を占める。

自然災害の発生は、20世紀後半から21世紀にかけて、変動を伴いながら増加傾向にある。特に、洪水被害をもたらす降雨量は、21世紀に入り、気象庁の警報で「経験したことのない大雨」、「線状降水帯」などの新たな表現が増えているとおり、過去には見られなかった気象現象による災害発生件数が増加している。

災害は、人々の生命・財産に損傷を与え、社会生活や活動を損ない、低下させ、あるいは壊滅させる。人間が居住せず、人間の営みがない地域での地震や大雨などの自然現象による外力の作用は、なんら災害をもたらすことはない。

通常、災害というと自然現象によって発生する自然災害のほかに、産業事故、交通事故、大規模火災などの人為的な原因によって発生する災害も含まれる。国内において、最も基本的な災害対策の法律は、1959年発生の伊勢湾台風を契機に制定された災害対策基本法であるが、この法律では、「災害」を次のように定義している。

〈災害とは暴風、竜巻、豪雨、豪雪、洪水、崖崩れ、土石流、高潮、地震、津波、噴火、地滑りその他の異常な自然現象又は大規模な火事若しくは爆発その他その及ぼす被害の程度においてこれらに類する政令で定める原因により生ずる被害をいう。〉（災害対策基本法第2条1項）

土木工学ハンドブック（2巻、第64編 防災システム、土木学会）では、災害を大きく**自然災害**と**人為災害**に分け、自然災害では、自然現象の違いによって**気象災害**および**地変災害**に区分し、ほかに病原菌などの**動物災害**の分類を設けている（表1）。

気象災害は、強風、高潮、竜巻などの風水害、洪水、土砂流出、干ばつなどの降雨災害、および雪害その他である。地変災害は、地震動、津波、山体崩壊、地盤液状化などの地震災害や、溶岩流、降灰などの火山災害、土砂災害である。動物災害とは、病原菌あるいはCOVID-19のようなウイルスによる感染症のパンデミック、バッタ類の異常大量発生などの虫害である。

人為災害は人間の諸活動を原因とする災害であり、騒音、振動、大気汚染などの**都市災害**や、大規模な**産業災害**、**交通災害**、火災・爆発その他がある。

このほか、自然現象により発生する災害に対する防御の可能性の観点から、**防御可能災害**と**不可抗力災害**に分類して災害を定義する考え方もある。

一方では、社会の外発的な要因と内発的な要因を分けて扱い、内発的な要因について**集合的ストレス**などに対する人間の対応や反応に主眼を置く、行動科学的・社会科学的な定義もある。集合的ストレスとは、自然現象で発生した災害で受ける外圧によって、社会規範や社会システムが混乱・崩壊することである。平常時にその社会で得られると期待できる生活環境や条件を得ることが不可能になり、通常の生活や生命の安全が脅かされ、個人の財産と社会の資産の保全が困難になったときに発生する社会的ストレスとされている。

▼表1　災害の分類

自然災害	気象災害	①風水害（風力、高潮、波浪、乱気流、竜巻など）、②降雨災害（洪水、崖崩れ、内水氾濫、土砂流出、渇水、干ばつ等）、③雪害（積雪、融雪、吹雪）、④酷寒災害（凍土、凍結、冷害等）、⑤霜害、その他
	地変災害	①地震災害（震動、津波、山崩れ、崖崩れ、液状化等）、②火山災害（溶岩流、降灰等）、③土砂災害、その他
	動物災害	①病原菌、②虫害、その他
人為災害	都市災害	①大気汚染、②水質汚染、③騒音、④振動、⑤汚物・悪臭、⑥地盤沈下、⑦火災、その他
	産業災害	①工場災害、②鉱山災害、③労働災害、④放射線災害、その他
	交通災害	①陸上災害（自動車・列車事故等）、②飛行機事故、③船舶災害（火災・衝突・海難）、その他
	その他	戦争災害、管理災害等

出所：土木工学ハンドブック 第64編 防災システム

本書では、災害の定義について以下のように整理をする。

・災害は、自然現象を原因とする自然災害と、人為的原因による人為災害に大別できる。
・自然災害とは、暴風、竜巻、豪雨、豪雪、洪水、崖崩れ、土石流、高潮、地震、津波、噴火、地すべり、その他の異常な自然現象によって、短期間または長期間に広範囲にわたり、人間の社会生活や人命に対し人的、物質的、経済的、環境的な損失をもたらすことである。
・自然災害には、気象災害、地変災害のほか、病原菌による感染症やウイルスによる感染爆発（パンデミック）、害虫による虫害などの動物災害も含まれる。
・人為災害とは、産業活動などに伴う大規模な火事、爆発、放射性物質の大量放出などのほか、人間の社会活動が原因となって発生する、多数の避難者を伴う船舶の沈没、交通災害などの大規模な事故や、人口密集による都市環境の著しい悪化などである。

■2　自然災害の種類

自然災害を発生させる主な自然現象は、大気中の現象である雨・雪・風によるものと、地球内部の現象である地盤の震動・変形や火山の噴火による熱などがある。これらの自然現象によるエネルギーが外力として作用し、各種の自然災害発生の要因となる（図1）。

大気中の現象である雨・雪・風による水・大気・土砂の移動によって、河川洪水、内水氾濫、斜面崩壊、土石流、なだれ、積雪、落雪、強風、竜巻、高潮、波浪などの自然災害が発生する。

また、地球内部の現象である震動・変形・熱で、土砂の移動や火山の噴火熱が作用し、地盤震動、液状化、津波、斜面崩壊、岩屑（がんせつ）流、森林火災、降灰、噴石、溶岩流、火砕流、山体崩壊、泥流などの自然災害が発生する。

日本における自然災害の発生やその種類は、日本列島の置かれた地理的条件に支配されている。日本列島が位置するユーラシア大陸の東端部は、シベリア気団、オホーツク気団、小笠原気団、揚子江気団という、寒冷/温暖、乾燥/湿潤の性質が異なる気団の境界域である（図2）。このため、低気圧や前線の発生や活動が活発であり、台風が通過する頻度も高く、大雨や強風が発生しやすい。また、日本海を暖流が北上して流れることから、日本列島の脊梁（せきりょう）山脈北西側の日本海沿岸を中心に、冬期は降雪量が多い。

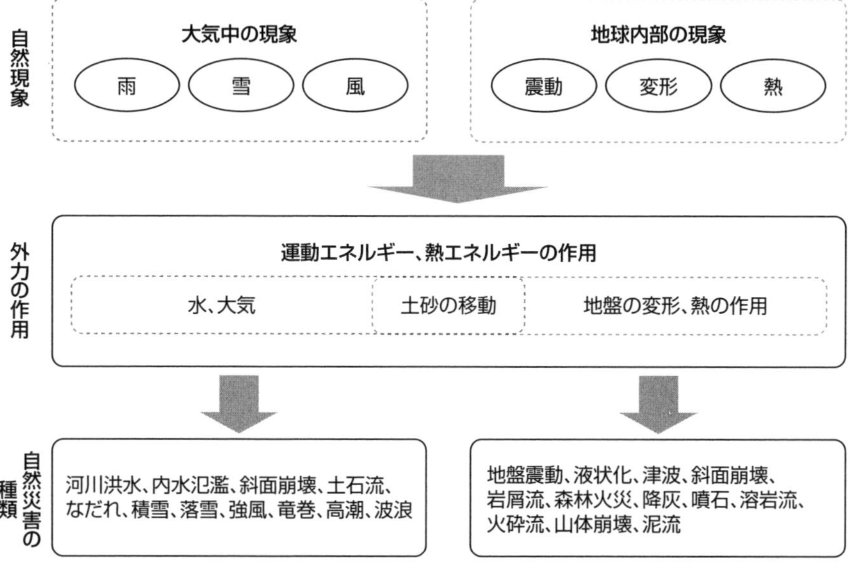

▲図1　自然災害の種類

自然災害は、大気中の現象あるいは地盤震動や火山噴火などの現象による外力作用で生じるものであり、外力作用がどのような形で被害をもたらすかによって、各種の災害に分類される。

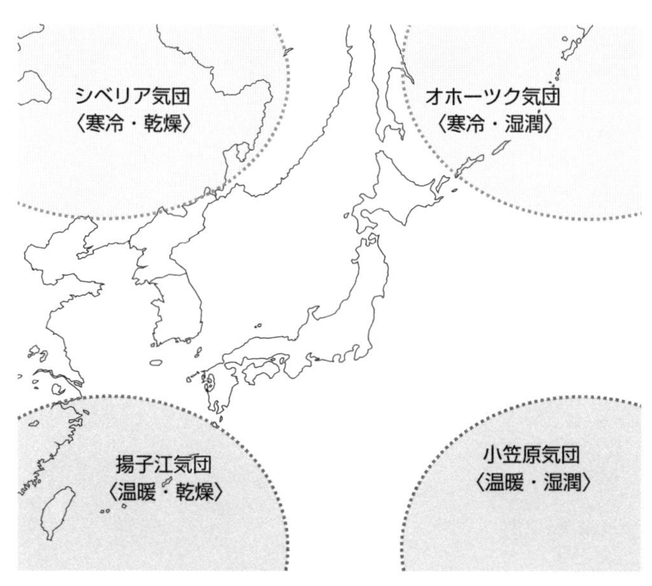

▲図2　日本列島近辺の４つの気団

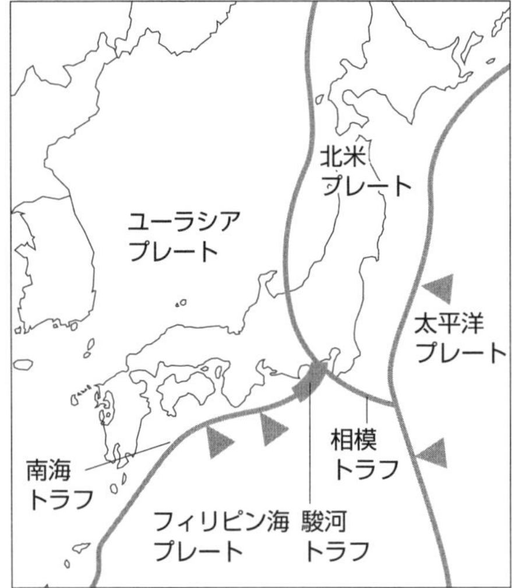

◀図3　日本列島近辺のプレート

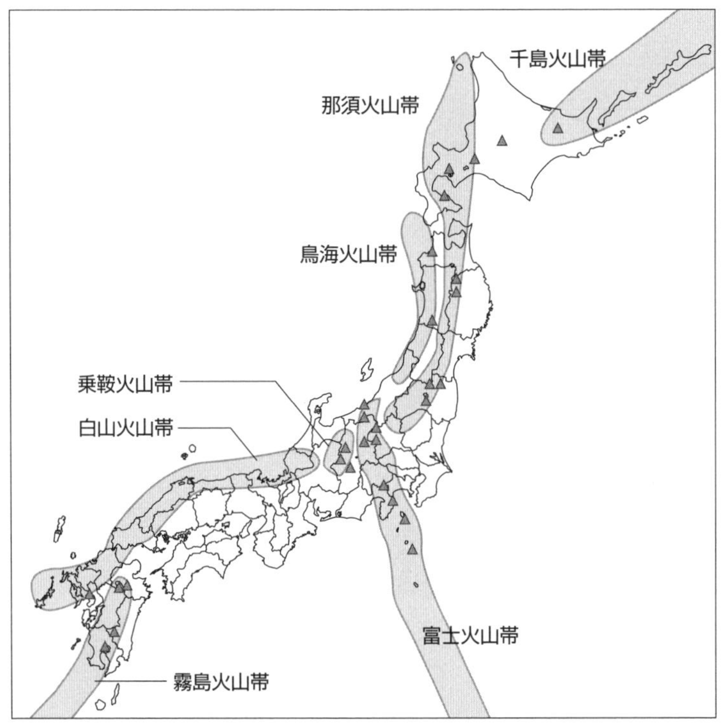

▲図4　日本列島の火山帯

　地殻的にも、ユーラシア大陸の東端部は境界域にある。日本列島およびその近海は、ユーラシアプレート、北米プレート、太平洋プレートおよびフィリピン海プレートという4つのプレートの上に位置する（図3）。海洋プレートが大陸プレートに沿って沈み込んで蓄積された力が解放され、プレート境界型の巨大地震や、プレートの運動に起因する内陸域の地殻内地震などが発生する。プレート境界型地震や地殻内地震は大きな地震動や変形を発生させ、津波を引き起す。

　日本列島を含む、太平洋の周囲を環状に取り巻く地域・海域は、**環太平洋火山帯**と呼ばれ、ここには世界の活火山の約6割があるとされる。日本列島には、フィリピン海プレートと太平洋プレートの2つのプレートが、東および南東の方向から日本列島に沈み込んでいる。東日本の火山帯および西日本の火山帯は、この2つのプレートの海溝と平行して帯状に延びている。ここには、世界の活火山の7%を占める111山の活火山が位置する（図4）。

■3　自然災害の特徴と発生の要因

　災害が発生する危険性（**発生リスク**）に影響を与える要因としてまず挙げられるのは、自然現象による外力（**ハザード**：hazard）がある。地震の地震動、液状化、台風の大雨や洪水、強風などの自然現象による外力の大きさは、それによる災害発生リスクに比例する。

　このほか、自然災害の発生リスクに影響を与える要因には、その自然現象を受ける地域・社会の災害に対する抵抗力（**脆弱性**（ぜいじゃくせい）：vulnerability）の程度がある。

　同じ規模の自然現象の外力を受けても、その地域・社会の災害への抵抗力の程度によって、被害の規模や程度は異なる。過去にも、近接した地区で、地形・地質・地盤・斜面などの自然条件あるいは社会条件に違いがあったために、発生した被害の程度も異なっていたという事例は多い。

　堤防、橋、道路、ライフラインといったインフラ施設の老朽化や耐震性の程度、当該地域の防災の仕組み、システムの整備状況、自治会や近隣住民の連携などの地域のソーシャル・キャピタルの状況が、発生リスクに影響を与える。世界の自然災害の犠牲者は、防災インフラの整備や、防災教育、防災システムなどの対策が遅れている低所得国、中所得国に集中している。

　また、人命や物的資産の被害の大きさは、自然現象に曝（さら）される資産の蓄積の程度や、人口密集の程度などの**曝露度**（ばくろど）（exposure）とも比例する関係にある。

以上のように、災害要因は、自然現象による外力に関わるものと、その外力を受ける地域・社会の側の要因によって構成されます。自然災害発生リスク（R）は、自然現象による外力（H）および地域・社会の抵抗力（脆弱性：V）の双方から影響を受ける。災害リスクは、さらに人命・物的資産の自然現象への曝露度（E）にも比例する（図5）。これらから、自然災害発生リスクは次のように定義できる。

R＝H×V×E

ここに、

R：自然災害発生リスク
H：自然現象による外力（ハザード）
V：地域・社会の脆弱性
E：人命・物的資産の曝露度（エクスポージャー）

■4　自然災害発生の構造

自然災害の発生時には、自然現象の外力により直接的に受ける一次被害のほかに、一次被害がさらなる被害の原因となり二次、三次の被害が発生する。自然科学的な現象である外力は、自然環境やハードの社会環境を破壊することで一次被害をもたらし、次いで社会・経済システムの防災力（脆弱性）の程度に応じて災害を拡大し、連鎖的な被害をもたらす。

地震動によって高速道路上の跨道橋（こどうきょう）が落下すると、幹線道路での避難救援の物資輸送が阻害され、さらなる被害拡大の原因となる。電柱が倒壊すると、一次被害として電気・通信障害が発生するだけでなく、倒壊した電柱や電線類が交通を阻害することにもなる。阪神・淡路大震災では、生

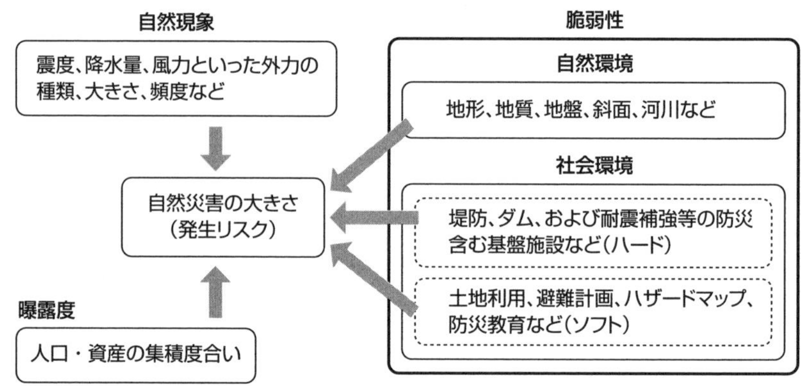

▲図5　自然災害発生の要因

自然災害の大きさは、自然現象による外力とそれを受ける地域・社会の脆弱性、および自然現象に曝される人命や資産の集積度合いによる。

活道路での多数の電柱や家屋の倒れ込みによる交通阻害が、救助の初動を遅らせた。

自然災害を発生させる地震や洪水、噴火などの自然現象の外力を**誘因**と呼ぶ。また、一次被害、およびそれを原因として発生する災害は、その地域の地形・地質・勾配・断層などの自然条件や、人口の密集程度、インフラなどの状況、およびその地域社会の防災体制などを含む社会・経済システムによって異なる。これが**素因**である。

誘因が自然現象による外力（hazard）であるのに対し、素因はその社会・地域の持つ外力に対する脆弱性（vulnerability）の程度を示す防災力である。災害は、「自然現象の外力（誘因）が、その社会・地域の防災力（素因）を超えたときに発生する」とも説明できる（図6）。

また、地震や洪水、噴火などの自然現象の発生は、確率的な現象であることから、この自然現象の外力による自然災害の発生は確率的である。震度の小さい地震ほど発生頻度は高く、震度が大きくなるに従って発生確率は低くなる。しかしゼロにはならない。外力によって発生する被害は、外力が小さいレベルではゼロ（無災害）または小さい。しかし、外力が大きくなると被害が発生し、さらに外力が増大すると巨大地震など壊滅的な被害が発生する（図7）。誘因である自然現象の外力の性質を理解し、同時に、社会環境を含めた素因の脆弱性の程度を引き下げて防災力を向上させることが、災害リスクの低減につながる。

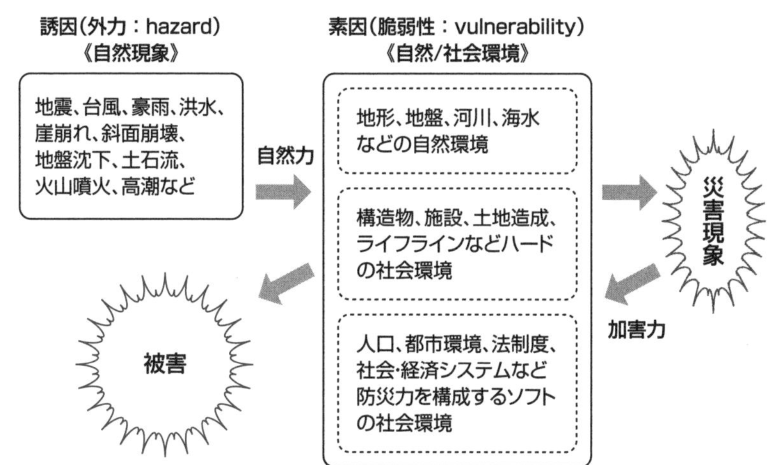

▲図6　自然災害の構造

自然災害における加害力の程度は、地震・台風などの誘因と、それが作用する自然・社会環境の素因によって決まる。

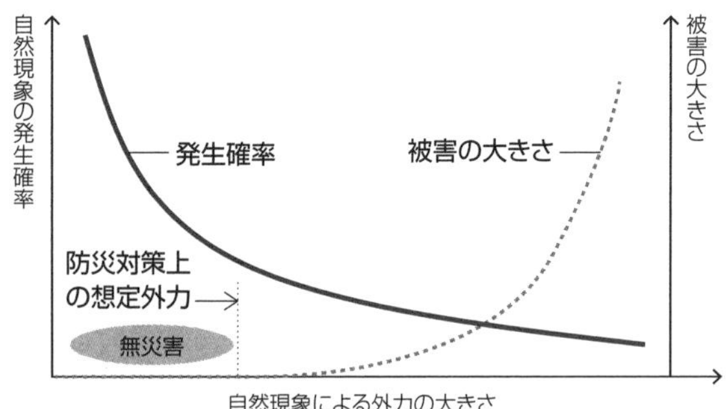

▲図7 自然現象による外力の大きさと発生確率、被害規模

自然現象の発生は確率的で、外力が小さいほど発生頻度は高く、外力が大きくなるに従って低くなる。外力が小さい場合は無災害または被害が軽微であるが、大きくなると被害が発生する。外力がさらに増大すると、巨大地震などによる壊滅的な被害が発生する。

■5 自然災害の被害

□世界の自然災害の被害

世界の自然災害による死者数は年間で10万人に達する。被災者数は1億6000万人、被害額は400億ドルを超える(1970～2008年の年平均)。被災者数・被害額は増加の傾向にある(図8)。

自然災害の発生地域では、アジアが多く、1979年から2008年の30年間における世界全体に占める災害発生件数は、約40%に上る。自然災害による死者数では、アジアが世界の約60%を占め、被災者数では約90%、被害額では約50%に上る。

なお、2009年以降の自然災害の発生件数の推移については、2005～2008年に対して、101% (2009～2011年)、99%

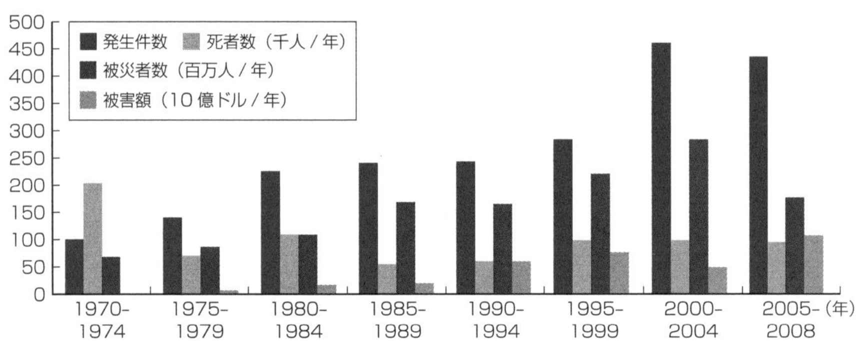

▲図8 1970～2008年 世界の自然災害の状況

出所:内閣府 防災情報のページ

(2012～2014年)、104%(2015～2017年)、136% (2018～2020年) と増加傾向にある (データ出所：Statista Japan 2023.6)。

▼表2　1900年以降の世界の主な自然災害の死者・行方不明者概数

死者・行方不明者概数*	災害の種類	発生国/地域	発生年
300	サイクロン	バングラデシュ	1970
242	地震	中国・天津～唐山	1976
226	地震／津波	インド洋	2004
223	地震	ハイチ	2010
180	地震	中国・甘粛省	1920
138	サイクロン	ミャンマー	2008
137	サイクロン	バングラデシュ	1991
110	地震	トルクメニスタン	1948
105	地震／火災	日本・関東大震災	1923
88	地震	中国・四川	2008
75	地震	イタリア・シシリー	1908
70	地震	中国・甘粛省	1932
70	地震/地すべり	ペルー	1970
60	地震	インド	1935
57	洪水	中国	1949
50	台風／津波	香港	1906
41	地震	イラン	1990
40	洪水	中国	1954
36	サイクロン	バングラデシュ	1965
30	地震	イタリア中部	1915
30	地震／津波	チリ	1939
30	洪水	ベネズエラ	2000
29	火山噴火	西インド諸島マルティニク	1902
27	地震	イラン	2003
25	地震	イラン	1978
25	地震	アルメニア	1988
24	地震	グアテマラ	1976
22	火山噴火	コロンビア	1985
20	サイクロン	インド	1977
20	地震	インド	2001
19	地震／津波	日本・東日本	2011
17	火山噴火	メキシコ	1982
16	地震	トルコ	1999
14	ハリケーン	ホンジュラス	1998
12	地震/地すべり	タジキスタン	1949
12	地震	イラン	1968
10	台風	香港	1906
10	地すべり	イタリア等	1916
10	サイクロン	インド・オリッサ	1971
10	サイクロン	バングラデシュ	1985
10	地震	メキシコ市	1985
10	地震	インド	1993
10	サイクロン	インド	1999
6	地震	日本・阪神淡路	1995
6	台風	フィリピン	2013
6	ハリケーン	米国テキサス	1900
6	火山噴火	グアテマラ	1902
6	地震	台湾	1906
6	地震／津波	チリ	1960
6	台風	フィリピン	1991
6	地震/火山噴火	インドネシア	2006
5	火山噴火	インドネシア	1919
5	台風	日本・伊勢湾台風	1959
5	地震	エクアドル	1987

＊単位：千人
注：トルコ・シリア地震 (2023年2月) の死者行方不明者は、同2月末時点で4万7000人超の見通し。
出所：https://www.aspnet-japan-solidarity.asia/、防災白書 (平成26年版)

世界の大規模自然災害による死者・行方不明者数について見ると、1900年以降で10万人を超える大規模災害は、日本の関東大震災の10万5000人を含めて9件ある（表2）。最も多くの犠牲者を出した自然災害は1970年に発生したバングラデッシュのサイクロンによる被害で、死者・行方不明者は30万人に達する。これら9件の自然災害の種類は、火災・津波を含む地震被害が6件で、残りの3件がサイクロンであった。自然災害全体でも、多数の死者・行方不明者を出しているのは地震が多く、次いでサイクロンなど風水害による。発生国・地域では、アジアが圧倒的に多く、次いで中東、中南米、南米、北米。ヨーロッパでは唯一、イタリアの地震と地すべりの災害が入っている。

□日本の自然災害の被害

1945（昭和20）年以降の主要な自然災害による死者・行方不明者数の推移を見ると（図9／表3）、戦後約15年間は台風や地震の被害が続き、1000人以上の年が続いた。その後、堤防の整備や構造物の耐震性向上などにより、死者・行方不明者数は1000人を下回っていたが、1995（平成7）年1月の阪神・淡路大震災では、死者・行方不明者が6437人と戦後最大規模になった。さらに、2011（平成23）年3月の東日本大震災では、阪神・淡路大震災の3倍以上の2万人を超える死者・行方不明者が発生した。

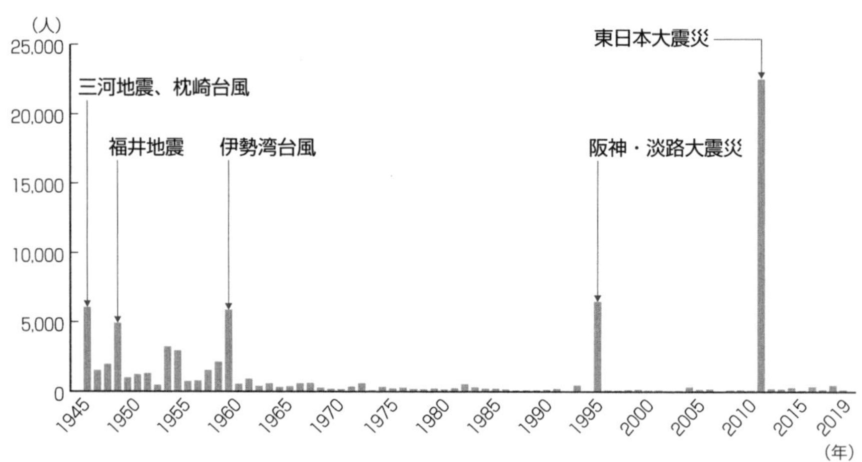

▲図9　戦後の国内の主な自然災害の死者・行方不明者数

出所：防災白書（平成23年版、令和2年版）より作図

▼表3　戦後の国内の主な自然災害

発生年	死者・行方不明者（人）	主な自然災害
1945（昭和20）	6,062	三河地震（M3.8）、枕崎台風
1946（昭和21）	1,504	南海地震（M8.0）
1947（昭和22）	1,950	浅間山噴火、カスリーン台風
1948（昭和23）	4,897	福井地震（M7.1）、アイオン台風
1949（昭和24）	975	
1950（昭和25）	1,210	ジェーン台風
1951（昭和26）	1,291	ルース台風
1952（昭和27）	449	十勝沖地震（M8.2）
1953（昭和28）	3,212	南紀豪雨
1954（昭和29）	2,926	洞爺丸台風
1955（昭和30）	727	
1956（昭和31）	765	
1957（昭和32）	1,515	諫早台風
1958（昭和33）	2,120	阿蘇山噴火、狩野川台風
1959（昭和34）	5,868	伊勢湾台風
1960（昭和35）	528	チリ地震津波
1961（昭和36）	902	
1962（昭和37）	381	
1963（昭和38）	575	昭和38年1月豪雪
1964（昭和39）	307	新潟地震
1965（昭和40）	367	台風23、24、25号
1966（昭和41）	578	台風24、26号
1967（昭和42）	607	7、8月豪雨
1968（昭和43）	259	十勝沖地震（M7.9）
1969（昭和44）	183	
1970（昭和45）	163	
1971（昭和46）	350	
1972（昭和47）	587	台風6、7、9号、7月豪雨
1973（昭和48）	85	
1974（昭和49）	324	伊豆半島沖地震（M6.9）
1975（昭和50）	213	
1976（昭和51）	273	台風17号、9月豪雨
1977（昭和52）	174	
1978（昭和53）	153	宮城県沖地震（M7.4）
1979（昭和54）	208	台風20号
1980（昭和55）	148	
1981（昭和56）	232	
1982（昭和57）	524	7、8月豪雨、台風10号
1983（昭和58）	301	三宅島噴火
1984（昭和59）	199	長野県西部地震（M6.8）
1985（昭和60）	199	
1986（昭和61）	148	伊豆大島噴火
1987（昭和62）	69	
1988（昭和63）	93	
1989（平成元）	96	
1990（平成2）	123	雲仙岳噴火
1991（平成3）	190	
1992（平成4）	19	
1993（平成5）	438	北海道南西沖地震（M7.8）
1994（平成6）	39	
1995（平成7）	6,482	阪神・淡路大震災（M7.3）
1996（平成8）	84	
1997（平成9）	71	
1998（平成10）	109	
1999（平成11）	141	
2000（平成12）	78	有珠山噴火、三宅島噴火
2001（平成13）	90	
2002（平成14）	48	
2003（平成15）	62	
2004（平成16）	327	台風23号、新潟県中越地震（M6.8）
2005（平成17）	148	平成18年豪雪
2006（平成18）	177	
2007（平成19）	39	平成19年新潟県中越地震（M6.8）

（次ページに続く）

発生年	死者・行方不明者(人)	主な自然災害
2008（平成20）	101	岩手・宮城内陸地震（M7.2）
2009（平成21）	115	駿河湾地震（M6.5）
2010（平成22）	89	
2011（平成23）	22,515	東日本大震災（M9.0）
2012（平成24）	190	
2013（平成25）	173	台風26号
2014（平成26）	283	御嶽山噴火
2015（平成27）	77	関東東北豪雨
2016（平成28）	344	熊本地震
2017（平成29）	129	九州北部豪雨
2018（平成30）	444	北海道胆振東部地震（M6.7）
2019（令和元）	114	台風15、19号

出所：防災白書（平成23年版、令和2年版）より作表

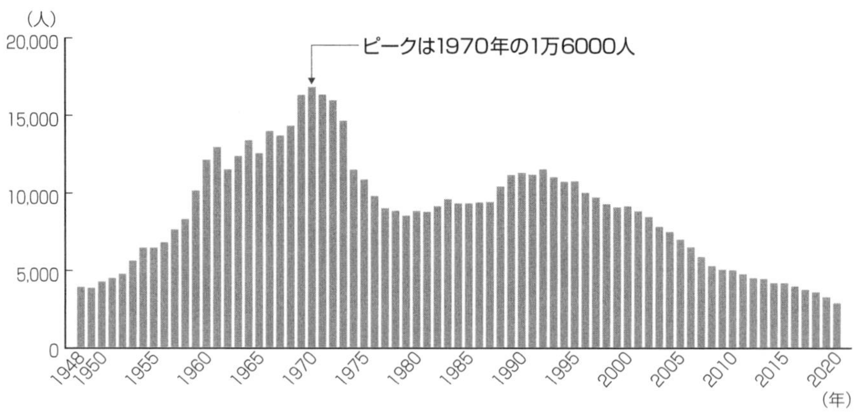

▲図10　道路交通事故の死者数の推移（1948～2020年）
出所：警察庁ホームページ

□自然災害と人為災害の対比

人為災害の代表例として、戦後の道路交通事故の死者数の推移を見ると、1970年前後の1万6000人をピークとして、その後いったん減少し、1990年代初頭に再び1万人を超えたあとは減少を続け、2020年には3000人を下回るという推移をたどっている（図10）。人為災害は、年ごとに発生件数の変化はあるものの、変化の傾向は連続的である。これに対し、自然現象を誘因として発生する自然災害は、年変動が大きい。少ない年では100人を下回る年もあれば、大地震があると一挙に100倍にも増加する。このことが、人間活動の作用を誘因とする人為災害と、自然現象を誘因とする自然災害の違いである。

1-2

防災

防災とは、災害発生の事前の抑止または件数減少を図り、発生した場合は被害が最小限となるように、被害の拡大や連鎖を防止し、速やかな復旧を図ることである。

■1　防災とは何か

防災とは、地震・洪水などの自然現象により災害が発生することを予防して被害を抑止すること、そして、発生した場合は被害の拡大を防ぎ、速やかな復旧を図ることである。

被害の抑止とは、被害が発生しないように、また発生しても最小限となるように、土地利用の変更や河川の改修、構造物の耐震化といったハード対策、災害の予報や警報などを発して避難を促すといったソフト対策を講じることである。ハード対策が主として自然現象の外力を想定するのに対し、防災教育、訓練、各種の防災マップの準備といったソフト対策は、被害の拡大防止・軽減を主眼に置いて、発生した被害が新たな被害の要因となる連鎖を防ぎ、速やかな復旧を図るものである。

わが国では戦後、戦災で荒廃した貧弱なインフラの国土を地震・台風が襲い、大きな災害が相次いだ。その後、戦災復興が進み、道路・港湾・河川などのインフラ施設の整備によって、自然災害の件数と規模は次第に縮小していった。そののち20世紀末まで、ダム建設や河川改修、構造物の耐震化などを進めて被害を抑止するという、ハード面の施策に重点を置く防災対策が進められてきた。しかし、1995年に発生した阪神・淡路大震災で多くの都市施設が甚大な被害を受けたことから、「人命救助のためには、被害をできる限り軽減し(**減災**)、より速やかな復旧を目指す」という総合的な災害対策の考え方が出てきた。このハード・ソフト両面の防災の考え方は、2011年に発生した東日本大震災でも改めて認識された。

防災へのソフト的な対策を含めた取り組みによって、防災知識、技術、資材、要員などの資源を有効に活用するための、マネジメント的視点の必要性も指摘されるようになってきた。

災害管理では、防災は災害発生前の**災害管理**(減災・準備)、および災害発生時の**緊急事態管理**(対応・復旧)のサイクルとして捉えられる(次ページ図11)。このうち災害管理は、災害発生に備える事前の対策として、災害で発生が想定される人命・財産に対する脅威を除去・軽減するものである。構造物の耐震化・免震化等により減災の対策を講じ、災害発生時の避難計画の策定等により災害時の準備を行うことなどが含まれる。

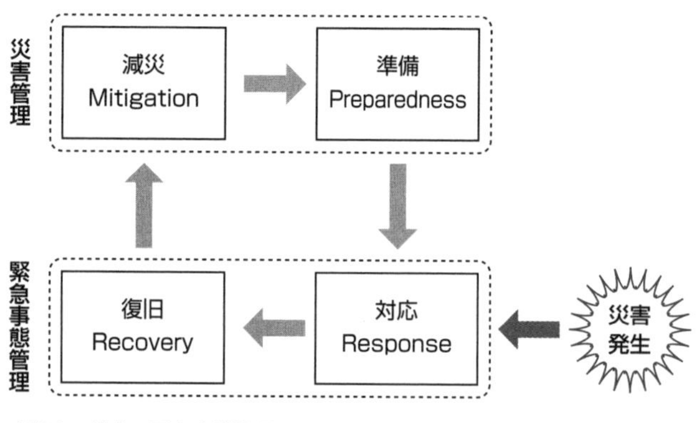

▲図11　災害・緊急事態管理のサイクル

緊急事態管理では、災害が発生した場合の避難、交通やライフライン確保のための応急的な対応をはじめ、倒壊建造物や崩落土砂の撤去などを、事前に決めた応急対応手順に沿って実施する。復旧は、被災者の生活の正常化を目的とする各種の対策を講じることである。

災害発生時には、その都度、新たな想定外の事態が起きるものである。それらの情報や、新たに開発された災害技術などの知見を取り入れつつ、管理計画、基準、手順、防災マップ、マニュアルなどの見直しを常に行う必要がある。

■2　防災の基本理念と基本方針

□防災の基本理念とは

災害対策基本法は、わが国の計画的な防災行政の整備および推進を図るために制定された、自然災害および人為災害を含む全災害に対する国の防災に関する基本法である。この法律では、防災の基本理念が定められている（第2条の2）。防災の基本理念は6つの項目で示されており、あらゆる防災行政における防災対策はこの基本理念に基づいて実施される。

□6項目の基本理念

①被害の最小化、迅速な回復

日本列島の置かれた地理的、地質的、気象的などの自然的特性、および人口、産業その他の社会経済情勢を勘案し、防災では災害が発生することを前提として、災害発生時には、被害の最小化を図り、迅速な回復を目指すことを理念の冒頭に挙げている。

②適切な役割分担、相互の連携協力

国や地方公共団体、その他公共機関がそれぞれの役割を適切に分担しつつ、相互に連携・協力をすることとされている。また、住民が主体的に行う防災活動や、自主防災組織、その他の多様な主体の自発的な防災活動の促進を挙げている。

③科学的知見および過去の教訓を踏まえて、絶えず改善

実効のある防災のためには、複数の防災措置を適切に組み合わせて一体的に講じる必要があること、そして科学的知見、過去の災害から得られた教訓を踏まえて常に防災措置の改善を図ることを挙げている。

④人材、物資その他の必要な資源の適切な配分

災害の発生直後の混乱した時期など、情報収集が困難な状況下にあっても、人の生命および身体を最優先で保護するためには、人材・物資などの資源を適切に配分することが重要である。このために災害状況の情報入手に努めることを挙げている。

⑤被災者の適切な援護

災害発生時の初動を担うのは、被災者、家族などである。外部からの災害救援活動は、これら被災者自らの取り組みを考慮しつつ、さらには、被災者の年齢、性別、障害の有無その他の被災者の事情を踏まえ、その時期に応じて適切に被災者を援護すること、としている。

⑥速やかな復旧、被災者の援護

災害が発生したときは、速やかに施設の復旧および被災者の援護を図り、災害からの復興を図ることを挙げている。

□防災の基本方針とは

災害対策基本法では、政府の防災対策に関する基本的な計画として、内閣総理大臣を会長とする中央防災会議が**防災基本計画**を作成することが定められている。この防災基本計画は、毎年の災害の経験や災害・防災関連の調査研究で得られた知見を反映して、常に見直しがなされる。この計画の中の「第2章 防災の基本理念および施策の概要」では、災害対策基本法の防災に関する基本理念を踏まえて、防災の基本方針が示されている。行政の様々な防災対策は、この方針に則って策定されている。

□基本方針の内容

①被害の最小化を図り、迅速な回復を図る「減災」の考え方を基本とする。

②人命保護を最も重視し、経済的被害、社会経済活動への影響を最小限にとどめる。

③国、その他各機関は、それぞれの役割を的確に実施し、相互の密接な連携を図り、公共機関、事業者、住民などが一体となった防災活動を促進する。

④防災の3つの段階である『(1)災害予防』、『(2)災害応急対策』、『(3)災害復旧・復興』のそれぞれにおいて最善の対策をとることが被害の軽減につながるとして、各段階で実施すべき施策を挙げている。各段階の主な施策には、次のようなものがある。

(1) 災害予防

- ・ハード・ソフトを組み合わせた一体的な災害対策
- ・最新の科学的知見、過去の災害の教訓を踏まえた災害対策
- ・交通・通信機能の強化、地震に強い都市構造、学校、医療施設等公共施設、住宅等の安全化、代替施設の整備、ライフライン施設等の機能の確保策
- ・情報収集・連絡体制の構築
- ・住民の防災思想・防災知識の普及、防災訓練の実施等、ボランティア活動の環境整備
- ・防災に関する基本的なデータの集積、防災研究の推進
- ・災害応急活動体制の整備、施設・設備・資機材等の整備、食料・飲料水等の備蓄
- ・その他

(2) 災害応急対策

- ・正確な情報収集と、収集情報に基づく人材・物資等災害応急対策の資源を適切に配分
- ・警報等の伝達、住民の避難誘導
- ・関係機関等の活動体制、広域的な応援体制の確立
- ・救助・救急活動、医療活動、消火活動
- ・救助・救急活動等のための交通規制、施設の応急復旧、障害物除去等による交通確保
- ・指定避難所の開設、応急仮設住宅等の提供、広域的避難収容活動の実施
- ・被災者等へ的確な情報を公表・伝達、および住民等からの問い合わせに対応
- ・生活維持に必要な食料・飲料水および生活必需品等の調達、供給
- ・被災者の健康状態の把握に必要な活動を行い、仮設トイレの設置等、被災地域の保健衛生活動、防疫活動、迅速な遺体対策の実施
- ・社会秩序の維持のための施策を実施し、物価の安定・物資の安定供給のための監視・指導等の実施
- ・通信施設の応急復旧、二次災害を防ぐための土砂災害等の応急工事、ライフライン等の施設・設備の応急復旧、必要に応じた住民の避難および応急対策の実施
- ・ボランティア、義援物資・義援金、海外等からの支援の適切な受け入れ

(3) 災害復旧・復興

- ・被災地域の復旧・復興の基本方向を早急に決定し、事業を計画的に推進
- ・迅速かつ円滑な被災施設の復旧
- ・災害廃棄物の広域処理を含めた処分方法を確立し、円滑かつ迅速な廃棄物の処理を実現
- ・再度の災害の防止を目指し、防災まちづくりを実施
- ・被災者に対する資金援助、住宅確保、雇用確保等による自立的生活再建の支援
- ・地域の自立的発展に向けた経済復興の支援

■3 防災の仕組み

災害は、自然現象の作用である**誘因**およびその作用を受ける地域の自然条件や社会条件である**素因**の組み合わせによって発生する。誘因となる自然現象の観測、モニタリング、解析と各種の研究によって、気象予測、洪水予測、地震発生の予知などの精度は向上しているが、誘因の正確な予測は極めて困難である。今後の予測・予知技術の向上に期待する一方、過去の災害履歴のデータ、自然外力の作用により、それぞれの誘因ごとの状況に応じ、災害危険性の評価や災害予測に基づき、操作可能な素因を中心に対策を講じることが、防災の基本となる（図12）。

地盤、地形などの土地に関する自然素因や、堤防、擁壁、ダム、防潮堤などの防災インフラ、ライフライン、橋、道路などの一般インフラの耐震性、および各種防災システムなどの社会素因に対して、過去の災害履歴から想定した自然外力を組み合わせて災害危険性を評価する。この災害危険性の評価が、防災対策の根拠となる。

防災対策はハード・ソフトの両面で、想定される人的・物理的被害の発生を防止・軽減し、あるいは早期の復旧を図ることになる。例えば、急傾斜地における斜面安定化や法面（のりめん）保護などによって、あるいはインフラ構造物の耐震性向上など構造物によって、災害の誘因である外力の影響を制御することがハード面での防災である。一方、ソフト面での対策は、災害情報の適切な発信、避難システムの整備、日常の訓練、土地利用の規制など、知識や社会の仕組みによって災害の素因である防災力の向上（脆弱性の改善）を図るものである。

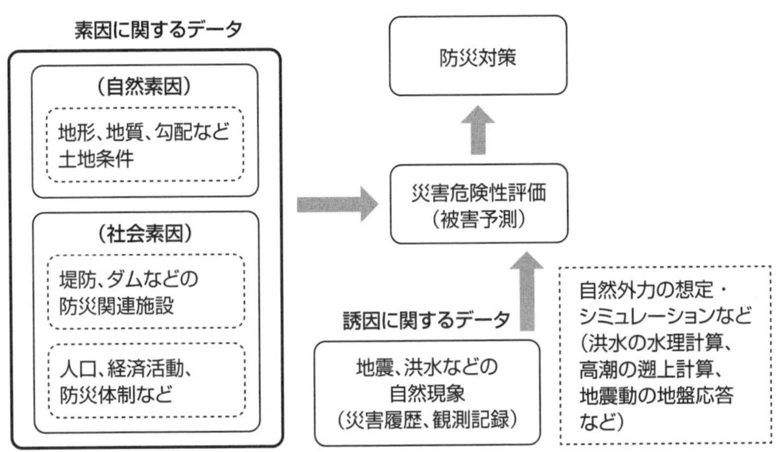

▲図12　災害危険性の評価と防災対策

自然外力が小さい場合は、ハード面の対策で防ぐことで、ソフト面の対策を発動する可能性は低いとも考えられる。しかし、大規模地震や豪雨などの大きな外力が作用する場合は、ソフト面の対策が大きな役割を果たすことになる。

防災の担い手については、河川堤防のかさ上げや、橋梁の耐震性向上といったハード対策は、専門性が高いこともあり、施設の管理者でもある行政が公助として担うのが一般的である。防災教育や避難訓練などのソフト対策は、地域の自治体やコミュニティなどが主体となる、いわゆる共助・自助によって、地域が担うものも多い。

わが国では、主要な社会・経済活動の中心となっている都市への人口・資産の集積の度合いが高く、都市の災害による被害の増大が懸念される。このため、都市部への過剰な集中の緩和、そして木造密集市街地や細道路・空地など防災の視点からの土地利用の見直しは、中長期的な重要な防災対策である。

防災対策では、社会の継続性を考慮して、各種都市施設は、常に自然外力の作用を想定した複合的で多機能な施設設計が求められる。社会のシステムや制度も、避難など非常時の対応を考慮した防災を織り込むことが重要である。

このほか、わが国では、高度成長期以後に建設されて半世紀以上が経過した道路、橋、トンネルなどのインフラ施設の割合が多いことや、災害発生時の避難などに影響する高齢化率の高さ、近年の温暖化現象の影響と思われる異常気象の発生頻度の増加も、ハード・ソフト両面の防災対策の強化が求められる要因となっている。

■4 防災の体制

防災の体制としては、国や自治体が担う部分と、地域主体の防災組織、企業、個人が担う部分がある（図13）。防災関連の法令としては、災害対策基本法をはじめとする多くの法律や政令が制定されており、防災対策の主要な部分は、これらの法的根拠をもとに、国や自治体が担う。

このほか、平時における自治会や近隣住民の防災訓練、あるいはハザードマップ、避難路、避難場所といった防災情報の共有化、災害発生時の助け合いなど、地域社会や近隣住民が担う部分も多い。自主防災組織は、自治会が母体となって地域の防災活動を行う任意の防災組織であるが、災害対策基本法（第5条2項）で規定されている。このほか、公共機関に含まれながら地域の防災活動を担う組織として、消防団や水防団も、地域の防災活動の一翼を担っている。

さらに、任意の地域防災活動として、**災害ボランティア**がある。任意の助け合いとして災害復旧支援へのボランティアの参加は古くから見られたが、特に1995年1月に発生した阪神・淡路大震災では、地域外から多数のボランティアが参加。その後は災害対策基本法の規定に盛り込まれて、地域の防災活動として定着した。

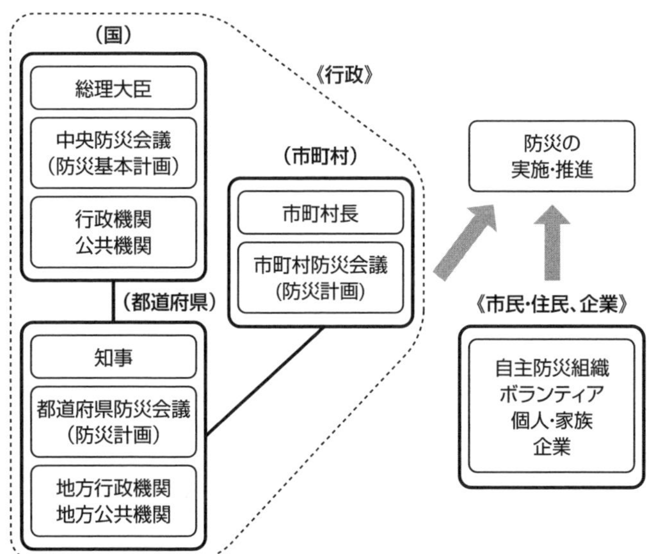

◀図13　防災の体制

■5　防災関連法制

防災関連法としては、**災害対策基本法**を中核とし、国の制定した様々な法律（表4）があり、ほかに地方自治体が定める条例もある。こういった防災関連の法令は、災害の未然防止や発生被害の拡大抑止、速やかな復旧を目的として制定され、数々の災害を経て改正が行われている。

災害対策基本法は、防災に関する組織としての中央防災会議の設置、国・地方公共団体の役割・責務・権限を規定している。すでに述べたとおり、防災に関する理念を定め、それに沿って中央防災会議が防災基本計画を策定している。

防災対策は、この方針に則って、例えば地盤災害関連であれば「砂防法」「地すべり等防止法」「急傾斜地の崩壊による災害の防止に関する法律」が関係し、地震災害関連では「大規模地震対策特別措置法」「津波対策の推進に関する法律」あるいは「建築基準法」（耐震基準等）といった個別の法律が関係して、策定されることになる。

国会が定めるこれらの法律に加えて、行政機関の命令である政令、省令、告示、通達などでは、地盤災害、河川・風水害、火山災害、気象災害、地震災害といった災害分野の個別の災害リスクごとに各種の規定や基準、指針が定められており、これらに沿って個別の災害対策が策定される。

なお、防災関連法は、過去の災害の経験を経て制定や改正が行われてきており、主な災害との対応を示すことで、法律の制定・改正の契機となった災害との関連がわかる（表4）。

▼表4　主な防災関連法

制定年	防災関連法	関連災害分野	主な災害（発生年）
1897	砂防法	河川・風水害	
1947	災害救助法（2011改正）	全般	南海地震（1946）
1949	水防法	河川・風水害	カスリーン台風（1947）
1950	建築基準法	地震災害	福井地震（1948）
1951	森林法	河川・風水害	
1956	積雪寒冷特別地域における道路交通確保に関する特別措置法	気象災害	
1958	海岸法	気象災害	諫早台風（1957） 狩野川台風（1958）
	地すべり等防止法	地盤・土砂災害	
1960	治山治水緊急措置法	河川・風水害	伊勢湾台風（1959）
	台風常襲地帯における災害の防除に関する特別措置法	河川・風水害	
1961	災害対策基本法	全般	
1962	激甚災害に対処するための特別の財政援助等に関する法律	全般	
	豪雪地帯対策特別措置法	気象災害	
1964	河川法	河川・風水害	新潟地震（1964）
1966	地震保険に関する法律	地震災害	
1969	急傾斜地の崩壊による災害の防止に関する法律	地盤・土砂災害	
1973	活動火山周辺地域における避難施設等の整備等に関する法律	火山災害	桜島噴火（1973）
1978	活動火山対策特別措置法	火山災害	
	大規模地震対策特別措置法	地震災害	
1980	地震防災対策強化地域における地震対策緊急整備事業に係る国の財政上の特別措置に関する法律	地震災害	
1981	建築基準法一部改正	地震災害	宮城県沖地震（1978）
1995	地震防災対策特別措置法	地震災害	兵庫県南部地震（1995）
	建築物の耐震改修の促進に関する法律	地震災害	
	災害対策基本法一部改正	全般	
	大規模地震対策特別措置法一部改正	地震災害	
1996	特定非常災害の被害者の権利利益の保全を図るための特別措置に関する法律	全般	
1997	密集市街地における防災街区の整備の促進に関する法律	全般	
1998	被害者生活再建支援法	全般	
1999	原子力災害対策特別措置法	地震災害	東海村JCO臨界事故

制定年	防災関連法	関連災害分野	主な災害（発生年）
2000	土砂災害警戒区域等における土砂災害防止対策の推進に関する法律	地盤・土砂災害	広島豪雨（1999）
2001	水防法一部改正	河川・風水害	
2002	東南海・南海地震に係る地震防災対策の推進に関する特別措置法	地震災害	東海豪雨（2000）
	南海トラフ地震に係る地震防災対策の推進に関する特別措置法	地震災害	
	都市再生特別措置法	全般	
2003	特定都市河川浸水被害対策法	河川・風水害	
2004	日本海溝・千島海溝周辺海溝型地震に係る地震防災対策推進に関する特別措置法	地震災害	
2005	水防法一部改正	河川・風水害	台風23号（2004） 新潟・福島豪雨等（2004）
	土砂災害警戒区域等における土砂災害防止対策の推進に関する法律の一部改正	地盤・土砂災害	
	建築物の耐震改修の促進に関する法律の一部改正	地震災害	新潟県中越地震（2004）
2006	宅地造成法等規制法の一部改正	地盤・土砂災害	
2011	津波対策の推進に関する法律（2022一部改正）	地震災害	東日本大震災（2011）
	津波防災地域づくりに関する法律	地震災害	
2013	首都直下地震対策特別措置法	地震災害	

出所：令和３年版 国土交通白書

1-3

防災のための災害史料調査

自然災害の発生スパンは、人間の日常的な時間感覚からすると非常に長い。そのため、過去の災害情報を調査・記録して整理・分析することが、防災上、重要である。

■1　中央防災会議の史料調査

防災を目的とする過去の災害に関する調査研究や報告書は多数あり、各行政組織においても蓄積されてきている。大きな自然災害が発生するたびに、過去の災害経験を調査分析し、その記録を継承することの重要性が繰り返し叫ばれてきた。

自然災害の発生スパンは、人間の日常的な時間感覚からすると非常に長いため、世代を超えた災害の伝承は容易ではない。戦前の物理学者・地震学者の寺田寅彦は、防災に関する随筆の中で、次のように述べている。

〈こういう災害を防ぐには、人間の寿命を十倍か百倍に延ばすか、あるいは地震津浪の周期を十分の一か百分の一に縮めるかをすればよい。そうすれば災害はもはや災害ではなく、五風十雨の亜類となってしまうであろう。しかしそれが出来ない相談であるとすれば、残る唯一の方法は人間がもう少し過去の記録を忘れないように努力するより外はないであろう〉（地震雑感 津浪と人間、中公文庫、1933年）

地震災害分野では、20世紀初頭以前に発生した地震や津波で、近代的な計測機器による記録はないが、古文書や災害記念碑などから概要が把握できるものを**歴史地震**（historic earthquakes）と呼ぶ。『大日本地震史料』（1904年）、『増訂大日本地震史料』（1941）などは、地震史料の収集や研究によって整理された歴史地震の記録である。地震、津波以外に、洪水、土砂崩れ、火山噴火などでも同様の調査がある。

内閣府の**中央防災会議**では、過去に経験した大地震、噴火、津波、水害その他の歴史災害を対象に調査を行う委員会として**災害教訓の継承に関する専門調査会**を2003（平成15）年に設置した。歴史災害が発生した当時の災害状況、災害が人々の生活や社会経済へ与えた影響などを体系的に整理し、教訓テキストとして報告書を発行することで、今日の防災へ活かすことを目的としている。

専門調査会では、災害の全体像を明らかにすることを狙って、人文・歴史系の社会科学の視点を加えた総合科学的なアプローチがとられた。災害外力である自然現象の把握や、堤防、擁壁、砂防ダムなどの自然科学的・工学的な視点に加え、被災した人々がいかにして生活回復を図ったか、地域の復興の過程、災害後の社会の姿を明らかにすることで、より具体的な教訓とするためである。

専門調査会の活動は、2年を1期として、4期・8年にわたり継続した。委員会活動の成果としての各期の報告書は、内閣府の防災情報のページですべて公開されている。また、『災害史に学ぶ』として「海溝型地震・津波編」、「内陸直下型地震編」、「火山編」、および「風水害・火災編」の4分冊の報告書も2011（平成23）年に発刊された。主要な災害事例について、災害の状況、災害への対応、災害から得られた教訓をまとめている（表5）。

▼表5　主要な災害事例

災害区分	発生年月日	災害名	概要
海溝型地震・津波	1854（安政元）年11月4日	安政東海地震	南海トラフ巨大地震。M8.4。被害は関東から近畿に及び、特に沼津から伊勢湾にかけて大きく、津波は房総半島から土佐までの沿岸を襲った。家屋全壊・焼失は約3万戸、死者は2000から3000人と推定。
	1854（安政元）年11月5日	安政南海地震	安政東海地震の32時間後に発生した南海トラフ巨大地震。M8.4。東海地震の西側に隣接するエリアが震源域となった。被害は中部から九州に及び、大津波が沿岸を襲い、被害を拡大した。串本で波高15m、土佐の久礼で16mを記録。津波は大阪湾にも押し入り、無数の船が市内の川を遡上して橋を破壊し、大阪だけで341人の水死者。全域で死者は数千人。
	1896（明治29）年6月15日	明治三陸地震津波	M8.2～8.5。震害はなく、地震発生から35分後に大津波が三陸沿岸に襲来。波高は10～20mに達する地域もあり、綾里村では38.2mの遡上高を記録。死者約2万2000人は、日本の津波災害史上、最大の人的被害。地震の揺れが弱く震度はせいぜい2～3。揺れに気づかなかった者も多い。典型的な津波地震。
	1923（大正12）年9月1日	関東大震災	相模トラフで発生した巨大地震。M7.9。東京、横浜など地震後に火災発生。強風にあおられて広域火災となる。死者・行方不明者10万5000人以上。死者の9割が焼死。両国被服廠跡に火災旋風が発生し約4万4000人が死亡。家屋全壊10万9000余、焼失21万2000余。大津波が相模湾岸を襲い、鎌倉ほか沿岸で数百人の死者。熱海では波高12mに達した。山崩れ、崖崩れが多発。丹沢山塊で山地面積の20%が崩壊。神奈川県根府川で山体崩壊で岩屑なだれが白糸川を流下し集落を埋め6人死亡。根府川駅停車中の列車が地すべりで崖下へ転落し約200人が犠牲。
	1944（昭和19）年12月7日	東南海地震	南海トラフ巨大地震。M7.9。静岡・愛知・三重で被害が大きく、住宅全壊1万7599、流失3129、死者1223人。伊勢湾北部の港湾地帯に立地していた軍需工場で勤労動員の中学生が多数圧死。静岡県下で軟弱地盤の太田川・菊川流域に被害集中。長野県諏訪市でも飛び地的な被害。津波が沿岸各地に来襲、熊野灘沿岸の被害が大きく、三重県尾鷲で8～10mの津波で96人の犠牲者。太平洋戦争末期の震災であり、災害状況は国民に知らされず隠された大地震といわれる。

（次ページに続く）

災害区分	発生年月日	災害名	概要
海溝型地震・津波	1960 (昭和35)年 5月24日	チリ地震津波	5月23日南米チリ沖で発生した20世紀最大規模の巨大地震(Mw9.5)による津波が翌24日午前2時ごろから日本沿岸各地に襲来。三陸海岸で波高5～6m、その他で3～4m。被害は北海道南岸、三陸沿岸、志摩半島付近で特に大きく、家屋の全壊・流失1500余。北海道から沖縄までの沿岸で死者・行方不明者142人。気象庁の津波警報は、第一波が到達してからであった。
内陸直下型地震	1662 (寛文2)年 5月1日	寛文近江・若狭地震	花折断層北部から三方断層の活動による地震。M7.5。近畿北部、特に比良岳付近の被害が甚大。滋賀唐崎、大溝、彦根などで倒壊家屋多数。京都でも町屋の倒壊1000余。全域で倒壊家屋4000～4800、死者700～900人。
	1847 (弘化4)年 3月24日	善光寺地震	現長野市直下を震源とする地震。M7.4。善光寺の御開帳の年で、参詣者7000～8000人のうち、生存者は約1割。松代領内で4か所以上の地すべりや斜面崩壊が発生。虚空蔵山が崩れて犀川を堰き止め、地震後19日に決壊して善光寺平に大洪水。全体で死者約1万人と推定。
	1855 (安政2)年 12月2日	安政江戸地震	江戸の直下地震。M7.1～7.2。下町の被害が大きく、家屋の全壊・焼失は1万4000余、死者7000～1万人と推定。遊郭の新吉原だけで千人前後の死者。震源地は東京湾北部と推定される。地震のあとに多数の鯰(なまず)絵が出版された。
	1858 (安政5)年 2月26日	飛越地震	跡津川断層の活動による内陸直下地震。M7.3～M7.6。飛騨北部から越中にかけての被害が大きく、多数の家屋が倒壊。各所で山崩れ、崖崩れが多発。立山連峰の大鳶・小鳶山の大崩壊によって、大量の土砂が常願寺川の上流部を堰き止め、のち2回にわたり決壊して、富山平野に大洪水をもたらした。常願寺川上流は、日本の砂防事業発祥の地。
	1891 (明治24)年 10月28日	濃尾地震	わが国最大の内陸直下の巨大地震。M8.0。根尾谷断層系の活動によるもので、地表に地震断層を生じた。断層変位は水取りで上下に約6m、水平に約2m。岐阜市や名古屋市では大災害となり岐阜では広域火災が発生、名古屋では近代的な煉瓦(れんが)造の建物が崩壊した。特に激震に見舞われたのは震源に近い根尾川、揖斐川の上流部で、多数の家屋が倒壊した。全域で建物全壊14万余。大規模、広範囲の山地災害となり美濃地方だけで約1万か所の地すべりや斜面崩壊が発生。地震後の大雨により二次的な土砂災害が発生。この地震を契機に震災予防調査会が設立された。
	1945 (昭和20)年 1月13日	三河地震	深溝断層の活動による直下地震。M6.8。地表に上下ずれ最大2mの地震断層が出現した。愛知県の南部、幡豆郡の被害が大きく、形原などを中心に住宅全壊7211、死者2306人。複数の寺に分宿していた集団疎開の学童が、本堂の倒壊により多数犠牲になった。
	1948 (昭和23)年 6月28日	福井地震	福井平野直下での断層活動による大地震。M7.1。被害は福井、丸岡から吉崎に至る南北約15kmの範囲に集中。家屋の全壊率はほぼ100%の地域もあった。福井市も壊滅状態で、全壊率80%以上。火災も発生し、2000戸余りが焼失。鉄道にも大きな被害。九頭竜川・足羽川の堤防が1～5m沈下し、各所で亀裂や崩壊を生じた。7月25日の豪雨により九頭竜川左岸の堤防が決壊、福井市の約60%が浸水。

災害区分	発生年	災害名	概要
火山	1707（宝永4）年	富士山大噴火	12月16日、南東山腹から噴火。宝永火口を生成。江戸にも降灰。東麓の村は噴石やスコリアに覆われた。須走村で75戸倒壊。田畑が噴出物に覆われ、飢饉（ききん）が発生。大量の噴出物が酒匂川を流下、翌年洪水が発生し、足柄平野に大水害。
	1783（天明3）年	浅間山大噴火（天明噴火）	8月4日、軽井沢宿に噴石が落下。吾妻火砕流発生。8月5日、鎌原火砕流発生。岩屑なだれで鎌原村が埋没し、死者477人。岩屑なだれは吾妻川に流入して大規模泥流と洪水流が発生、死者1151人。
	1888（明治21）年	磐梯山大噴火	7月15日、水蒸気爆発により小磐梯の山体が大崩壊、岩屑なだれは流下し集落を埋没、死者477人。岩屑なだれは河川を閉塞させ、桧原湖・小野川湖・秋元湖などを生じる。山体崩壊により山頂の標高は約165m低下。北に向かってU字型に開いた凹地（崩壊カルデラ）を生成。
	1914（大正3）年	桜島大噴火	1月12日、西側山腹と南東側山腹から噴火。13日、溶岩を流出（大正溶岩）。南東側の溶岩は集落を埋没、海に流入し大隅半島と陸続きになる。鹿児島市では地震により大きな被害。家屋全壊120戸、死者58人。
	1926（大正）15年	十勝岳噴火（大正泥流）	5月24日、噴火により火口丘が崩壊。岩屑なだれとともに、残雪が溶け大規模な泥流が発生。上富良野村と畠山温泉で144人の死者。
	1990～1995（平成2～7）年	雲仙普賢岳噴火	1990年11月17日、普賢岳噴火。1991年爆発的噴火に移行。1991年5月20日、溶岩ドーム出現。5月24日より溶岩ドームの崩落による火砕流発生。6月3日、水無川方面に流下した火砕流により、死者43人。179棟焼失。6月8日、火砕流により207棟焼失。1992～93年、大雨のたびに大規模な土石流が頻発し集落を埋没。1993年6月23日中尾川方面への火砕流により、死者1人、家屋の焼失・倒壊217棟。1995年2月に火山活動が終息するまで、火砕流の発生は9400回。
風水害	1947（昭和22）年	カスリーン台風	前線と重なって大雨となり、東日本各地に大水害が発生。利根川、荒川両河川とも堤防が破堤し、関東平野は一面の泥海と化した。
	1959（昭和34）年	伊勢湾台風	それ以前の最高潮位を1m近く上回る高潮により、伊勢湾奥の低平地を中心に、明治以降最大の風水害犠牲者である5098人を出した。昭和の三大台風の最後の台風。
	1982（昭和57）年	長崎豪雨	低気圧と梅雨前線による豪雨により、郊外部は土砂災害、市中心部は河川災害が発生した。1時間降水量187mmを記録した。地下室等の冠水、自動車運転者の被災など、都市・交通機能の弱点が露呈した。

注：『災害に学ぶ』（中央防災会議 災害教訓の継承に関する専門調査会、2023年）を引用して、地震、津波、火山、風水害の事例を一覧表として作表。

1-4

近年の自然災害リスクに対する国民意識の変化

東日本大震災以後、地震や異常気象による自然災害の増加傾向によって、災害リスクに対する国民の意識や防災の考え方に大きな変化の傾向が見られる。

■1　国民意識の変化の傾向

2011年に発生した東日本大震災、およびその後の自然災害の増加傾向から、国民の災害リスクに対する意識は大きな変化が見られる。国土交通省は、東日本大震災直後の2012（平成24）年および10年後の2021年に、自然災害に関する国民意識調査を行った。

2012年の調査結果をもとに防災の考え方の変化の傾向を見ると、東日本大震災以前からの最も大きな変化は、「防災意識の高まり」（52.0%）であった。次いで「節電意識の高まり」（43.8%）や「家族の絆の大切さ」（39.9%）が高く、いずれも防災意識の変化を示している（図14）。

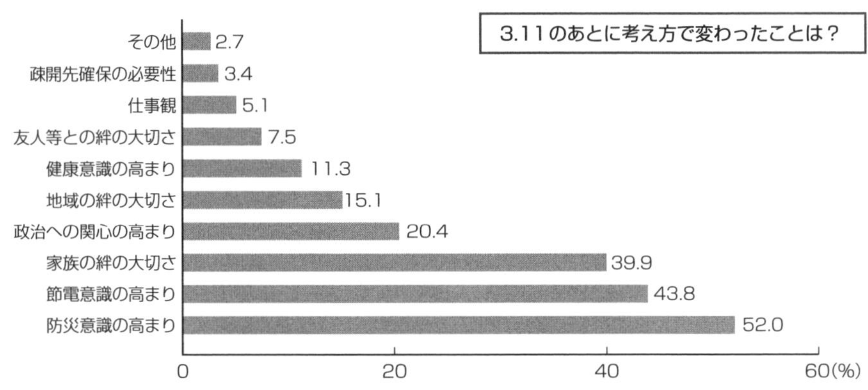

▲図14　東日本大震災以後の国民の意識変化（1）　考え方の変化（%）
出所：平成24年版 国土交通白書

国民が社会資本に求める機能としては、「安全・安心を確保する機能」(74.4%) が突出しており、それに続く「高齢者、障害者対応の機能」(25.8%)、「環境対策の機能」(24.1%)、「地域経済活性化の機能」(23.5%)、「省エネ機能」(19.3%) がほぼ横並びとなっている (図15)。

企業活動における災害対応意識についての変化では、災害時の事業継続体制を強化する動きが見られる。企業組織の機能継続のために必要な対策では、「工場等の連絡体制、従業員の安全確認」が最多で、「指揮系統の明確化、権限の委譲」や「ライフラインの確保」、サーバーなど「情報資産の安全・稼働確保」が続いている (図16)。

「企業の社会的責任」の考え方から、寄付、物資供給、人の派遣など、災害時において企業の支援活動の実施の取り組みが多数見られた。

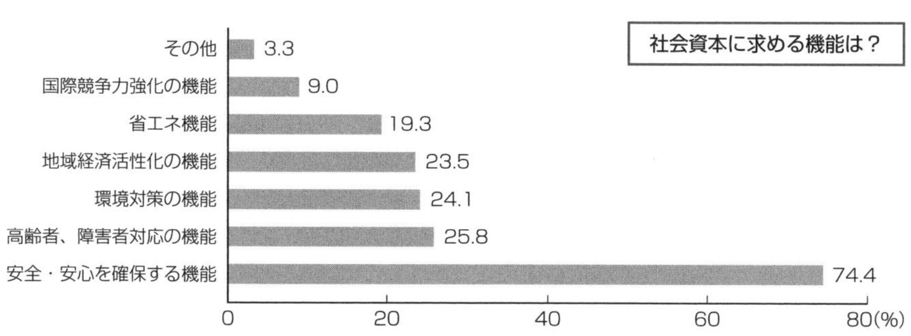

▲図15　東日本大震災以後の国民の意識変化 (2)　社会資本に求める機能 (%)
出所：平成24年版 国土交通白書

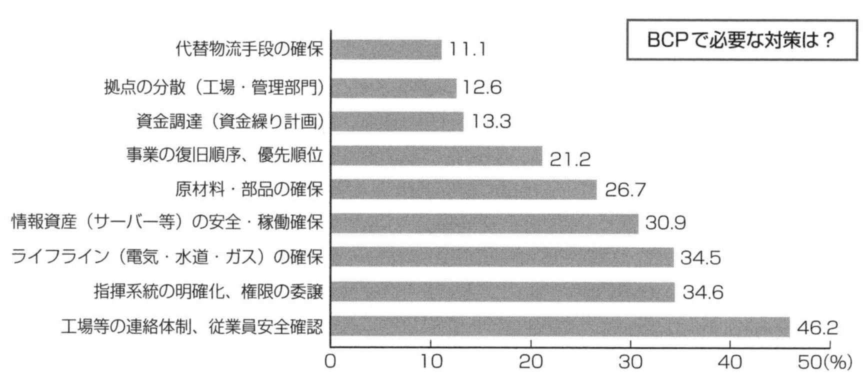

▲図16　災害時の事業継続体制 (BCP) で必要な対策 (%)
出所：平成24年版 国土交通白書

東日本大震災以後も、毎年のように、地震、台風、集中豪雨などによる土砂災害その他の自然災害が頻発している。都市部においては、人口や社会経済の中枢機能がさらに集積する地域も見られ、地下鉄、地下街等の地下空間の高度利用により、水害に対して以前より脆弱化している地域もある。また、高齢化の進展や人口減少による地域コミュニティの衰退によって、自助・共助による地域一体の防災活動が困難になる傾向も見られる。

このような中で、東日本大震災から10年が経過した2021（令和3）年に、再び自然災害に対する国民意識調査が実施された。2012年の調査と同様に、東日本大震災以前との対比で、自然災害の件数や規模に対する意識の変化、自然災害への対策の意識の変化、および防災・減災の実現に重要と考えることへの意識の変化について調査がなされた。

自然災害の発生件数および規模については、両方とも60～70％の回答者が「件数は増加している」、「規模も大きくなっている」と感じている（図17）。2011年以後の約10年の間の災害の激甚化・頻発化の傾向を反映し、国民の災害に対する警戒感が高まっていることが示されている（図18／図19）。

「自然災害への対策」についての意識の変化を見ると、東日本大震災以前には対策として何もしていない人が半数以上であったが、その10年後には40％以下に減少した。被災経験のある回答者では、40％程度であった東日本大震災以前に対して、その半分近くにまで減少している。

また、具体的な対策として、「ハザードマップや避難所・経路の確認」は20％から38％へ、「マイ・タイムラインの作成」は2.9％から4.5％へと、それぞれ倍増しており、「防災情報の収集（アプリ・ポータルサイト等の活用）」では6.6％から16.6％へと、この間のスマホの普及と相まって3倍近くもの増加を見せている。

「食料・水等の備蓄や非常持ち出しバッグ等の準備」も23％から36％へと大幅に増加している。このように、東日本大震災以後の災害頻度の高まり、激甚化の傾向を背景に、国民の防災意識は明らかに高まっていることがわかる。

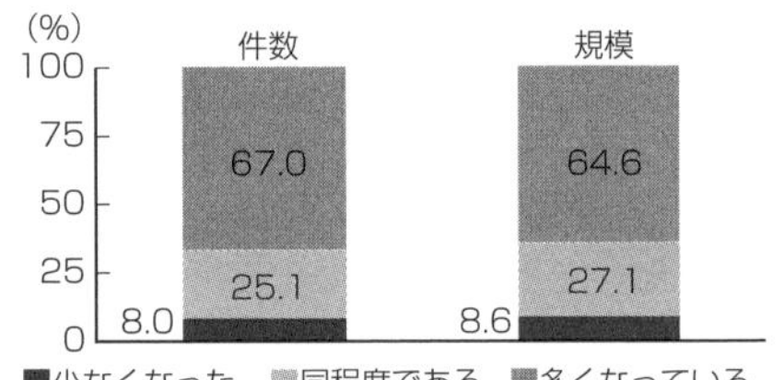

▲図17　東日本大震災以前と10年後の自然災害発生件数および規模の違い

出所：令和３年版 国土交通白書

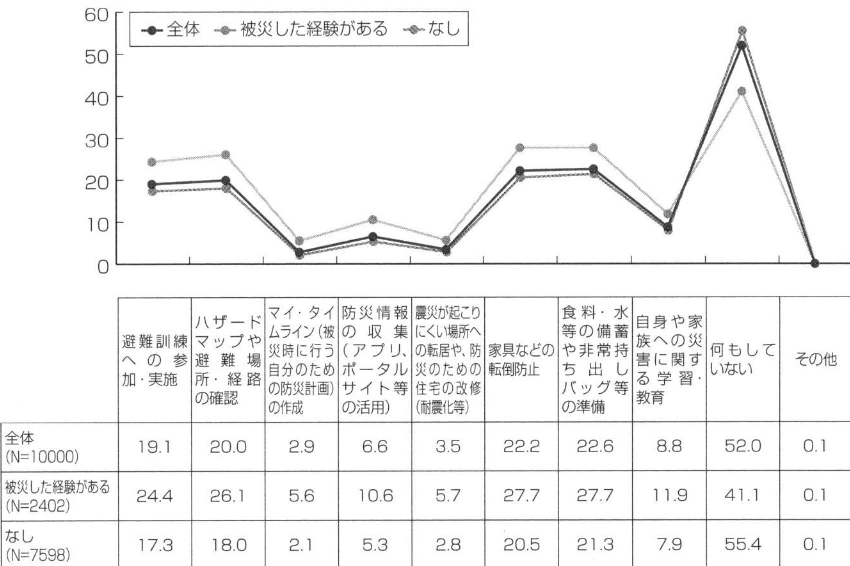

	避難訓練への参加・実施	ハザードマップや避難場所・経路の確認	マイ・タイムライン（被災時に行う自分のための防災計画）の作成	防災情報の収集（アプリ、ポータルサイト等の活用）	震災が起こりにくい場所への転居や、防災のための住宅の改修（耐震化等）	家具などの転倒防止	食料・水等の備蓄や非常持ち出しバッグ等の準備	自身や家族への災害に関する学習・教育	何もしていない	その他
全体 (N=10000)	19.1	20.0	2.9	6.6	3.5	22.2	22.6	8.8	52.0	0.1
被災した経験がある (N=2402)	24.4	26.1	5.6	10.6	5.7	27.7	27.7	11.9	41.1	0.1
なし (N=7598)	17.3	18.0	2.1	5.3	2.8	20.5	21.3	7.9	55.4	0.1

▲図18　東日本大震災以前に行っていた自然災害への対策（被災経験の有無による比較）
出所：令和３年版 国土交通白書

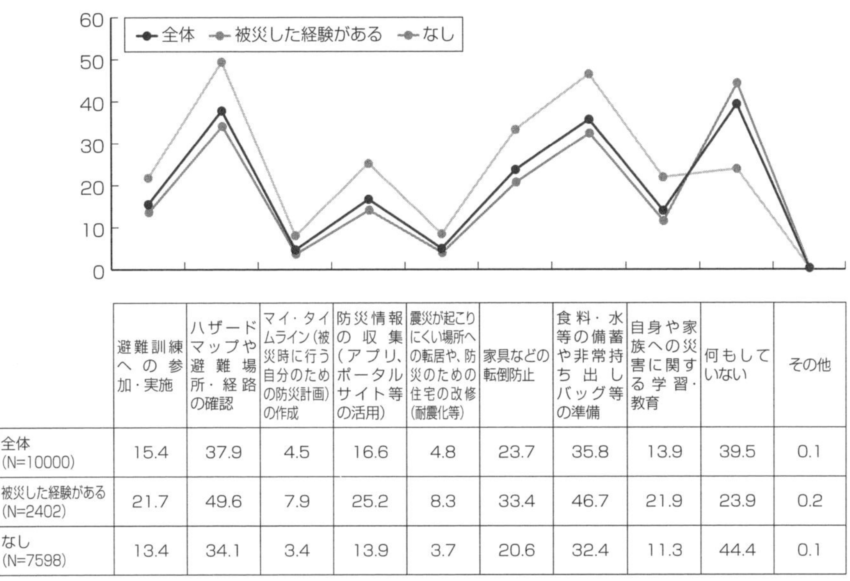

	避難訓練への参加・実施	ハザードマップや避難場所・経路の確認	マイ・タイムライン（被災時に行う自分のための防災計画）の作成	防災情報の収集（アプリ、ポータルサイト等の活用）	震災が起こりにくい場所への転居や、防災のための住宅の改修（耐震化等）	家具などの転倒防止	食料・水等の備蓄や非常持ち出しバッグ等の準備	自身や家族への災害に関する学習・教育	何もしていない	その他
全体 (N=10000)	15.4	37.9	4.5	16.6	4.8	23.7	35.8	13.9	39.5	0.1
被災した経験がある (N=2402)	21.7	49.6	7.9	25.2	8.3	33.4	46.7	21.9	23.9	0.2
なし (N=7598)	13.4	34.1	3.4	13.9	3.7	20.6	32.4	11.3	44.4	0.1

▲図19　東日本大震災以後７、８年の間に行っている自然災害への対策（被災経験の有無による比較）
出所：令和３年版 国土交通白書

MEMO

第2章

河川・沿岸域の風水害

河川・沿岸域の風水害は、強風・大雨などの気象現象によって、河川の洪水や沿岸域の高潮・波浪といった作用外力が、ある限界を超えることで発生する。本章では、河川やその流域における洪水などによる災害および沿岸域における高潮・波浪災害を対象として、災害発生に至るメカニズム、洪水、高潮制御のための堤防やその他施設、そして災害の事例や採用された復旧工法について述べる。

2-1

洪水災害

河川水位の上昇によって河道内の水が越流し、あるいは堤防が破壊されて、堤内の家屋や人命が影響を受けることが、日本における最も一般的な洪水災害の形態である。

■1　洪水災害の種類

河川の流域に大雨や台風などによって、平常時よりも多量で急激な雨水の供給があると、河道に流出した水が河川水位を急激に上昇させる。**洪水**とは、河川水位が上昇することで、河道内の水が堤防高さを越えて越流したり堤防を破壊（破堤）して、河道の外に溢流する現象である。溢流水が堤内の家屋や人命に影響を与える被害があれば、**洪水災害**となる。このような、堤防からの河川水の溢流による被害の発生が、日本における最も一般的な洪水災害の形態である。

堤防は、住宅家屋、農地、工場といった人々の主たる生活の場である場所を河川の氾濫から守るための、最も一般的な河川構造物である。堤防が河川の氾濫から守る側を**堤内地**、河川側を**堤外地**と呼び、堤防を含めた河道の範囲が**河川区域**である（図1）。また、堤内地の水を**内水**、堤外地の水を**外水**と呼んで区分する。

堤内地への降水は、通常は地表面から、側溝、排水路、下水道、支川を経由して本川へと流れる。しかし、本川の水位が上昇して支川の水位より高くなると、本川に流れ込むことができず、堤内地に滞留する。さらに、逆流が発生して堤内地の家屋などが浸水被害を受けることになる。これが**内水氾濫**であり、本川で溢流水が堤防を越えて堤内地に流出する**外水氾濫**と区別する（図2）。内水氾濫は、外水氾濫に比べて、

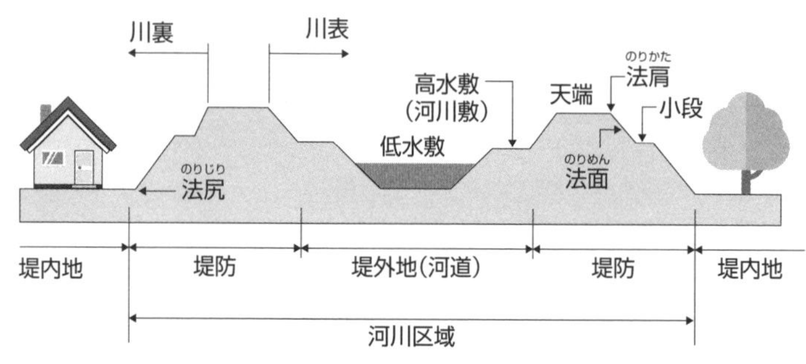

▲図1　河川の断面

洪水の水量や浸水面積が小規模であり、地盤が低く水はけの悪い地域の小河川・水路で発生する頻度が高い洪水である。

■2 洪水発生の要因

台風や大雨などの降雨で供給される河川への流出水の水量は、地表面での水の流れ方に関わる地形や、森林・田畑・道路などの地表面の状況、および台風や豪雨など水の供給に関わる気象的状況などに支配される。地表面の状況では、流水勾配などの地形条件が大きく関係する。また、山間部では、樹木等の保水力のある森林の存在が流出水に影響を与える。

河川の流水勾配については、日本の河川を大陸の河川と比較すると、河川延長に対して、流下する標高差が大きい。日本列島は2000～3000m級の脊梁山脈が中央に位置する急峻（きゅうしゅん）な地形であり、ほとんどの河川の流水勾配は極めて大きい。最急流河川といわれる、北アルプスを水源として富山湾に注ぐ常願寺川では、標高差1000m以上を総延長わずか60kmほどで流下する(次ページ図3)。集水面積も狭く、急斜面を下る水は一気に支川から本川へと流れ、短時間で海に到達する。このため河川の流量は、平常時と洪水時の差が大きく、平常時に対する洪水時の流量は、北米のミシシッピ川で3倍、ヨーロッパのドナウ川で4倍程度なのに対し、近畿地方の淀川では30倍、中部地方の木曽川では60倍、関東地方の利根川では100倍に達する。

地表面の地形状況のほかに、地表面を流れる水量に影響を与えるのは、土壌と一体

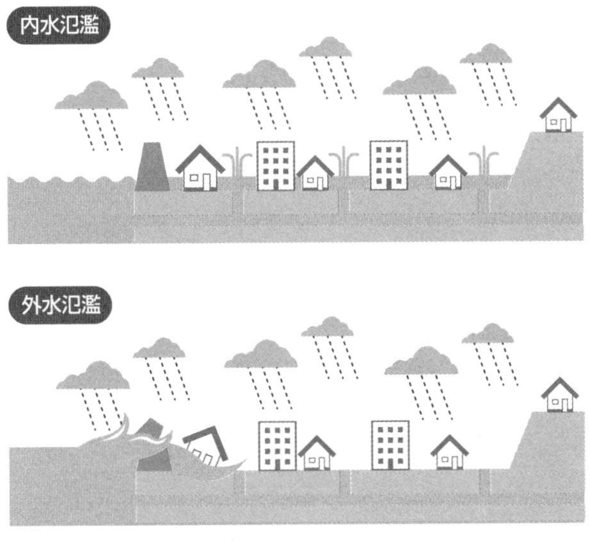

▲図2 内水災害と外水災害

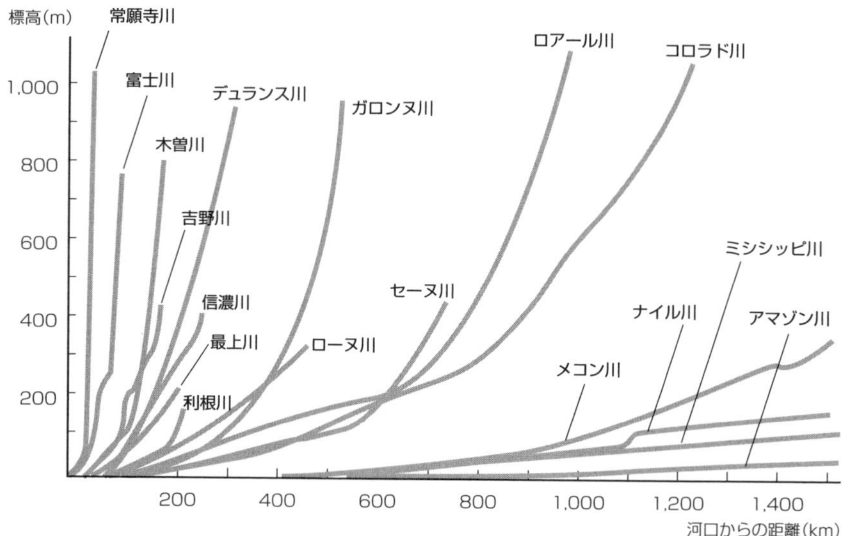

▲図3　国内外の河川の勾配

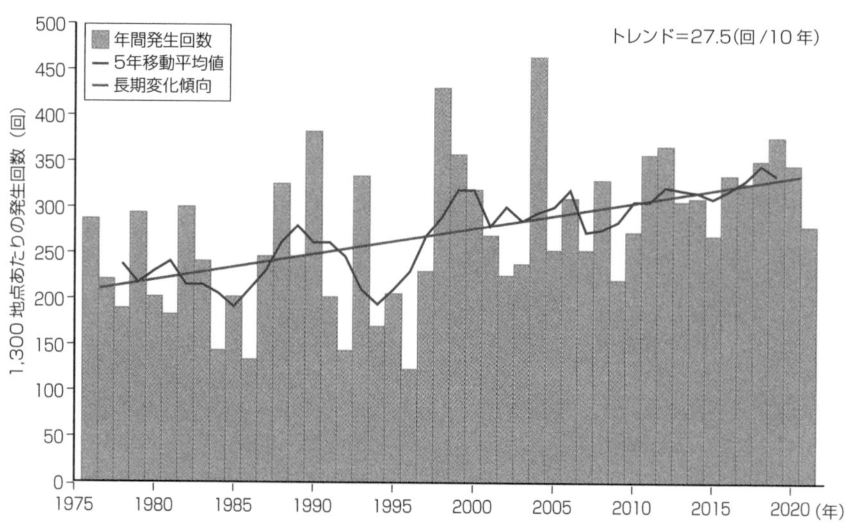

▲図4　全国の1時間降水量50mm以上の年間発生回数の経年変化（1976～2021年）
出所：気象庁

となって降水の一部を流域にとどめる作用を持つ、樹木の植生する森林の存在がある。森林の土壌層や岩石風化層などに浸透した地中水の一部は、地表水よりはるかにゆっくり移動して地下水としてとどまる。また森林には、樹木からの蒸散によって土壌中の水を消費する作用もある。

水の供給量そのものに関係して洪水発生の要因となる気象的状況としては、6～8月の停滞前線、9～10月を中心とする熱帯性低気圧による降雨がある。この期間では、日本列島南部から停滞前線に向かって流れ込む湿潤な空気が、前線の活動を活発化して大雨をもたらすことが多い。

観測データによれば、近年の降水量の傾向に変化が見られる。気象庁のアメダス（全国約1300地点の地域気象観測所）の降水量観測データでは、1時間降水量（毎正時の前1時間降水量）が一定量を超える短時間強雨の年間発生回数は、増加傾向にある（図4）。

1時間降水量50mmを超える降水の回数は、1976～1985年の10年間では全国1300地点の合計で約226回だったが、2012～2021年の10年間では約327回とおよそ1.4倍に増加している。また、同じ地域に前線が停滞し、積乱雲が線状に連続的に発生する**線状降水帯**によって、特定の地域に集中的に長時間の降雨がある現象も、近年の傾向として見られる。

■3 洪水時の河川流量

□河川流量とハイドログラフ

河川の流域において降雨が続くと、地中への浸透は飽和状態となり、次第に地表面水が増える。地表面水は河道に流出し水位を増加させて河川は洪水時の流量となる。この洪水時の流量の最大が**ピーク流量**である。河川断面がわかる場合は、最高水位で示すことができる。

ピーク流量を決めるのは、集水域に降った雨の総量のうち、地表面を流れて河川に流出する水量の割合（流出率）、降雨強度および流域面積であることから、貯留現象などを考慮しなければ、次に示す簡便な合理式でピーク流量の概算ができる。

$$Q_P = \frac{1}{3.6} frA$$

ここに、

Q_P：ピーク流量（m^3/sec）、f：流出率、
r　：降雨強度（mm/sec）、
A　：流域面積（km^2）

集水域のすべての降水量が河川に流出すれば流出率は1となるが、地中へ浸透する水量が多くなると流出率は小さくなる。通常、山間部の河川では0.75～0.85、平地の原野や畑、水田では0.6～0.7、市街地では0.8～0.9程度の値がとられる。

降雨強度は、流域の最遠地点から着目地点までの水の到達する時間の平均雨量強度である。通常、流量のピークと降雨のピークとの時間差の2倍がとられる。1/3.6の係数は、補正値である。

このピーク流量は、洪水を防ぐために着目すべき最も重要な気象現象を確率的に捉えるための水文量である。ピーク流量（最高水位）を下げることができれば、河川流出量の総量が同じであっても、洪水の危険性を抑えることができる。

縦軸に流量・水位をとり、横軸に時間経過をとってプロットした、流量・水位の時間変化の曲線が**ハイドログラフ**であり、この曲線のピークを抑えてなだらかなカーブにすることが、洪水を防ぐための基本対策となる（図5）。

□ピーク流量・水位の制御

地表面の植生被覆などで地中への雨水浸透を促して流出率を下げることや、河川の流水を遊水地で一時的に氾濫させ、地表面に一時的に滞留させて洪水到達時間を延ばすことは、ピーク流量を低下させる。また、着目地点の上流側の集水域の降水を**ダム**で貯水して放流水量を制限すれば、ダ

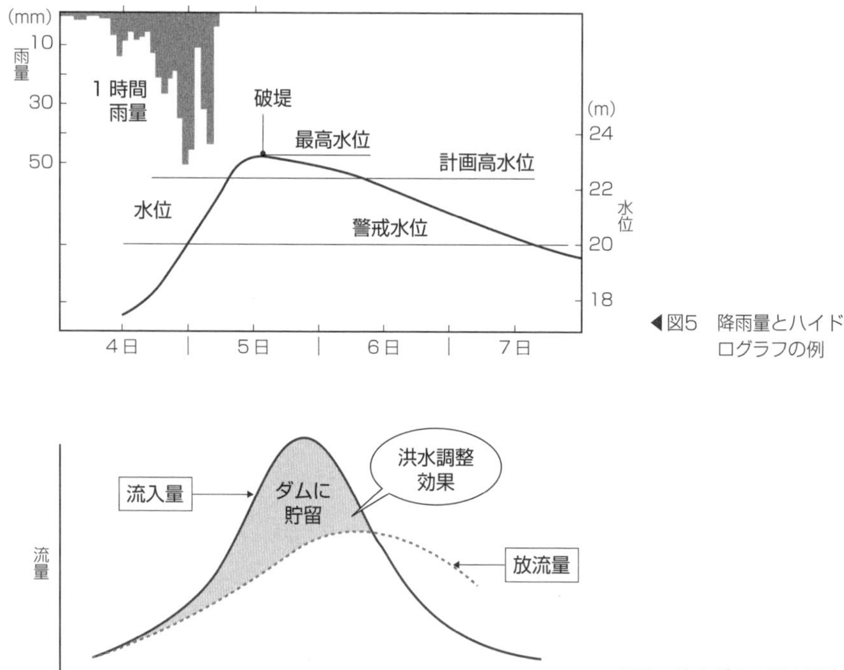

◀図5　降雨量とハイドログラフの例

◀図6　貯水ダムの洪水調節効果

ム下流のピーク流量を低下させることができる（図6）。**貯水ダム**の役割は、短時間的には本流の流域面積を減らすことであるが、洪水後の放流までを含めれば、洪水到達時間を伸ばしてピーク流量を低下させることになる。

多くのダムは、洪水調節以外にも、灌漑用、発電用などの利水目的を持つ多目的ダムである。降雨量の予測に基づき、治水用の貯水だけでなく利水用も含めた容量を事前に放流して、洪水時のダムの貯水容量を増やすことで、ピーク流量低下の効果を高めることできる。ただし、貯水容量が限

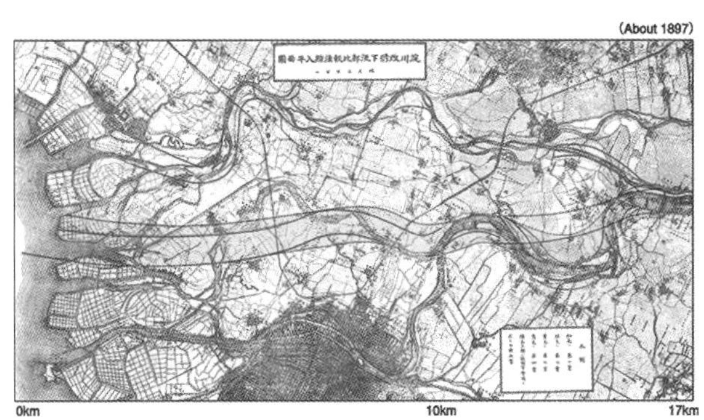

全長約10km、幅員約800m、1910（明治43）年完成。大阪城、中之島を経由して流れる大川から、現在の新大阪駅南付近で分岐して大阪湾に注ぐ人工水路として計画された。

▲図7　新淀川（淀川放水路）の計画図
出所：国交省

荒川放水路計画図（内務省東京土木出張所、1927〈昭和2〉年4月）

（土木学会デジタルアーカイブ）

全長約22km、幅員約600m、1930（昭和5）年完成。現在の北区岩淵付近で隅田川から分岐し、墨田、江東区など東京下町を経て東京湾に注ぐ人工水路として計画された。

▲図8　荒川放水路の計画図（元図に一部加筆）
出所：土木学会

られる場合、洪水時にダムが満水となり緊急放流をすることになれば、本川のピーク流量を上昇させる可能性もある。なお近年は、「常時は貯水することなく流水させ、洪水時のみ貯水してピーク流量を低下させる」という、洪水調節機能に特化した流水型ダムも注目されるようになっている。

ダムによってピーク流量を下げる洪水対策とともに、河道断面を広げてピーク水位を下げる洪水対策も、全国各地で数多く行われてきた。河道断面の拡幅、放水路やバイパスの開削など分水による河川改修である。明治以降の大規模放水路では、大阪の淀川改修による新淀川（現淀川）の開削（1910〈明治43〉年、図7）、大正から昭和にかけての荒川放水路（現荒川）の開削（1930〈昭和5〉年、図8）などがある。

◀図9　首都圏外郭放水路の調圧水槽
出所：国交省関東地方整備局

長さ177m×幅78m×高さ18mで、地下22mに位置している。

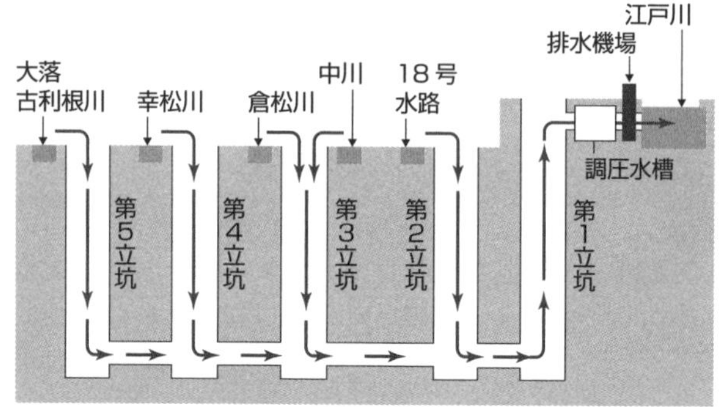

大落古利根川、幸松川、倉松川、中川および18号水路という5つの河川・水路の水は、第2〜第5の4つの立坑に落とし込まれ、地下放水路を通り第1立坑に集められ、調圧水槽、排水機場を経て江戸川に放水される。

▲図10　首都圏外郭放水路の仕組み
出所：国交省関東地方整備局

首都圏外郭放水路のように、「低地を流れる中川など複数の中小河川と江戸川を地下放水路でつなぎ、中小河川のピーク流量を地下放水路に取り込んで一時的に低下させ、後日、江戸川へと放水する」放水路もある（図9／図10）。2020年に東京渋谷駅近辺の再開発に合わせて東口駅前広場の地下に建設された地下雨水貯留施設も、雨水を一時的に貯留して天候回復後にポンプで既設下水道幹線へ排水する、という同様の施設である。

また、都市部を流れる河川では、河川沿いの高度利用で河道拡幅が難しい東京の神田川のように、隣接道路などの下に地下分水路が建設されたケースがある（図11）。

首都圏における荒川下流域の荒川第一調節池（彩湖）、および鶴見川中流域の新横浜公園は、それぞれ荒川、鶴見川の**遊水地**として、洪水到達時間を延ばすことでピーク流量を低下させるために建設された（図12／図13）。

荒川第一調節池は面積が5.8km^{2}あり、洪水期間中は貯水量300万m^{3}分が洪水調節に利用されている。

鶴見川の遊水地は、元は自然の遊水地のあった鶴見川中流の川の合流地点に位置する。川に挟まれた地域には越流堤や周囲堤を整備して、総貯水量390万m^{3}の貯水能力を備えているが、平常時はスタジアムや公園として利用できるように整備された（図13）。

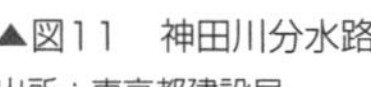

▲図11　神田川分水路
出所：東京都建設局

神田川と分水路吐口（左）および分水路内部（右）。

▲図12　荒川遊水地
出所：国交省関東地方整備局

平常時（左）および2019年10月の台風19号出水時（右）。

鶴見川　遊水池
公園として使用
堤防　越流堤　堤防
平常時

鶴見川　遊水池
堤防　越流堤　堤防
洪水時

▲図13　鶴見川遊水地
出所：国交省関東地方整備局

■4　堤防の設計の考え方

□堤防の基本機能

堤防の基本的な役割は、計画高水位以下の水位の流水について、河道内を安全に流下させることである。そのために、堤防が護岸や水流を制御する水制工などの河川施設と一体となって、流水の侵食・浸透あるいは地震の作用に対して安全性を確保することが求められる。

洪水時の増水や大雨による水の浸透により、堤体・基礎地盤が不安定化するのを防ぐためには、十分な耐浸透性がなくてはならない。また、洪水時の流水による法面の侵食・流失を防ぐためには、耐侵食性が必要である。耐震性については、地震時に堤防の沈下・陥没によって河川水が越流して二次的な浸水被害が発生しないだけの性能が求められる。

堤防が流水を河道内にとどめるためには、計画高水位以上の天端高とそれに対応する天端幅が必要となる。河川構造令で設定されている、計画高水流量に応じた最低限満たすべき天端高の余裕量と天端幅以上で、周辺の堤内地盤高や地形状況等の個別の条件に応じて設定することになる（表1）。なお、天端の構造については、堤防の耐浸透性、および堤体上の巡視などでの通行の使用性から、舗装（簡易）をすることが望ましい。

□河川重要度と超過確率

堤防をはじめとする河川施設など治水関連施設の整備の目標となる自然現象の降雨量は、**確率水文量**として扱う。過去に雨量観測所で観測された降雨データをもとに、将来も過去と同様な降雨が再現されるという前提で統計解析がなされ、**計画降雨量**（再現期間）が設定される。10年の再現期間の降雨量を計画降雨量として採用するということは、10年の間、毎年10%の確率で、計画降水量を超える降雨量が発生する可能性を許容することである。10年の間に1回発生した場合でも、再度発生することもありうる。

▼表1　堤防の余裕高および天端幅

計画高水流量（m^3/s）	堤防の余裕高（m）（計画高水位に加える値）	堤防の天端幅（m）
～200	0.6	3
200～500	0.8	3
500～2000	1.0	4
2000～5000	1.2	5
5000～10000	1.5	6
10000～	2	7

注：「河川管理施設等構造令」第20条による。

治水計画の出発点となる超過確率のとり方は、「治水安全度をどの程度に設定するか」の判断に基づく。すなわち、流域の大きさ、対象地域の社会的経済的重要性、想定される被害の量と質、過去の災害の履歴などに基づく河川重要度に応じて設定される。河川の重要度は5段階に分かれ、重要度A級（200年以上）、B級（100～200年）、C級（50～100年）、D級（10～50年）およびE級（10年以下）となっている。

重要度A、B級は大規模な河川、重要度C、D級は中小規模の河川が設定される。それによって定まる超過確率に従い、過去の100年程度の観測で蓄積された雨量データをもとに統計処理をして、基本高水流量、計画高水流量、計画高水位が決定される。200年に1回の確率の大雨を計画の基準とするA級には、利根川、荒川、木曽川、淀川、太田川が定められ、100～200年に1回の確率のB級にはA級以外の主要河川、50～100年に1回の確率のC級には都市河川区間が定められている。

□堤防高の設定

降雨が始まって次第に降雨強度が高くなり、ピークに達して下降をたどる推移となる場合、降雨が流出する河川の水位は、この降雨強度に応じて変化する。河川の水位は、時間とともに急激に増加し、降雨量がピークに達したあと、ある時間が経過して最高水位に達し、その後降雨量の減少に従って徐々に低下する。

堤防高は、この河川水位（流量）の変化を時間軸に沿って描いたハイドログラフの水位が最も高いときにも、溢（あふ）れることがないように設定される。

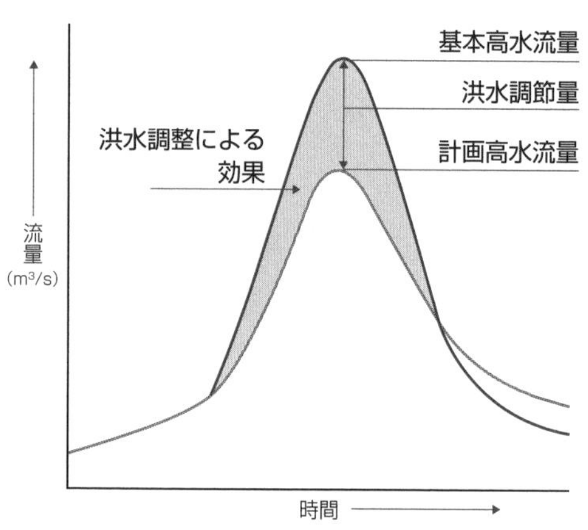

▲図14　基準点におけるハイドログラフ

堤防高を設定するハイドログラフは、河川重要度に応じ、過去の観測データをもとに想定した洪水に基づいて決定される。この基本高水流量から、ダムや遊水地などの洪水調節の一時的な貯留分を除いた分が、河道を流れる計画高水流量となる（図14）。

河道内を流下する水量が定まれば、流出計算によって、河川の各地点における最高水位が求められる。これが想定した洪水時の最高水位、すなわち計画高水位である。堤防高は、これに所定の余裕高を加えた高さとして決定される。

治水の計画は、対象とする河川が氾濫した場合のリスクの大きさなどをもとに、河川の重要度を設定する政策的判断に基づいている。計画高水流量の設定も、再現確率をもとに行っており、「洪水はある確率で発生する」ことを前提としており、堤防というハード面の防災対策と同時に、洪水発生時の避難やあらかじめの対策、ハザードマップの整備などのソフト対策と合わせた備えが重要となる。

■5　堤防の破壊とその形態

洪水時の水位の上昇に伴って発生する堤防の破壊の形態は、大きく分けて**越流**によるもの、**侵食**によるもの、および**浸透**によるものの3つに分類できる。

水位が堤防の天端高さを超えると（あるいは水衝部ではそれ以前の段階でも）河道内の水流が堤防天端を越えて堤内地（図15）側へ流出する越流によって、堤防の破壊が発生する。

水位が堤防の高さに達する以前でも、河川の屈曲部などでは増水した水流が堤防の法面・法尻（のりじり）の土砂を洗い流す侵食や洗掘による堤体の破壊が発生する。また、降雨が続いて堤防の内部や基礎の地盤に水が浸透し、堤内地側の法面・法尻での漏水や堤内地での湧水が発生して堤防の破壊が始まる場合もある。越流は堤防破壊の約80%に関係する最も多い原因であるが、実際の破堤は、浸透による破壊を含めた複数の原因が関係することが多い。

▼図15　堤内地

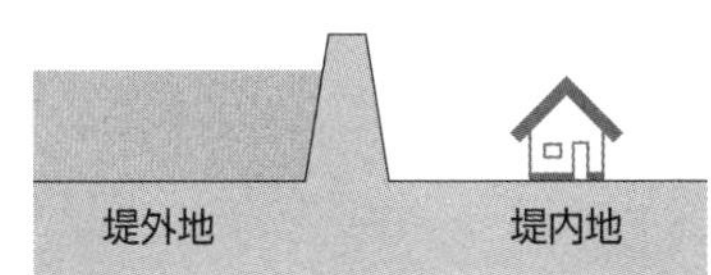

□越流による破壊（図16）

上昇した水が堤防高さを越えて堤内地側へ流れると、堤防天端面や、堤内地側の法肩（のりかた）・法面を侵食して堤防に損傷を与える。越流した水が法面に沿って流下することによる直接的な侵食である。裏法（川裏法面）の侵食が始まる箇所は、耐侵食力によって異なるが、法尻が越流で侵食されると、堤体自身が不安定化して法面・天端の崩壊へと進行する。

水位が堤防高に達していなくても、計画高水位に対応した改修がなされていない堤防高の低い橋梁部や、橋脚・堰（せき）などの構造物の上流側、河道が屈曲する外カーブ側などの河川水位が局所的に高くなる箇所でも、越流が発生する可能性がある。

□洗掘（侵食）による破壊（図17）

河川水位の上昇に伴い、堤防が飽和状態となって強度が低下すると、堤防の表法（川表法面）では、水勢を増した流水によって徐々に法尻付近から洗掘や侵食が始まる。侵食が進行すると、堤体が不安定となって堤外側にすべりが発生し、堤体の崩壊につながる。

□浸透による破壊（図18）

水位上昇で飽和した堤防の土は、湿潤面より上に比べて強度が著しく低下し、透水係数も大きくなって浸透速度が速くなる。さらに豪雨が襲うと、法面からの浸透水も加わって堤体内の浸潤面がさらに上昇する。飽和状態が続くと、堤体や基礎地盤内

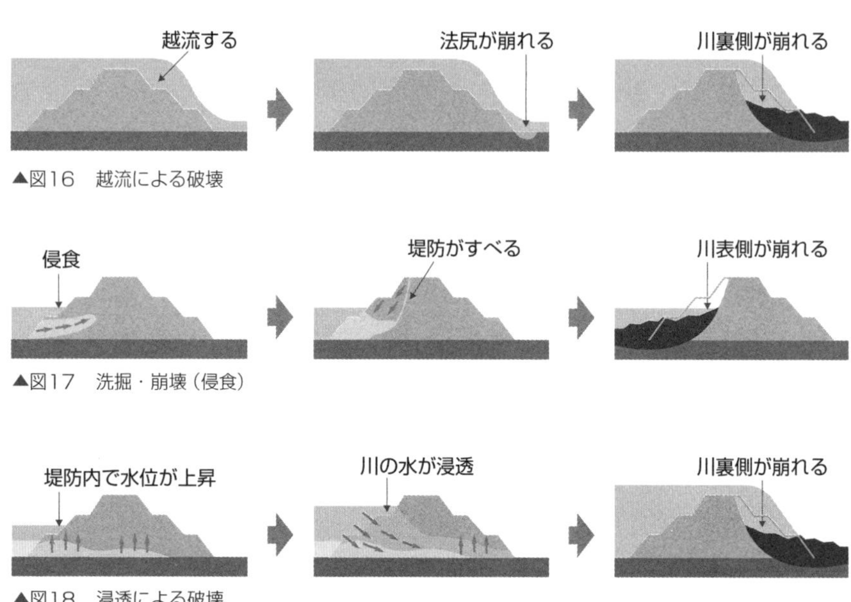

▲図16　越流による破壊

▲図17　洗掘・崩壊（侵食）

▲図18　浸透による破壊

で不安定化による変状が発生する。軟弱となった堤防の裏法の足元から亀裂が入り、次第に天端方向に向かって堤体の崩壊が始まる。基礎地盤では浸透水による噴砂による土の排出を伴う**パイピング**や**ボイリング**が起こり、洗い出された砂層や礫(れき)層中の細粒分が、噴砂孔（ガマ）から流出して空洞が発生し、被覆土層（粘性土）の弱部から漏水が発生する。

□**堤体の経年劣化**

流量の増加した洪水時の越流、侵食および浸透が、堤防破壊の直接的な原因となるのだが、それ以前の常時を含めた経年による劣化も堤防を弱体化させる。長年にわたる雨水の堤体への侵入や、増水時の表法側からの水の浸透の繰り返しがあれば、堤体内の水みちの形成が助長される。堤防やその下の基礎地盤に水が侵入すると、堤内地側に向けて土の細粒分を流出させ、空隙率の高くなった水みちを形成する。モグラなどの動物によって作られた堤体内部の空洞があれば、さらに水みちの形成につながる。

法面への外来植物の侵入や繁茂があれば、築堤時の植生であるシバの駆逐の原因にもなり、法面強度や堤体の耐久性に影響を与える。また、堤防の天端を走行する車両等の影響で地盤沈下や法面のはらみ出しなどがあれば、堤防の耐久性に影響を与える。

■6　堤防の補強

□**法面等の覆工**

堤外地側からの水の浸透を防止するために、川表側の法面や小段を水密性のあるコンクリートスラブやアスファルトスラ

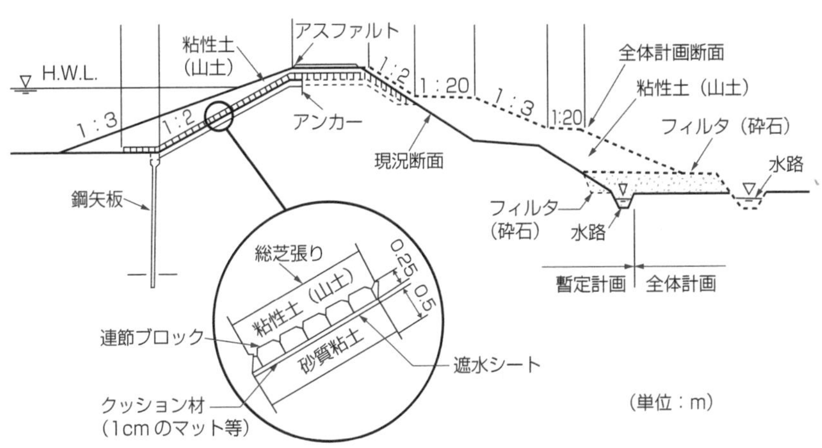

▲図19　被覆工による堤防強化対策
出所：土木工学ハンドブック

ブ、練石張りなどで覆う方法がある（前ページ図19）。法面の覆工の下に不透水材料の遮水シート（ジオメンブレン）を敷き、その上に可撓性（たわむ性質）のある連節ブロックなどによって被覆をすることで、浸透や越流に対する抵抗度が高められる。雨水の浸透を抑制するためには、天端にアスファルトなどで舗装を施すとともに、越流が発生した場合に崩壊の進行を遅らせるために、堤内地側の法肩や法尻をコンクリートブロックなどで保護する方法もある。

□裏法尻付近の補強（図20）

川裏法面の法尻付近を、砂質土を裏込めにした空石張り、あるいは練石張りで覆い、堤内の浸透水の排出を良好にし、法尻を補強する方法がある。

□基礎地盤の漏水対策（図21）

堤防の基礎地盤の漏水対策としては、止水壁やブランケットの設置、堤防の拡幅、排水井戸や排水溝の設置、押さえ盛土の設置などがある。

止水壁による漏水防止対策は、透水層に地中壁を設けて遮断する方法であり、川表側の法尻から透水層に鋼矢板を打設する。止水壁としては、コンクリート矢板、軽量

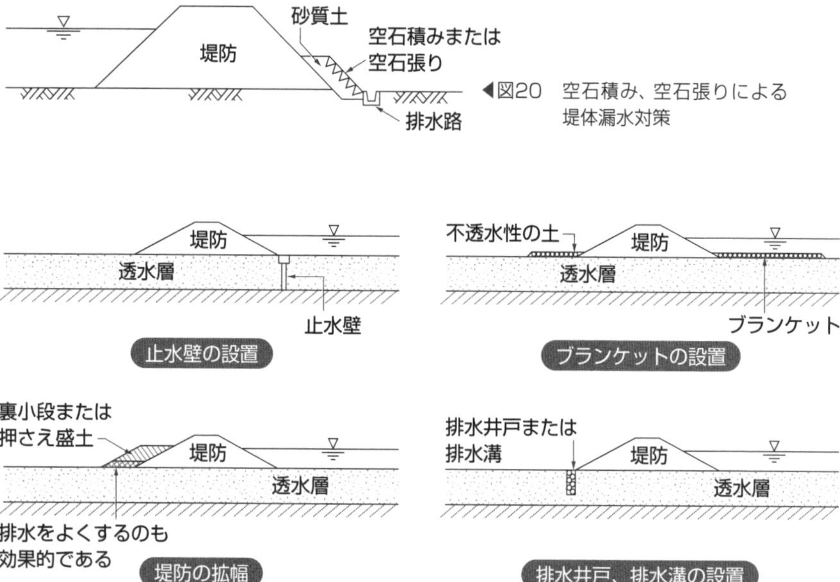

◀図20　空石積み、空石張りによる堤体漏水対策

▲図21　基礎地盤の漏水対策

鋼矢板、高分子材料の板、シートなどを埋設する例もある。このほか、場所打ちの地中連壁や泥水工法により止水壁を設置する方法もある。止水のためには止水壁が透水層を完全に遮断し、不透水層に50cm以上貫入させるのがよい。

ブランケットによる漏水対策は、堤外地の透水地盤を不透水性の土で覆土することで、透水経路の延長を長くする方法である。透水距離を長くすることで、堤内地の法尻付近の透水層の水頭を低下させる効果がある。この工法は施工性がよく、維持管理も容易である。

同様に浸透距離を長くするために、押さえ盛土や裏小段を追加して堤防の敷幅を広げる場合もある。この場合は、追加盛土の下部に砂利や排水管を設けて排水をよくするのがよい。

堤防内に浸透した水の排水には、裏法尻付近に排水井戸や排水溝を設置して浸透水の水頭を下げる方法もある。浸透水の水頭が低下することで、不透水層を突き破って土砂を流出させる湧水を防ぐ効果がある。

このほか、「堤内地側に押さえ盛土を設置することで、透水層内の水頭に抵抗する」方法や、「表法尻付近に水制工を設置して洗掘を防止するとともに、水勢を下げて土砂の堆積を促し透水層への流水の浸入を抑える」方法もある。

□旧堤防の拡築（図22）

越流・浸透対策として旧堤防の拡築をする場合、天端高をかさ上げして、同時にそれに応じた腹付けによる堤体拡幅を行うのが一般的である。腹付けは川裏側に施工する裏腹付けが望ましい。表腹付けは、河幅に余裕があっても、特に低水路が接近している場合は避けるのがよい。断面の小さい旧堤の拡築の場合は、両方の法面に腹付けをする両腹付けをする場合もある。

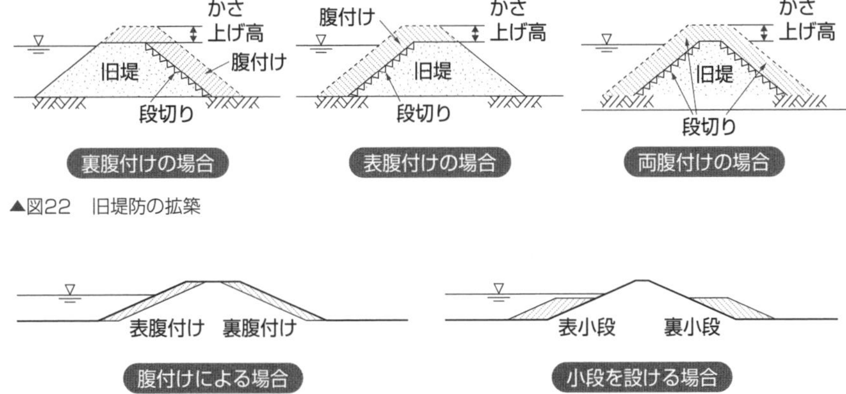

▲図22　旧堤防の拡築

▲図23　腹付け、小段による拡築

堤防の施工断面は、基礎地盤および、堤体の圧縮沈下を見込んで、計画断面に対して粘土質土で5～10%、砂質土で2.5～5%程度の余盛りを加えて施工を行う。天端面には滞水が生じないように排水を考慮し、5～10%程度の横断勾配をつけてかまぼこ形に仕上げる。

盛土の施工に先立って旧堤防に幅0.5～1.0m程度の階段状の段切りをする。施工途中においても、雨水が滞留しないように、盛土表面の勾配に留意する必要がある。

主として浸透対策で堤防断面を拡大する場合は、既設の堤防の法面に腹付けをする方法、および小段を追加する方法がある（図23）。堤防断面（幅）を拡大することで浸透距離を延ばし、堤外側からの浸透水を減少させて漏水を防止する。堤外地側の腹付けや小段には不透水性の土を使用し、堤内地側には、透水性の土を使用する。

□ 堤防決壊と復旧工法の事例

ここでは鬼怒川決壊の事例における決壊の状況とその後の復旧について、報告書（「鬼怒川堤防調査委員会報告書」、2016年3月、鬼怒川堤防調査委員会）から見てみる（関連の図・写真は同報告書からの引用）。

・堤防決壊の概要

2015（平成27）年9月の関東・東北豪雨における鬼怒川の堤防決壊は、上流部の五十里観測所の3日間雨量617mmをはじめ流域各地で既往最多雨量を記録した豪雨の中で、利根川との合流地点から21km

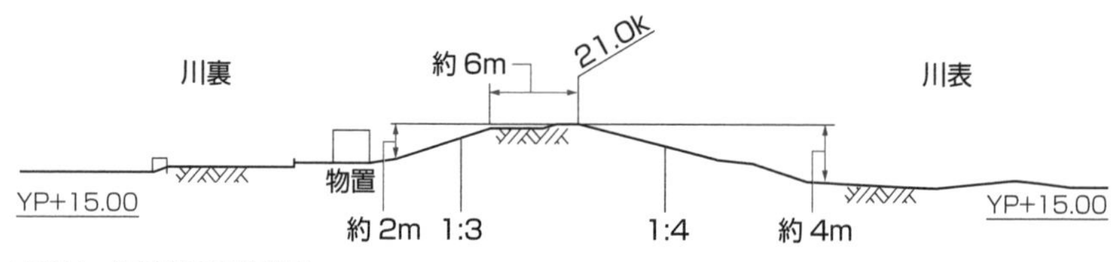

▲図24　決壊前の堤防断面

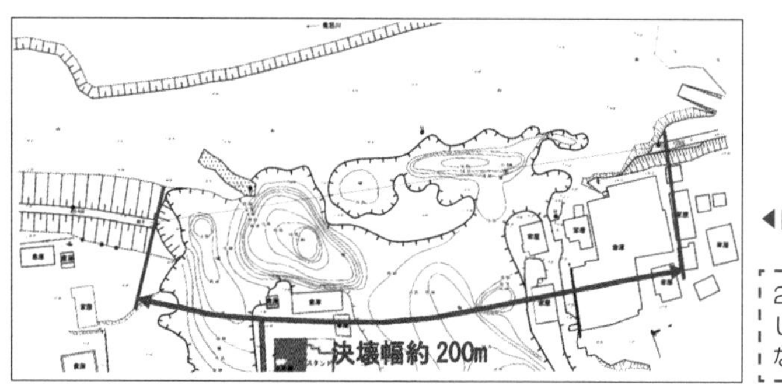

◀図25　決壊箇所の平面図

200mにわたり決壊した左岸側には、巨大な落堀が形成された。

の鬼怒川左岸で発生した。決壊幅は越流直後に20mであったが、最終的に200mまで拡大した（図25／図26）。

決壊前の堤防は昭和初期築造の記録があり、堤防高さは決壊箇所を含み約500mにわたり局所的に低い箇所はないが、全体的に計画堤防高より低い状況にあった。堤防天端は管理用路として舗装されていた（図24）。

・堤防破壊の原因と復旧工法

堤防破壊の原因としては、越水により川裏法尻の洗掘が進行・拡大することで、堤体の緩い砂質土が流水で崩れ、その後の小規模な崩壊が続き、全体の崩壊に至ったと推定された。堤体への浸透については、越流が発生する前に、堤体の基部から堤内地側に連続する緩い砂質土を被覆する粘性土層でパイピングが発生したものと考えられた。

これらの越流と浸透の複合による破堤原因に基づき、堤防復旧計画では、計画堤防までの堤防高さとそれに応じた天端幅の確保を行うと同時に、川表側に鋼矢板による遮水工を施工し、砂質土の透水層への浸透を抑えることとされた。河川水、降雨の堤体への浸透の抑制のために、川表法面には、遮水シートとコンクリート連節ブロック、覆土による被覆工が施され、天端は舗装がなされた。浸透した降雨等を堤防外に速やかに排水するため、川裏法尻部にかごマットのドレーン工と箱型水路が設置された（図27）。

図26　堤防決壊後の現地状況▶

越水28時間後（2015年9月11日）の状況。

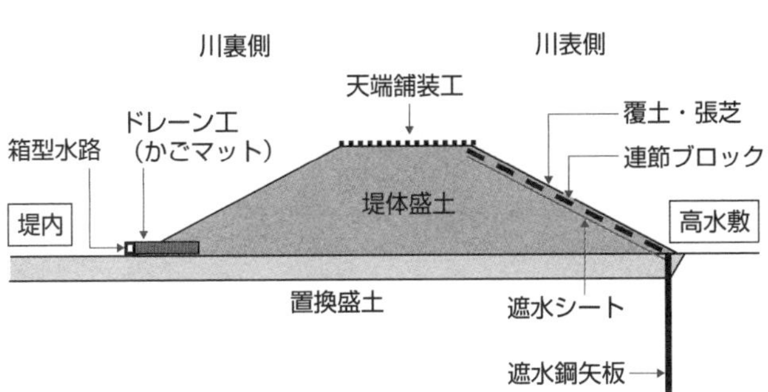

▲図27　鬼怒川堤防の復旧工法

■7　氾濫水の流下特性

□流速と拡散

平野部において、**氾濫水**は、局地的には堤内地の微地形、道路、水田、小河川堤防、その他建造物などの影響を受けるが、おおむね地形の傾斜方向に向かって流下する。氾濫水は、越流あるいは決壊流の水位と堤内地の地盤高の差が大きいほど、水量・流速が大きい。

堤内に溢流した氾濫水の拡散は、地盤勾配によって異なるが、比較的勾配のある扇状地では、河道沿い付近を中心に等高線と直角の方向に直線的に、地盤勾配に応じた速い速度で流下する。流速は、破堤箇所から数kmの場所でも3～5km/hと速い。盆地や谷底平野でも、氾濫水の水深・流速が大きく、浸水市街の建物に損傷を与える場合がある。

下流域の氾濫平野では、大河川の場合で勾配は一般に1/1000以下、最下流では1/5000以下にもなる緩やかな勾配となる。このため氾濫水は、地盤高の低いところへ時間をかけて流れ、氾濫域も河川から離れて広く拡散する。氾濫水の水位上昇速度は、一般に10～20cm/10分程度であるが、破堤箇所近くでは瞬時に50～70cm上昇し、その後20～40cm/10分の速度で上昇する。

2015年の鬼怒川の氾濫では、氾濫水の流速は破堤箇所付近で14km/h程度、数百m離れた場所で5km/h、数kmの場所で1km/h程度と緩やかで、浸水深さも通常1～2m程度であった。決壊地点から下流側10kmの地点までの洪水到達時間は約12時間であった。1981年の小貝川の氾濫では、氾濫域の平均勾配は1/2500

▲図28　小貝川の龍ケ崎での堤防決壊（1981年）

出所：国交省

小貝川下流左岸の龍ケ崎市で、1981年8月24日午前2時ごろ、堤防が決壊した。

▲図29　小貝川氾濫による龍ケ崎市浸水被害状況（1981年）

出所：国交省

浸水戸数915戸、浸水面積約1600haであった。

で、氾濫域先端が拡散する流速は、時速0.2〜0.5kmであった（図28／図29）。

氾濫平野における氾濫水の拡散では、流れが阻害されると局所的に水深や流速が大きくなって水衝部ができる場合もあるが、おおむね緩やかではある。地形以外に、道路、家屋、その他地上工作物の配置によって流れは影響を受ける。ただし、支川や水路などがある場所では、流速が速い場合もある。また、氾濫流の流れを阻害する方向に、高架鉄道や高架道路などがあると、氾濫水はその箇所でいったん滞留して越流するため、阻害構造物の上流側で水深が上昇する可能性がある（図30）。

川の合流点付近の川に挟まれた場所は、水の逃げ場がないため浸水深が深くなり浸水時間も長く継続する傾向がある。池、沼地など堤防に囲まれた閉鎖性地域も、浸水時間が長くなり、水田などでは1〜2週間も水が引かずに浸水が続く場合がある。

都市化の進展によって、かつて農地であった氾濫平野に宅地や工場が立地するようになった場所では、高低差が小さいこととともに、住宅、道路、その他都市施設などが多いために地表面がコンクリートやアスファルトで被覆されており、流出速度が速く雨水流出量も多い。

地表面から都市内の支川や水路に流入した水は、本川に流入して排水される。しかし、都市内の支川や小水路は水位上昇速度が速くハイドログラフのカーブがシャープで、排水先の本川の水位が高くなると、排水できず本川の氾濫以前に内水氾濫が発生する場合がある。また、建造物の多い市街地では、氾濫水は障害物が少ない道路へ流れ込み、道路を通じて氾濫水が拡散する。

◀図30　氾濫水による家屋被害（2017〈平成29〉年九州北部豪雨）
出所：（一財）消防防災科学センター

□山地河川洪水

破堤して氾濫水が流れるときに、氾濫水から浸水家屋などが受ける力は、氾濫水の運動エネルギーであるので、流速の２乗と水深を掛けた大きさで表される。浸水深さに比例し、氾濫水の流速の２乗に比例する。氾濫水が深いと浮力も作用し、氾濫水の流れが衝突する浸水家屋などは、流水による基礎付近の洗掘と相まって、氾濫水に押し流される可能性がある。

氾濫水の流速は、氾濫平野よりも、地表面の勾配が急な中流域の盆地や扇状地の谷底平野において大きい。平地が山地で挟まれる山地内の谷底平野・盆地では、流れの拡散が制限され、上流域に豪雨が降ると雨水は短時間で谷底や山麓に到達して、水深と流速が大きく破壊力の大きな洪水が発生する。

上流域では、豪雨とともに斜面崩壊や土砂崩れが発生すると、生産された土砂・流木を巻き込んだ洪水や土石流が発生する。これが大きな破壊力となって、多数の家屋流失・損壊を引き起こすのが、**山地河川洪水**である。谷底低地面の勾配が大きく河道幅が狭いほど、また上流域が広いほど、山地河川洪水の危険度は大きくなる。

◀図31　氾濫流による堤防損傷と家屋倒壊（令和２〈2020〉年７月豪雨）（人吉市、球磨川）
出所：国交省

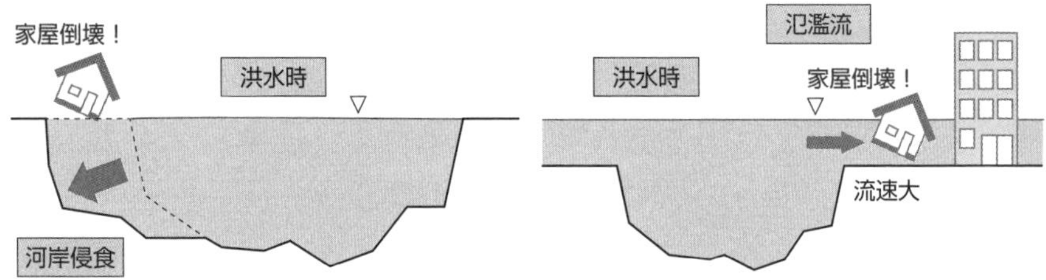

▲図32　「家屋倒壊等氾濫想定区域」で想定する、氾濫流（右）と河岸侵食（左）による家屋倒壊
出所：国交省

令和2（2020）年7月豪雨での球磨川水害では、山地内の谷底平野を流れる球磨川流域で、多数の堤防や家屋などが被害を受けた（図31）。

平成27（2015）年関東・東北豪雨では、宅地や公共施設などの浸水が解消するまでに10日を要するという大水害が発生した。宅地への浸水により避難の遅れも多数発生し、孤立した約4300人が救助された。このときの教訓から、氾濫水によって家屋の流出・倒壊等の危険が生じる場合に備えて、洪水時における水平避難が必要な区域、あるいは垂直避難が可能な区域を推算し、**家屋倒壊等氾濫想定区域**としてハザードマップに示されるようになった（図32）。

立ち退き避難のための情報を提供するため、氾濫流あるいは河岸侵食によって家屋の流失・倒壊が発生するおそれのある区域をそれぞれ推算して示している。浸水深が3m以上のエリアでは、避難場所への立ち退き避難が必須だとされている。

■8　氾濫危険箇所

□河道地形による危険箇所

過去の洪水で堤防の破壊や越流が発生して氾濫した箇所は、屈曲・合流などの河道地形や構造物の条件において共通する特徴が見られる。これらの特徴から、氾濫が生じやすい箇所を特定することができる（図33）。

・河道の屈曲部

河道屈曲部の外カーブ側では流水の堤防への作用力が大きく、水衝作用によって水位が高くなる。このため、洗掘に対して法面・法尻の保護が必要となる場合がある。逆に内カーブ側では、流速が低下することで平常時では堆積による河床上昇が起こり、流れを外カーブ側に押し付けて蛇行をさらに強める傾向がある。

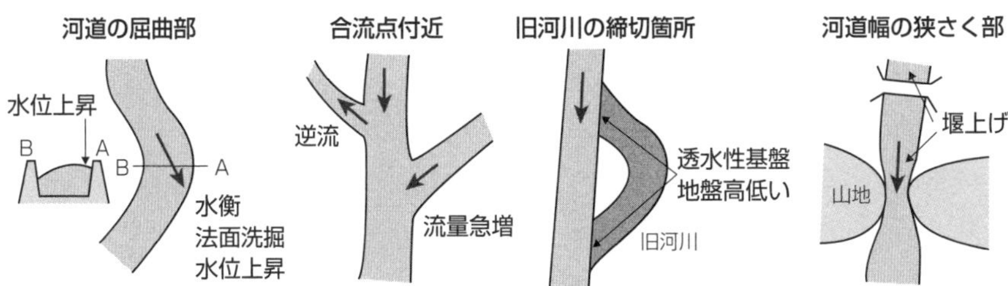

▲図33　破堤の危険性の高い箇所

・合流点付近

大きな支流と合流する本流では、流量が急増するため水位が上昇しやすい。このため、支流の流れの停滞あるいは逆流が発生することがあり、合流による流れの停滞は渦巻を伴うこともある。支流の堤防は本流よりも弱体であることが多く、上昇した水位による越流・破堤や、渦を巻いた流水による洗掘が起きる可能性がある。

・河道幅の狭さく部

山地や台地が両岸に迫った地形を流れる箇所では、流水断面が急減するために流れが停滞し、上流部で水位が高くなる。このような箇所では越流の危険性があり、漏水が起こりやすい。

・河床勾配の急減部

河床勾配が減少する箇所では、流速が低下することで堆積が発生し、水位上昇が発生しやすくなる傾向がある。洪水時の越流の可能性がある。

・その他の箇所

堤防に接して池がある箇所は、落堀の跡、あるいは漏水によるものである可能性があり、かつてここで破堤が発生したことを示している場合がある。

蛇行していた旧河川をショートカットして付け直した場合、旧河川を締め切った箇所は、堤内地側の地盤が低く、堤防基礎地盤が透水性である可能性がある。

軟弱地盤の箇所では、築堤後に地盤沈下が発生して堤防高が低くなっていることがあり、その場合は洪水時に越流の危険性がある。

土砂の堆積がある場所では、河床高の上昇により堤防高が不足している可能性がある。逆に、侵食によって河床高が下降する箇所では、堤体基礎が洗掘されて堤体決壊の危険性がある。

□構造物等による流れの阻害箇所

流れの阻害箇所では、流速を増した水流によって、河川内における代表的な侵食性災害である橋梁の橋脚・橋台などの洗掘や、護岸周辺の河岸の侵食が発生する（図34／図35）。

水門・橋脚・堰などの河川構造物の設置箇所では、上流側の水位が高まり、構造物の上下流の水位差で上流側の河床の洗掘が発生する。洪水は、水とともに土砂や樹木、その他流水が侵食した物を巻き込んで流れるため、これらが橋脚間に堆積して閉塞率がさらに高まると、水流が増加し、橋脚や橋台付近の洗掘、法面侵食を起こすことになる。流木などが橋脚間を閉塞し、高欄などにも堆積してダムが形成されれば、河川水位は一気に上昇して河道外に溢流し、被害が発生する。

河道内で水位が上昇した洪水流が橋脚に衝突すると、前面の水面付近の流れには、鉛直下方への下降流と橋脚の左右に分かれる下降流ができる。橋脚に沿って鉛直下方へ潜り込んだ下降流は、河床に到達して鉛直面内で渦巻く回転流を発生させる。この回転流が、橋脚上流側の河床を掘り下げ、砂礫を巻き上げる。橋脚の左右に分かれた下降流は、水面下に潜り込むと、回転流で巻き上げられた砂礫、および両側面で巻き上げた砂礫を橋脚下流側に押し流す。これによって、橋脚の上流側および両側面が掘り下げられ、砂礫は橋脚の下流側に運ばれる。一般に、橋脚の上流側に丸みや水切りをつけるのは、河床付近を掘り下げる水流を抑制して橋脚の洗掘を防止するためである。

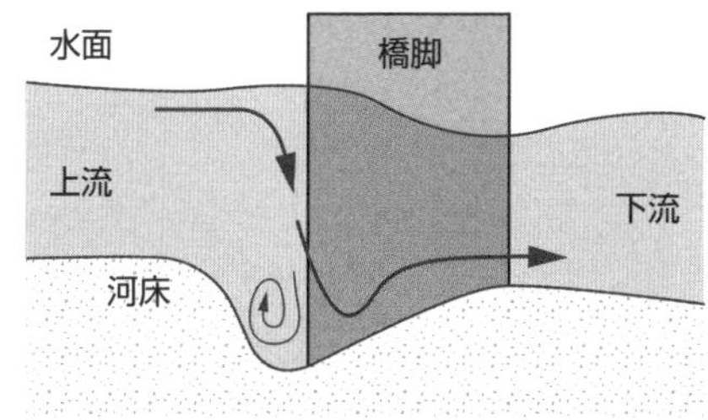

▲図34　橋脚周辺の水流と洗掘

▲図35　洗掘による橋脚の沈下
出所：(一財) 国土技術研究センター

■9　氾濫危険箇所の重点監視

□重点監視の重要性

国が管理する河川の延長は約1万1000km、自治体が管理する河川を加えると全国で約15万3000km（2019年1月時点）に及ぶ。水防の観点からこれらすべての河川および河川施設や堤防が監視の対象となるが、膨大な延長に対し、危機管理の観点から効率的な点検が求められる。そのため、災害に対する過去の経験を踏まえて、河川の氾濫危険性の程度を、漏水の有無や規模、法面・法尻の亀裂などの変状、河川各所における洪水時の状況などからあらかじめ評価し、氾濫危険箇所を把握した上での重点監視が重要となる。

□重要水防箇所

重要水防箇所とは、洪水時の氾濫危険性が高く、水防活動上、重点的な監視・対応が必要な箇所である。これらの箇所は、洪水時の被害に備えて事前に土のうを積むなどの対策を講じる必要があり、洪水時には変状の点検箇所となる。重要水防箇所は、毎年の出水期（しゅっすいき）の前に、現況に応じて設定が行われる。設定の基準は「重要水防箇所評定基準（案）」、国土交通省、2019年）で示されている（表2）。

設定の考え方として、対象となる箇所の状況に応じた水防活動の種別ごとに、重要度をA（最も重要）、B（重要）および要注意区間の3つに区分している。

「種別」には、水防活動のきっかけとなる現象として、「越水（溢水）」、「堤体漏水」、「基礎地盤漏水」、「水衝・洗掘」（図36）、「工作物」、「工事施工」、「新堤防、破堤跡、旧川跡」、「陸閘（りくこう）」がある。これらの種別ごとに、重要度A、重要度B、要注意区間の3つの区分の定義をしている。例えば、「越水（溢水）」の現象に対しては、「計画高水位が現堤防高を超える箇所」をA、「堤防余裕高が不足している箇所」をBとしている。

◀図36　洪水による護岸洗掘（平成21〈2009〉年台風第9号、兵庫県佐用大橋）

出所：（一財）消防防災科学センター

橋梁高欄に堆積した流木の跡と橋台・護岸の被害状況がわかる。

■10　水害地形分類

□河川氾濫と地形

河川地形は、山間部から海まで流下する川の侵食作用、運搬作用および堆積作用によって形成されてきた。多量の土砂を山地から運び出す堆積性の河川は、山間部を抜けて平坦地に出て流速が遅くなると、土石流や川の水流で運搬された砂礫を扇形状に堆積して扇状地を形成。さらに河床を堆積させながら流下し、下流域で氾濫を繰り返して氾濫平野をつくり出す。侵食性の河川では、河床を削りつつ、隆起と下刻（かこく）（川底の侵食）の繰り返しで河岸段丘を形成し、河川作用で形成された山地や台地の間に細長い低平地の谷底平野をつくり、下流域では氾濫を繰り返して氾濫平野を形成。河口部では、堆積土によって三角州を形成する。

これらの作用の多くは洪水によるものであり、河川地形は洪水の記録が刻み込まれたものだといえる（図37）。

□水害地形分類図

洪水の繰り返しによる堆積で形成された河川地形の沖積平野は、上述のとおり洪水の記録が刻まれたものであり、それらの

▼表2　重要水防箇所

種別	重要度A	重要度B	要注意区間
越水（溢水）	計画高水位が現堤防高を超える箇所	堤防余裕高が不足している箇所	
堤体漏水	変状が繰り返し発生	変状履歴あり	
基礎地盤漏水	土質的に変状発生の可能性があり、基礎地盤漏水の変状履歴のある箇所	土質的に基礎地盤漏水の変状発生の可能性がある箇所	
水衝・洗掘	河床深掘れ、護岸洗掘で未修復の箇所ほか	洗掘あるが深掘れでない未修復の箇所	
工作物	改善措置が必要な堰、橋梁、樋管その他の工作物の設置箇所 橋桁等の桁下高が計画高水位以下の箇所	橋桁等の桁下高と計画高水位との差が堤防余裕高以下の箇所	
工事施工			出水期中の堤防開削箇所、仮締切など本堤に影響する工事箇所
新堤防、破堤跡、旧川跡			建設後3年以内の新堤防、破堤跡または旧川跡の箇所
陸閘			陸閘門設置箇所

注：重要水防箇所評定基準（案）をもとに一部省略、簡略化して作表。

地形の特徴から、過去の洪水の状況を読み取ることができる。このことは同時に、将来の洪水の予測のための重要な情報であることを意味する。

この考え方に沿って実際に調査研究を行ったのが、1956（昭和31）年に木曽川流域の水害地形分類図をまとめた、総理府資源調査会の「**水害地域に関する調査研究**」であった。「洪水を受ける地域の平野の微地形を調べて地形を分類し、地形要素とその組み合わせから洪水の状態を推定する」方法である。

この調査研究の成果である「木曽川流域濃尾平野水害地形分類図」で指摘した地域は、1959（昭和34）年9月に発生した伊勢湾台風による濃尾平野の高潮浸水被害地域と一致したことから、有用性が明らかとなった。

国土地理院は、日本の地形を成因別の地形項目に分類し、それぞれの特徴を代表する地形を整理して「日本の典型地形、都道府県別一覧」（国土地理院技術資料 D1-No.357）としてまとめている。

この資料は、国土地理院が1995～1999年に実施した「日本の典型地形に関する調査」をもとに、日本の地形を194に分け、全国約3900か所の代表的な地形を示したものである。地形と水害の関係は、河川災害の発生に関する基本的な事柄として、河川防災の理解に有効である。

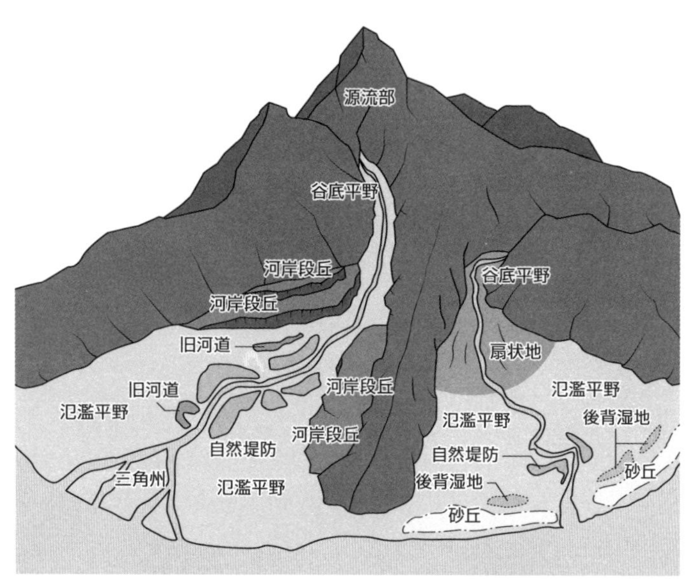

▲図37　河川がつくり出した地形
出所：国土地理院「川の地形とは」をもとに一部加筆

2-2

海岸災害

気圧の低下と強風の吹き寄せによる潮位の異常上昇で発生する高潮、そして風浪とうねりにより発達する波浪は、ともに沿岸域に**海岸災害**をもたらす。

■1　高潮災害

高潮とは、気圧の低下と強風の吹き寄せの効果により、潮位が平常潮位に比べて異常に上昇する現象である。実際の潮位と平常潮位との差を**潮位偏差**という。

台風の接近によって、1気圧（1013 hPa〈ヘクトパスカル〉）より低い中心付近の大気は、その気圧差に応じて海面を吸い上げるように作用する。気圧が1hPa低下すると、海面は約1cm上昇する。50 hPa程度の気圧差のある強い台風の中心付近では、海面は50cm程度吸い上げられることになる。また、台風の強風が海上から陸地に向かって吹くと、海面が海岸に吹き寄せられて海面が上昇する。台風接近による気圧の変化と風速の変化の予測ができれば、それらに基づいて潮位偏差を求め、所定時刻の推算潮位に加えることで、高潮の予測が可能である（図38）。

実際の吹き寄せによる海面上昇は、地形条件の影響を受け、海岸線が開けた直線状の海岸地形よりも、湾のような閉鎖性の高い海面において、吹き寄せられた海水が湾奥に集中して上昇しやすい。一般に、海水の吹き寄せによる海面上昇は風速の2乗に比例するが、水深が浅く、湾の奥行が長いほど大きくなる。

台風や発達した低気圧が陸地に接近すると、気圧低下と強風の吹き寄せによって、短時間で潮位が上昇する。これに高波も加わって、海水が海岸堤防を越えれば、浸水被害が発生する。

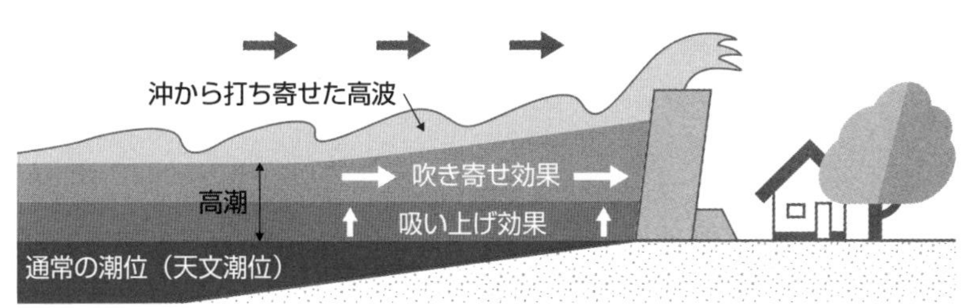

▲図38　高潮の発生メカニズム

防潮堤は、これらの潮位上昇を考慮して設定する。設計潮位は、最高満潮面の平均値である朔望(さくぼう)平均満潮位に、低気圧による水面の吸い上げ分、および風による吹き寄せの影響を考慮して決定する。防潮堤の高さは、この設計潮位に波浪のうちあげ分と余裕分を加えて決定される(図39)。

過去100年間に発生した高潮で、潮位偏差が2mを超えたものとしては、1917年10月の台風(地域:東京湾、最大潮位偏差:2.1m)、1934年9月の室戸台風(大阪湾、2.9m)、1950年9月のジェーン台風(大阪湾、2.4m)、1959年9月の伊勢湾台風(伊勢湾、3.4m)、1961年9月の第2室戸台風(大阪湾、2.5m)、1970年8月の台風10号(土佐湾、2.4m)、1999年の台風18号(八代海、3.5m)、および2004年10月の台風23号(室戸、2.5m)がある(表3)。

2004年に西日本を縦断した台風第16号は、閉鎖海域の瀬戸内海沿岸各地に1～1.5mの高潮偏差を発生させた。勢力を維持したまま接近した台風は、気圧低下と暴風の吹き寄せによって、豊後水道から瀬戸内海に大量の海水を送り込んだ。最大高潮偏差が大潮(干満の差が最も大きい日)の満潮に重なった海域では、海水位が極めて高くなった。香川県高松港では、観測開始以来最も高い潮位を観測(図41)。大潮の満潮時刻の約1時間前に高松港に最も接近した台風により、潮位は、護岸を約70cm上回るTP+2.46mの最高潮位に達した。この高潮被害では、浸水被害戸数約1万6000戸、死者2名の被害が発生した。

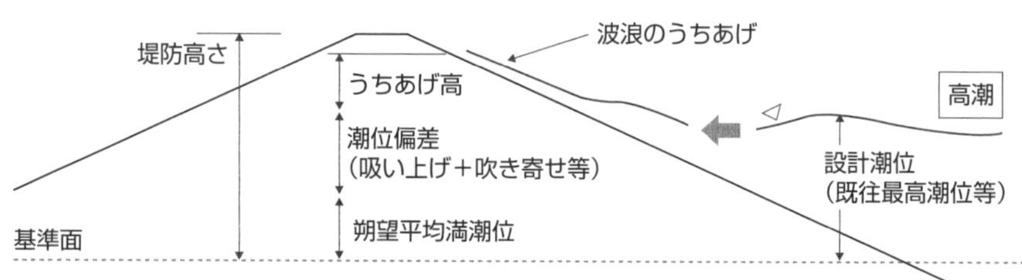

▲図39　防潮堤防の高さの決め方

◀図40　平成16(2004)年台風16号による高松市の高潮被害
出所:国交省

▼表3　過去100年間の主な高潮被害

発生年月日	主な原因	主な被害地域	最高潮位TP＋(m)	最大偏差(m)	死者・行方不明(人)	全壊・半壊(戸)
1917(大6).10.1	台風	東京湾	3	2.1	1,324	55,733
1927(昭2).9.13	台風	有明海	3.8	0.9	439	1,420
1934(昭9).9.21	室戸台風	大阪湾	3.1	2.9	3,036	88,046
1942(昭17).8.27	台風	周防灘	3.3	1.7	1,158	99,769
1945(昭20).9.17	枕崎台風	九州南部	2.6	1.6	3,122	113,438
1950(昭25).9.3	ジェーン台風	大阪湾	2.7	2.4	534	118,854
1951(昭26).10.14	ルース台風	九州南部	2.8	1	943	69,475
1953(昭28).9.25	台風13号	伊勢湾	2.8	1.5	500	40,000
1959(昭34).9.27	伊勢湾台風	伊勢湾	3.9	3.4	5,098	151,973
1961(昭36).9.16	第2室戸台風	大阪湾	3	2.5	200	54,246
1970(昭45).8.21	台風10号	土佐湾	3.1	2.4	13	4,439
1985(昭60).8.30	台風13号	有明湾	3.3	1	3	589
1999(平11).9.24	台風18号	八代海	4.5	3.5	13	845
2004(平16).8.30	台風16号	瀬戸内海	2.5	1.3	2	15,561*
2004(平16).10.20	台風23号	室戸	2.9	2.5	3	13
2010(平22).2.24	低気圧	富山湾	0.3	0.1	1	11

出所：国交省　　＊は浸水数

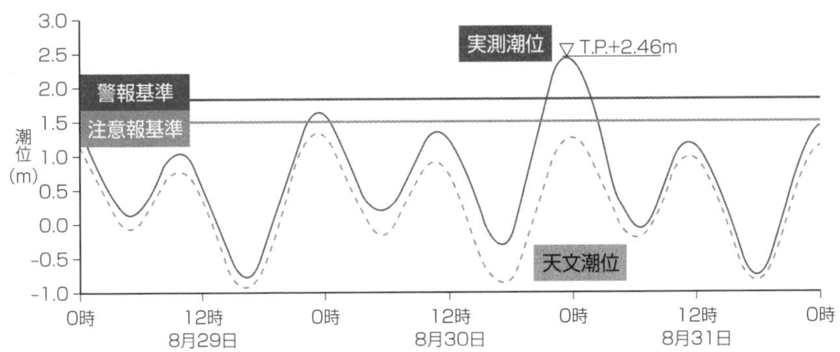

▲図41　平成16(2004)年台風16号による高松港の潮位変化

出所：気象庁

□高潮危険海域

日本では、台風が南方から来襲することが多いので、太平洋岸の海岸線で水深の浅い、奥深い湾で高潮が発生しやすい（図42）。

北上する台風が南岸に接近する場合、進行方向の右側では、南からの風が南に開いた湾に吹き込むことになる。風の吹き込む方向と湾の奥行方向が一致すると、吹き寄せが大きくなる。台風の進行速度が速い場合は、風速はさらに大きくなる（図43）。したがって、「移動速度が速くて気圧の低い台風が、水深が浅くて奥の深い湾の西側を、湾の中心軸に平行に進む」場合に、湾奥で高潮が発生する危険性が高いことになる。強風で発生した高波がこれに加わると、海面はさらに高くなり、危険性が増加する。

過去50年間の潮位偏差1mを超える高潮の多くは、南側に開いた東京湾、伊勢湾、大阪湾や、海域閉鎖性の高い瀬戸内海、有明海で発生している。これらの湾の沿岸には人口密集地区や臨海工業地帯が多く、ゼロメートル地帯を抱える地域もある。

過去の高潮の被害を受けてきた東京湾は、横浜から千葉まで湾岸地帯のほとんどを埋立地が占め、かつて地盤沈下が進んだ隅田川東岸の東京の下町は海抜ゼロメートル地帯が多く、高潮の危険性を助長する地形的要因がある。過去に伊勢湾台風による深刻な高潮被害を受けた伊勢湾岸は、木曽川、揖斐(いび)川、長良川といった大河川の河口部が集中しており、高潮の被害を大きくする地形的要因となっている。

大阪湾は、瀬戸内海東端で紀伊水道から奥まった場所に位置することから、地形的にも高潮が発生しやすく、過去の台風では大規模な被害を受けた。

瀬戸内海は、閉鎖性水域の内海であることから、湾の地形条件と相まって、波の影響が大きくなる傾向がある。前述のとおり、2004（平成16）年の台風16号では、瀬戸内海各地で高潮の被害が発生した。周防灘も、九州を縦断して通過する台風に

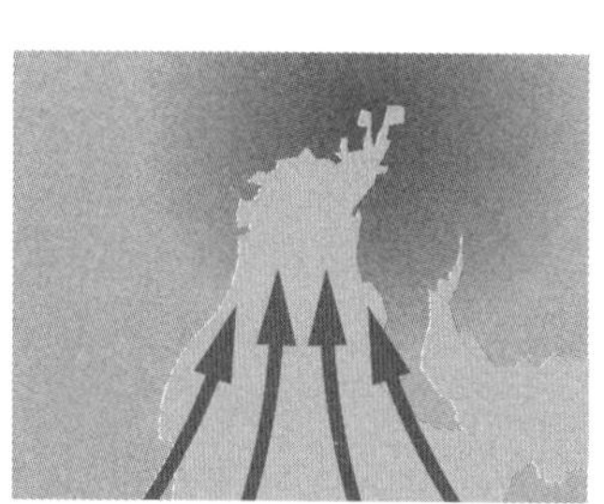

▲図42　吹き寄せ効果の高まる湾奥

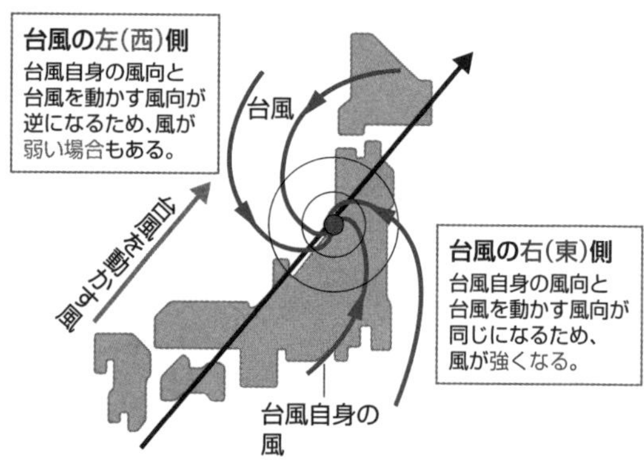

▲図43　台風の進路と風向

よって過去に何度も高潮被害が発生している。九州の有明海、その南側に位置する八代海、および九州南部も、過去に高潮被害を受けてきた。

高潮危険海域（図44）の沿岸部では、最高潮位が護岸堤防を超えて浸水する侵入限界（高潮危険域）は、海岸沿いの低地の広さや地形、建築物の有無などによって異なるが、比較的狭い海岸低地では、最高潮位から標高差が5m以下の範囲とされる。しかし、海岸低地が広くて奥行もある場合や、地盤の勾配が緩やかで浸水域の拡大に時間がかかる場合は、侵入限界の標高が最高潮位より低くなることもある。最高潮位時点での侵入水の速度は、時速10km以上と速いが、低地内での拡散に伴って速度は急速に低下する。また、台風が通過すると気圧が上昇し、風速が低下すると潮位は低下して低地内に流入した海水が引き戻されるために、高潮最高潮位の標高以下の範囲が全面的に浸水することはない。

ただし、高潮被害では、最高潮位に達するまでの海面上昇は短時間に起こり、陸地内への海水の流入は急激である。そのため流入箇所付近では、大きな流体力が作用することによって、集中的な被害を受ける可能性がある。沿岸部の河川では、河口部に水門がない場合、高潮が河川を遡上して内陸で河川堤防を越流し、氾濫を起こすこともある。

陸地への海水の浸水による被害のほかに、高潮危険海域で想定される被害としては、沿岸構造物の洗掘による倒壊や、漂着物の衝突による破損、ブロック堤の沈下や河口の砂州の切断、浅瀬の変化、砂浜の変形、河川内の堆砂などがある。漁港では、養殖筏（いかだ）や魚網の流出、漁船の流出や破壊、漁船の発火などがある（表4）。

◀図44 高潮危険海域

閉鎖性水域の内海や湾が、高潮危険海域となる。

□高潮浸水想定区域

高潮浸水想定区域とは、過去に経験した最大規模の台風が、様々なコースで接近する場合を想定し、発生する高潮により浸水が起きる可能性のある区域を、都道府県が指定するものである。ここでいう最大規模の台風としては、室戸台風相当の中心気圧(911hPa)、伊勢湾台風相当の半径(暴風圏300〜400km)と移動速度(32.4km/h)を備えた台風が想定されている。

指定された高潮浸水想定区域において、浸水の範囲・水深・継続時間が想定される。その想定内容は地域防災計画やハザードマップに反映され、迅速な避難の確保と被害の軽減を図るために利用される(図45)。

■2　波浪災害

□風浪とうねり(図46)

波は水面の上下運動であり、**風浪**は、海上で吹く風からこの上下動のエネルギーの供給を受けて発生する。風浪は、風が強くなるに従って海面に発生する発達過程の波であり、波の形は不規則で尖(とが)っている。強風下で白波が立つまでに発達した波浪の中でも、波高が大きい波を**高波**と呼ぶ。

▼表4　高潮による被害の形態

対象別被害		被害形態の例
人的被害		溺死
		漂流物による怪我
		漂流中の異物の飲み込み等による病気、その他
家屋被害		家屋の浸水・流出・破壊など
		浸水による電気製品等の障害など
防災構造物被害		洗掘による破壊・倒壊・変異など
		漂着物の衝突による破損など
		ブロック堤の沈下・散乱など
交通施設被害	鉄道	駅舎等施設・線路の浸水・冠水、法面洗掘、道床決壊、軌道移動、鉄橋変異、臨海線埋没など
	道路	越波による地崩れ、道路冠水、漂流物衝突による変位や落橋、橋台周辺の洗掘が原因の落橋、法面洗掘、漂流物堆積による交通閉鎖など
	港湾	土砂堆積による水深低下、局所洗掘による港湾構造物の破壊、流出物による港口閉鎖等の機能障害、港の旅客待合室の浸水など
	空港	滑走路・空港施設の冠水など
ライフライン被害	水道	漂流物衝突による消火栓・給水栓崩壊、河川よりの給水口の破壊など
	電力	電柱倒壊・流出による送電停止、発電所浸水による障害や停電など

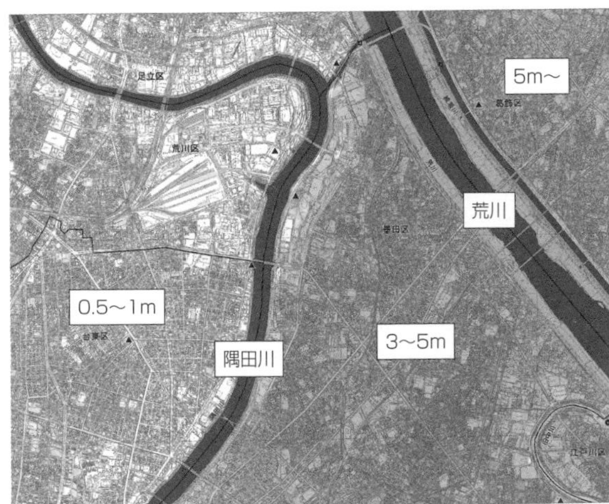

◀図45　東京下町の高潮浸水想定区域図（東京都全54枚中の1）

出所：東京都の図に一部加筆

想定水深は、隅田川右岸（荒川区、台東区）でおおむね0.5〜1m、同左岸（墨田区）で3〜5m、荒川左岸（葛飾区）で5m以上。

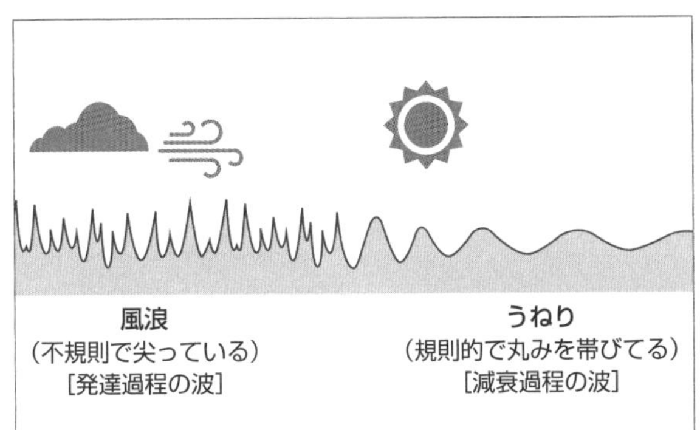

◀図46　風浪とうねり

◀図47　葛飾北斎「神奈川沖浪裏」に描かれた砕波

波の頂部が崩れて白波が発生した一瞬の砕波が描かれた。The Great Waveと呼ばれ、世界的にも最も著名な浮世絵の1つ。

数値的な定義はないが、気象警報として波浪注意報や波浪警報の対象となり、警戒を必要とする規模の波として扱う。海難事故の原因などでは、**巨大波**あるいは**一発大波**（Freak Wave）として扱われる場合もある。

海上で吹く風が海面に当たると、海水面との摩擦によって風のエネルギーが海水へと伝えられる。このような、風のエネルギーの波浪への変換の量は、風速が大きいほど大きくなる。また、風がある一定の速度や方向に吹く長さ（吹送距離）が長いほど、また吹き続ける時間（吹送時間）が長いほど大きくなり、波は発達する。波長・波高が次第に大きくなると、波の頂部の形が尖ってきて、ある限界に達すると、前方に崩れ落ちて白波が発生する（図47）。これが**砕波**であり、波高がこれ以上高くなることはない。

一方、**うねり**は、波が風による発達がなくなったのちにも上下運動を続ける、海水の波である。減衰しながら伝わる波であり、風を受けて発達する風浪に比べて、波長や周期が長い。遠方海上で台風などによって発達した波が伝わってきた土用波は、この例である。

□合成波

通常、**波浪**とは、主に風によって発達する風浪とうねりなど、複数の原因によって発生した波が合成されたものである。波のエネルギーは波高の２乗に比例するので、**合成波**の波高は、それぞれの波高の２乗の和の平方根により推定される。波浪とうねりによる合成波では、合成波高H_cは次式で与えられる。

$$H_c = \sqrt{H_w^2 + H_s^2}$$

ここに、

H_w：風浪の波高、H_s：うねりの波高

例えば、風浪の波高H_wが1m、うねりの波高H_sが1.5mの場合、合成波高H_cは、次のように1.8mと推定できる。

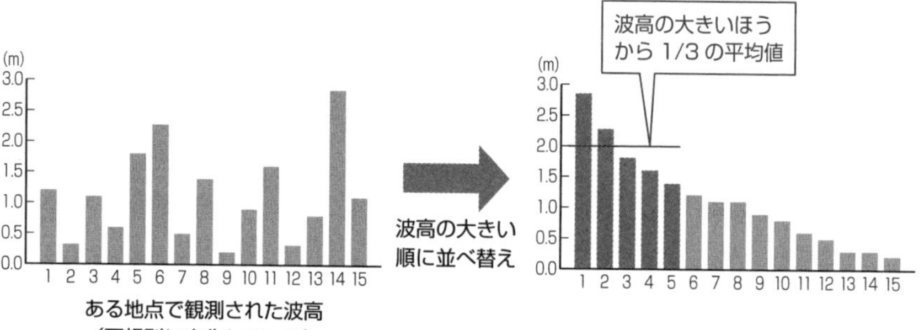

▲図48　有義波高

$$H_c = \sqrt{1^2 + 1.5^2} = 1.8〔\mathrm{m}〕$$

なお、複数方向からのうねりがある場合の合成波高は、うねり波高をそれぞれ2乗し、風浪の波高の2乗との和の平方根で得られる。

□有義波高（図48）

波高・周期が様々に発生して複雑な挙動を示す波は、統計量として扱う。発生した波を観測した結果全体を、波高の高いほうから順に並べ、高いほうから全体の1/3の波を取り出して、その波高・周期の平均値をそれぞれ**有義波高**および**有義波周期**と定義する。この波高・周期を持つ仮想的な波を**有義波**と呼び、観測した波の全体を代表させる。経験的にも、この1/3有義波高・周期は、目視で観測する波高や周期に近いといわれている。通常、天気予報などで使われる波高や周期も、有義波の値を採用している。

□波浪害

2019年9月に東京湾を直撃した台風15号は、大雨より強風・波浪による被害が多かった。湾内のピーク波高は横浜で3.4m、東京や千葉で2.6mに達した。強風による電柱倒壊などで、関東一円の約93万戸の停電が発生し、家屋の全壊や半壊も約1200戸に上った。

湾岸域での波浪による被害は甚大であり、横浜市南部の臨海工業団地では高波で浸水が発生して400社以上が製造設備・建屋に被害を受けた。湾に面する工業団地東側では、波浪により直立護岸の胸壁などが破壊され、一部の工場建屋や護岸沿いの松林、公衆トイレ、道路ガードレールなどを越波が直撃して被害が発生した（図49／図50）。

▲図49　越波が松林を越えて工場建屋を直撃

横浜市金沢工業団地、2019年台風15号。

▲図50　波浪で破壊された直立護岸上の胸壁

横浜市金沢工業団地、2019年台風15号。

湾奥部の横浜市大黒ふ頭、本牧ふ頭などの港湾区域でも、フローティングドックの衝突、係留旅客船の漂流、荷役待ち貨物船の走錨（そうびょう）といった高波被害が発生した。

■3　高潮、波浪に備えた主な海岸保全施設（図51）

海岸防護の法律である**海岸法**では、海岸保全施設について、「海岸保全区域内にある堤防、突堤、護岸、胸壁、離岸堤、砂浜、その他海水の侵入又は海水による侵食を防止するための施設」と規定している（海岸法第2条1項）。

□堤防（胸壁）、護岸（図52／図53）

高潮、高波、津波等による海水の侵入、および波浪のうちあげ、越波、侵食による土砂流出などを防止する構造物であり、海岸線に沿って設けられる。**堤防**は、地盤に所定の潮位の高さまで盛土やコンクリート壁を設置し、海水の侵入を防止する構造物である。一般に**海岸堤防**は、越波やしぶきをある程度許容するため、表法だけでなく、天端、裏法まで、コンクリートやアスファルトで被覆する。堤防の基礎を保護するため、捨て石や、捨てブロックによる根固工（ねがためこう）を必要に応じて施す。根固めの厚さは1m以上で、天端幅を2～5mとり、大きなブロックを使用する場合は、吸出し防止のためにマット類を敷くこともある。

堤防の天端には、越波を防ぐために、高さ1m程度の胸壁を設ける。胸壁は堤防の表法をはい上がる波を海側へ戻すために曲面とし、波力を受けるために堤体と一体の構造とする。胸壁は、パラペットや波返しとも呼ばれる。

一方、**護岸**は、その役割は堤防と同じであるが、堤防が地盤をかさ上げして建設され、後背地が天端よりも低いのに対し、護岸は裏法面を持たず、天端が原地盤と同じ高さの構造である。

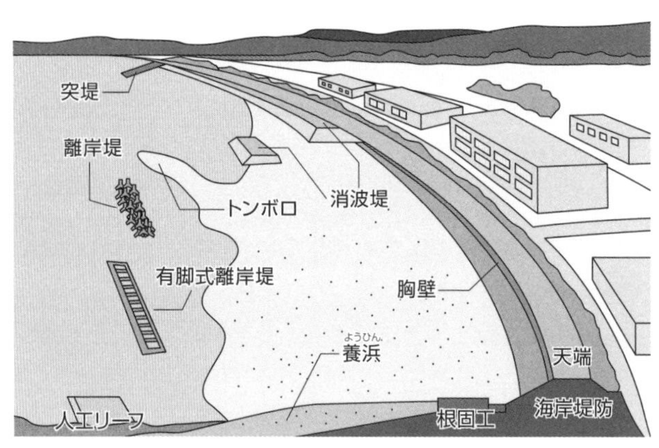

◀図51　主な海岸保全施設

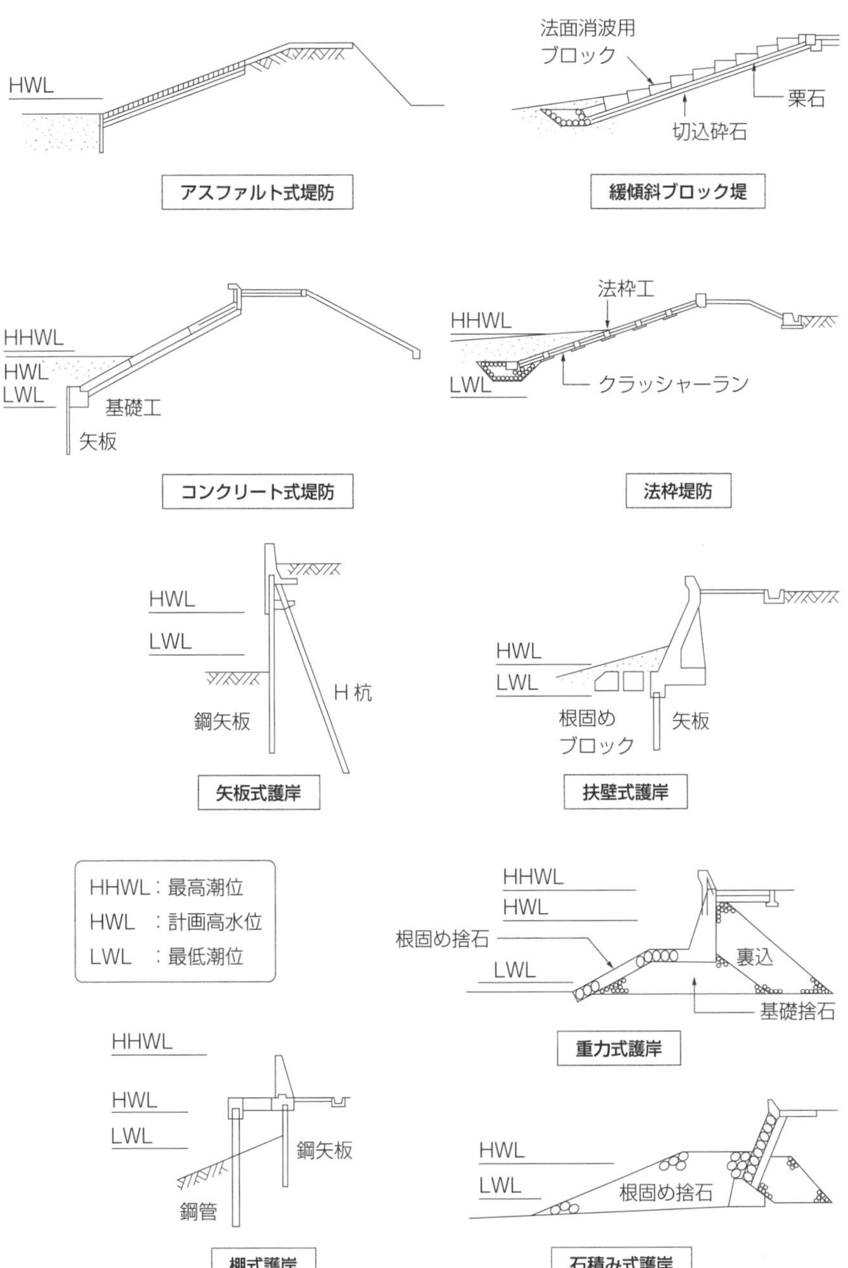

▲図52　海岸堤防・護岸の形式
出所：土木工学ハンドブック

□水門・陸閘（りくこう）

水門は、高潮時などに閉鎖することで、海水が河川に侵入し、遡上するのを防止する。通常は開放することで、内陸の内水を放出して湛水（たんすい）を防止する。

陸閘は、「常時は海側の港湾、漁港、海浜等と内陸との通行がしやすいように、堤防の一部を途切れた状態にしておき、高潮などの増水時に閉鎖して海水の侵入を防止する」施設である。

□離岸堤

離岸堤は、海岸線にほぼ平行に沖合に設ける堤状の施設である。堤体が水面下に没しているものを特に潜堤という。高潮や波浪等から海岸を防護するとともに、海岸侵食の防止に加えて、積極的に砂浜を回復させる目的で設置される。

□突堤

突堤は、海岸線からほぼ直角方向に沖合に向け突出して設ける堤状の施設である。沿岸漂砂を捕捉し、底質の移動を制御することで、海浜を広げて海浜の安定化を図り、海岸侵食を防止する目的を持つ。

このほかに、堤防前面の砂浜の洗掘を防止するために設けられる**根固工**や、波のうちあげ高、越波、しぶき、波力などを減少させる目的で堤防や護岸などの前面に設置される**消波工**（消波ブロックなど）、といったものがある。

▲図53 堤防前面に設置された消波ブロック

第3章

地震災害

本章では、まず地震発生のメカニズムについて、プレートの動きとの関連で解説し、次いで地震強度を示す震度階とマグニチュード、地震波の伝播と地震動の特性、地盤強震動、さらに津波とその特性について解説する。耐震設計法については、阪神・淡路大震災以降採用されるようになった2段階の設計レベルによる方法について、耐震補強の事例を含めて述べる。地震予知の現状と地震防災対策についてもふれる。

3-1

地震発生のメカニズム

地震発生のメカニズムは、大陸移動の説明と同様に、地球表面を覆う分割された硬い岩盤の移動というプレートテクトニクス理論で説明されている。

■1　プレートテクトニクス理論

プレートテクトニクス理論では、地球の表面を覆う分割された硬い岩盤（プレート）が動くことで、大陸移動が説明されている。地震発生のメカニズムについても、このプレートテクトニクス理論によって説明ができる。

直径6370kmの地球は、球体中心部の深さ2900km以深が核（内核、外核）で、その外側にマントル（下部マントル、上部マントル）があり、表面を厚さ5〜60kmの地殻が覆う――という層状の構造だと推定されている（図1）。このうち、地表面に近い地殻と固化したマントル最上部の合計厚さ100〜200kmは、十数枚に分かれた**プレート**と呼ばれる硬い岩盤となっている。このプレートは年間数cm程度の速度でそれぞれ別々の方向に移動するため、プレート相互で押し合い、プレート同士の境界部やそれぞれのプレートの内部で力が発生し、ひずみが蓄積する。このひずみが、地震発生のエネルギー源となっている。

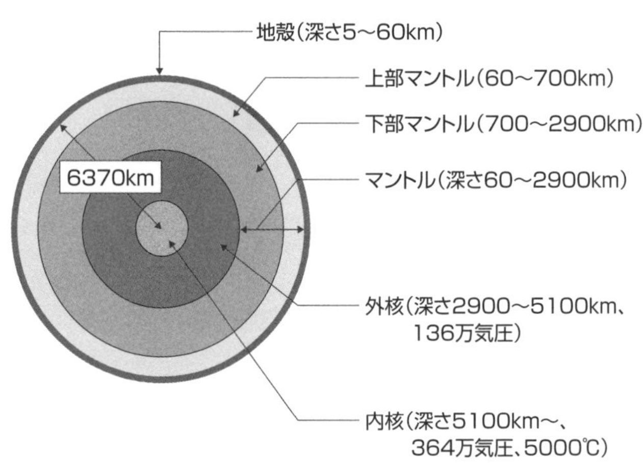

▲図1　地球の内部構造

■2　プレート移動と地震のタイプ

地震は、プレート間あるいはプレート内部で作用する力によって岩盤が破壊されることで発生する。地震発生のメカニズムの観点から、地震のタイプは、この岩盤の破壊が発生する場所によって、「複数のプレートの境界で発生するタイプ」と「プレート内部で発生するタイプ」に区分できる（図2）。

複数のプレートの境界で発生する地震の場合、海洋プレートが陸側プレートを押し込み、より重い海洋プレートが陸側プレートの下側に沈み込んで移動する現象に起因する。この動きにより、両プレートの接触面ではひずみが蓄積され、やがて限界に達すると、プレート境界の固着部分が破壊されて一気にずれが発生する。これが海溝型の地震である。1923年のM7.9の関東地震（関東大震災）は、フィリピン海プレートが南側から北側のオホーツクプレート（北アメリカプレート）の下に沈み込む相模トラフを震源とする、**海溝型地震**である。2011年のM9.0の東北地方太平洋沖地震（東日本大震災）も、太平洋プレートが日本列島の地下へと沈み込む付近のずれで発生した。これら以外にも、十勝沖地震（2003年、千島海溝）、スマトラ沖地震（2004年、ジャワ海溝）などがこの海溝型地震である。

一方、プレート内で発生する地震の場合は、陸側プレート内で発生する地震と、海洋プレート内で発生する地震に分類できる。陸側プレートが海洋プレートの圧力を受けると、境界近傍だけではなく、境界から離れたプレート内部にまで力が及ぶ。ひずみが蓄積して、ある限界に達すると地盤の破壊が発生する。これが、陸側プレート内で発生する**内陸型地震**である。

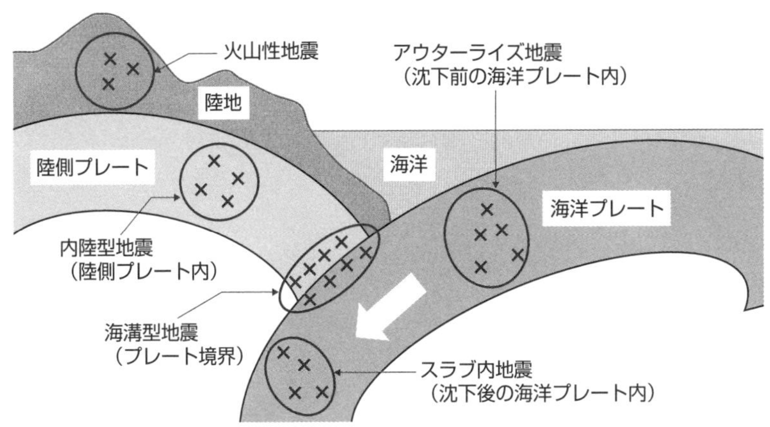

▲図2　震源の箇所による地震のタイプ

地盤の破壊とは、力の集中する地盤の弱い箇所で亀裂（**断層**）が発生し、亀裂に沿ってずれが発生することである。地盤には無数の亀裂があるが、これらの中で数十万年前以降に発生した比較的若い亀裂（**活断層**）がずれる可能性が高い。国内ではこれまでに2000以上の活断層が見つかっている。断層のずれ方には、両側の地盤が上下方向へずれる**縦ずれ断層**と、水平方向にずれる**横ずれ断層**があり、縦ずれ断層はずれ方によってさらに**正断層**と**逆断層**に区分される（表1／図3）。

陸側プレート内で発生する内陸型地震は、揺れている時間が短く、その範囲は海溝型地震と比べると狭く、規模の小さいものが多いものの、地下5～20 km程度の比較的浅いところで起きるために断層の近くでは揺れが激しい。震源上に都市がある場合は**直下型地震**となり、被害が大きくなる可能性がある。このタイプの地震には、兵庫県南部地震（阪神・淡路大震災、1995年、M7.3）、鳥取県西部地震（2000年、M7.3）、新潟県中越地震（2004年、M6.8）、岩手･宮城内陸地震（2008年、M7.2）、熊本地震（2016年、M7.3）などがある。また、2023年2月にトルコ南東部で発生したM7.8の地震も、プレート境界付近の横ずれ断層を震源とするプレート内の内陸型地震である。

海洋プレート内で発生する地震は、陸側プレートの下側にすでに沈下した海洋プレート内で発生する**スラブ内地震**と、これ

▼表1　断層の種類

	断層の名称		地盤のずれ方	断層線方向への作用力
上下方向の断層	縦（垂直）ずれ断層	正断層	一方の地盤が他方より下方にずり下がる	引張力
		逆断層	一方の地盤が他方より上方にずり上がる	圧縮力
水平方向の断層	横（水平）ずれ断層	右横ずれ断層	反対側の地盤が右に横ずれ	
		左横ずれ断層	反対側の地盤が左に横ずれ	

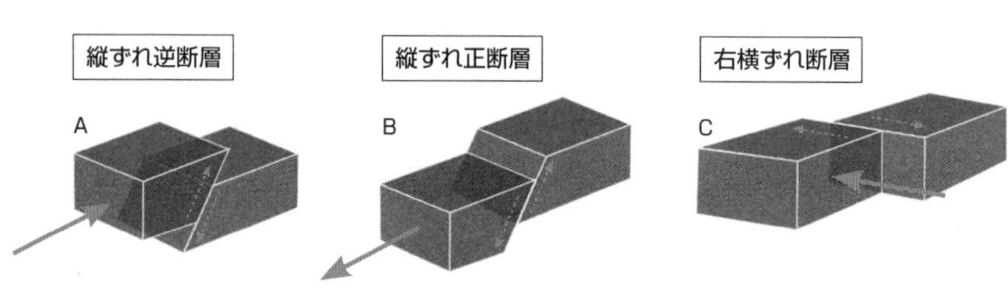

▲図3　断層の種類

から沈み込む海洋プレート内で発生する**アウターライズ地震**に区分する。すでに沈下した海洋プレート内の地震は、深度が深く、**深発地震**とも呼ばれる。昭和三陸地震（1933年、M8.1）、釧路沖地震（1993年、M7.5）、北海道東方沖地震（1994年、M8.2）は、すでに沈下した海洋プレート内を震源とする地震である。これから沈み込む海洋プレート内を震源とする地震には、千島列島沖の地震（2007年、M8以上）がある。

通常地震の多くは、以上述べたような、プレート境界や活断層が動くことによって発生する地震であるが、これ以外に噴火、マグマの移動、熱水の活動など火山活動に伴って、火山やその近辺で発生する**火山性地震**がある。火山性地震は、内陸型や海溝型の地震に比べて規模の小さいものが多い。火山性地震の例としては、新島・神津島・三宅島近海の地震（2000年、M6.3～6.5）がある。また、主要な活断層の存在が知られていない能登半島北部で、2020年12月以降頻発する群発地震は、逆断層地震とされているが、地下10～15km付近での圧力を増した流体の移動による作用が地震発生に関係している、との指摘もある。

リスボン大地震（1755年11月1日）

リスボン大地震は、イベリア半島西方の大西洋を震源とする、モーメント・マグニチュード（Mw）8.5～9.0の巨大地震であった。ポルトガルを中心に西ヨーロッパの全域で強い揺れが発生し、首都リスボンは壊滅的被害を受けた。死者は津波による1万人を含み5.5万人から6万人と推定されている。この大地震は、国家が前面に出て震災復興を進めた最初の近代的災害といわれ、震災復興の諸事業は新しい科学や技術が開発されるきっかけになった。

津波に襲われたリスボン▶（1755年11月1日）

3-2

震度階（震度）とマグニチュード

地震の強さを表す方法には、それぞれの場所ごとの揺れの大きさを示す**震度階**（**震度階級、震度**）と、地震そのもののエネルギーの大きさを示す**マグニチュード**がある。

■1　震度階（Seismic scale）

地震の強さを表す方法としては、特定の場所における揺れの大きさを示す震度階（級）と、地震そのもののエネルギーの大きさを示すマグニチュードがある。震度階（級）は、一般には単に震度と表現されることが多いものの、耐震設計などで地震外力を求める場合に、重力加速度Gに対する地震加速度の比を震度として用いるので、区別する必要がある。

震度階は、震源から伝播（でんぱ）してきた地震動の強さをそれぞれの地点において示したものである。国内では、気象庁が定めた、震度0から1、2、3、4、5弱、5強、6弱、6強、7までの10段階の震度階で、地震の強さのレベルが示される。10段階となったのは、兵庫県南部地震以後の1996（平成8）年からで、それ以前の戦後50年間は8段階であった。震度階は明治初年に4段階で設定され、その後次第に細分化された。1996年の改訂では、それ以前の震度5と6にそれぞれ弱・強の細区分を設けて、10段階となった（表2）。

震度階の決め方を見ると、1996年以前は観測者の体感や観測された被害状況のデータなども考慮して決定されていたが、1996年以後は震度計による観測データのみで決定されることとなった。1996年以前の地震階とそれ以後の計測震度との連続性については、震度3以上では統計的な連続性がほぼ維持されていることが確認されている。

なお、日本以外ではヨーロッパ震度階級（**EMS** *）やアメリカの改正メルカリ震度階（**MMI** *）といった、12階級の震度階が使われている。これらの震度階の判定では、計器観測のみによるのではなく、体感としての揺れ具合や、地形、植生、構造物の被害状況も加味して判定する方法がとられている。

地震の強さの程度には、地震動の振幅、速度、加速度、周期などが関係する。これらの中で、地盤上の物体に作用する力は加速度と質量の積であるので、通常、地震の強さの程度を示すために最大加速度が使われる。気象庁の計器観測による震度階の

＊**EMS**　European Macroseismic Scaleの略。
＊**MMI**　Modified Mercalli Intensity scaleの略。

判定も、加速度計のデータによっている。ただし、地震の揺れ具合の体感には、地震動の周期も大きな影響を与えることから、高層ビルなどにおける長周期地震動について、気象庁は4つの段階に区分した**長周期地震動階級**という指標も公表している。

震度階の決定は、加速度計によって観測された上下動・南北動・東西動の3成分の合成加速度から、次式によって算出した値に基づいている。

$$I = 2\log_{10}\alpha + 0.94$$

ここに、

I：計測震度階、α：合成加速度

▼表2　気象庁震度階級と計測震度

気象庁震度階級	計測震度	目安の加速度 Gal（cm/s^2）	計測震度における被害状況
0	～0.5	～0.8	地震計は検知するが人は感じない。
1	0.5～1.5	0.8～2.5	地震や揺れに敏感もしくは過敏な限られた一部の人が気づく。めまいと錯覚する。
2	1.5～2.5	2.5～8.0	多くの人が地震に気づき、睡眠中の人の一部は目を覚ます。吊り下げた電灯の吊り紐が左右数cm程度揺れる。
3	2.5～3.5	8.0～25	ほとんどの人が感じる。揺れの時間が長く続くと不安や恐怖を感じる。重ねた陶磁器などが音を立てる。
4	3.5～4.5	25～80	ほとんどの人が恐怖を感じ身の安全を図ろうとする。机などに潜る人が出る。睡眠中の人のほとんどが目を覚ます。吊り下げた物は大きく揺れる。近接した食器同士がずれて音を立てる。重心の高い置物などが倒れることがある。
5弱	4.5～5.0	80～250	ほとんどの人が恐怖を感じ、身の安全を図ろうとする。歩行に支障が出始める。天井から吊るした電灯本体をはじめ、吊り下げられた物の多くが大きく揺れ、家具は音を立て始める。重心の高い書籍が本棚から落下する。
5強	5.0～5.5		たいていの人が恐怖を感じ、行動を中断する。食器棚などの中のものが落ちてくる。テレビもテレビ台から落ちることがある。一部の戸が外れたり、開閉できなくなる。室内で降ってきた物に当たったり、転んだりなどで負傷者が出る場合がある。
6弱	5.5～6.0	250～400	立っていることが困難になる。固定していない重い家具の多くが動いたり転倒する。開かなくなるドアが多い。
6強	6.0～6.5		立っていることができず、はわないと動けない。
7	6.5～	400～	落下物や揺れに翻弄され、自由意思で行動できない。ほとんどの家具が揺れに合わせて移動する。テレビなど、家電品のうち数キログラム程度の物が跳ねて飛ぶことがある。

注：「気象庁震度階級の解説」（気象庁、2009年）をもとに作表。

気象庁の公表する**気象庁震度階級関連解説表**では、それぞれの計測震度における被害状況も示されている。これらの被害状況は、計測震度に切り替わった今日では、震度階判定に用いる情報としてではなく、各震度階で発生する現象や被害状況を解説する目的で示されている。

なお、震度階が同じで距離的に近傍の地域同士であっても、地盤や地形条件が同じでなければ、発生する現象や被害状況が異なる可能性もある。地震時における現象や被害状況の発生に対する地盤や地形の影響を理解することは、地震防災上、極めて重要である。

■2　マグニチュード（Seismic magnitude scales）

震度階が特定の場所の地震の揺れの大きさを示すのに対し、**マグニチュード**は「震源から出た地震波の強さを示すことで、地震の規模を表すもの」である。1935年にアメリカのリヒター（Richter）が提案し、以後、広く使われるようになった。

リヒターの定義する地震の強さとは、「震央距離が100km相当の地点での最大振幅を、震源からの距離による減衰を考慮して求めたもの」を**標準地震**として設定し、この標準地震に対する倍率をもって地震の強さを示す指標値である。最大振幅を採用するのは、地震波のエネルギーが振幅の2乗に比例することに基づく。

なお、**震央距離**とは、岩盤の破壊の始まった地点（震源）の直上の地上表面（震央）から計測地点までの距離である。震源から震央までの距離を震源深さ、震源から計測地点までを**震源距離**という（図4）。

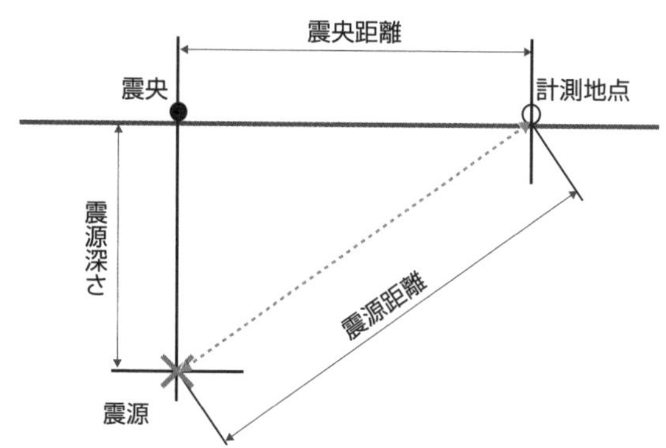

▲図4　震源位置に関わる距離

M_Lリヒターのマグニチュードは、**ローカル・マグニチュード**（M_L）あるいはリヒター・スケールとも呼ばれ、これ以後、実体波マグニチュード（Mb）、表面波マグニチュード（Ms）、そしてモーメント・マグニチュード（Mw）などに改良されるもととなった。

マグニチュードMは、地震のエネルギーE（ジュール）との間で、対数で表した次の関係がある。

$$\log_{10}E = 4.8 + 1.5M$$

ここに、

M：マグニチュード、

E：地震のエネルギー（ジュール）

発生年月日	震央地名・地震名	マグニチュード	地震エネルギー
22/3/16	福島県沖	7.4	7.94E+15
22/1/22	日向灘	6.6	5.01E+14
21/12/3	紀伊水道	5.4	7.94E+12
21/10/7	千葉県北西部	5.9	4.47E+13
21/10/6	岩手県沖	5.9	4.47E+13
21/5/1	宮城県沖	6.8	1.00E+15
21/3/20	宮城県沖	6.9	1.41E+15
21/2/13	福島県沖	7.3	5.01E+15

発生年月日	震央地名・地震名	マグニチュード	地震エネルギー
20/12/21	青森県東方沖	6.5	3.55E+14
20/9/12	宮城県沖	6.2	1.26E+14
20/9/4	福井県嶺北	5	2.00E+12
20/6/25	千葉県東方沖	6.1	8.91E+13
20/3/13	石川県能登地方	5.5	1.12E+13
19/8/4	福島県沖	6.4	2.51E+14
19/6/18	山形県沖	6.7	7.98E+14

単位：マグニチュード（Mj）、地震エネルギー（E）

■地震エネルギーE（縦軸）とマグニチュードMj（横軸）

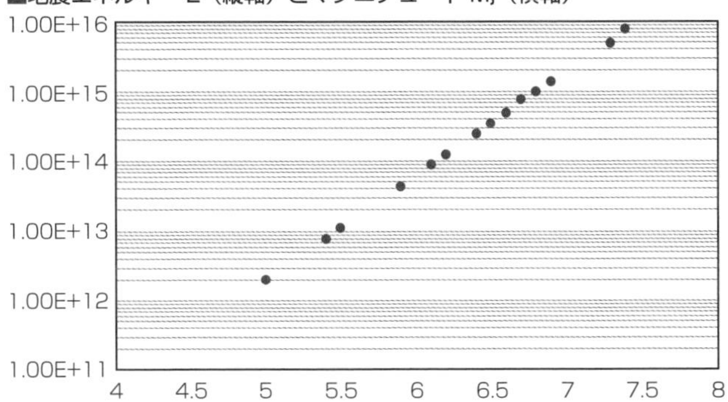

▲図5　地震エネルギーとマグニチュード

2019年から2022年にかけて約3年間の15件の主な被害地震について、地震エネルギー（E）とマグニチュード（Mj）を片対数グラフにプロット。

この式から、マグニチュードMが0.2だけ増えると地震のエネルギーEは約2倍（$10^{1.5\times0.2}=10^{0.3}\fallingdotseq2.0$）となり、2増えると1000倍（$10^{1.5\times2}=10^{3}=1000$）と桁違いに大きくなる。地震エネルギー（$E$）を片対数グラフにプロットすれば、各地震は直線上に示されることになる（図5）。

今日、日本で一般に使われているマグニチュードは**気象庁マグニチュード**であるが、世界的には各種のマグニチュードが使われている。気象庁マグニチュードであることを明示する場合は、Mのあとに記号をつけてMjとする。

表面波マグニチュード（Ms）などでは、地震の規模が大きくなると、地震の大きさの割にはマグニチュードが低めとなる飽和現象が起きる。しかし、**モーメント・マグニチュード**ではこの飽和現象は起こりにくく、世界的には、巨大地震に適しているとされてモーメント・マグニチュード（Mw）が使われることが多い。

1960年に南米チリで発生した地震では、1000kmの長さにわたり、10mを超える断層すべりが発生した。表面波マグニチュード（Ms）では8.3~8.5と記録されたが、モーメント・マグニチュード（Mw）では9.5と推算された。

国内でも、特に長周期波の地震でマグニチュード5以上の場合には、モーメント・マグニチュードも使われている。気象庁マグニチュード（Mj）が8.4であった2011年の東北地方太平洋沖地震では、モーメント・マグニチュード（Mw）は9.0と発表された。

モーメント・マグニチュードは、地震波の振幅ではなく、地盤に作用して断層を発生させる地震モーメント（Mo）によって定義されたものである。地盤の硬さが硬いほど、発生した断層のずれの長さが長いほど、断層面の面積が大きいほど、断層を発生させる力は大きくなる。したがって、地震モーメント（Mo）は、地盤の硬さ（剛性率：μ）、断層の平均変位量（D）、断層面の面積（S）を乗じて、次のように定義されている。

$$M_0=\mu DS$$

この地震モーメント（M_0）をもとに、モーメント・マグニチュード（Mw）は次式から与えられる。

$$M_w=\frac{\log_{10}M_0-9.1}{1.5}$$

3-3

地震波の伝播と震動特性

震源で発生した地震動は、地盤内を伝播して、人間の生活の場である地表面まで到達する。ただし、その震動特性は伝播経路の地盤の性質によって大きく異なる。

■1 地盤で異なる伝播速度

地震は、岩盤の破壊で発生した震動が、震源から地殻内を伝播して、人間の生活の場である地表面に達することで被害をもたらす。地盤中を伝播する波は、速度が低下すると振幅が増加する。地震による破壊の主要部分となるS波（横波）の速度（V_S）は、次式で示される。

$$V_S = \sqrt{\mu/\rho}$$

ここに、

μ：地盤の剛性率、ρ：地盤の密度

地震基盤はS波速度が3km/s程度の岩盤で、その上に洪積層などの岩盤があり、さらにその上に表層地盤が堆積している。地震波の伝播においては、基礎地盤までは比較的一様な地震波が伝播されるが、基礎地盤より上の非固結の表層地盤に進入すると、洪積層で500m/sだった波の速度は、砂質土で170m/s、ローム層で150m/s、粘土で100m/s、泥炭で80m/sと、著しく低下する。波の速度が低下すると、地震の揺れ（振幅）が増幅され、周期も変化する。振幅の2乗がエネルギーの大きさを示すので、振幅が増加することは、地震のエネルギーの増大を意味する。

地表面の揺れ方は、地震の規模であるマグニチュードや震源からの距離のほか、表層地盤の特性、表層の軟弱層の下面の形状、地表面の形状といった地形・地質の影響を大きく受ける。地震の被害が「地盤の条件」および地盤と密接に関連する「地形」に対応していることは、過去の地震の被害でも数多く経験している。

1923年の関東地震における東京区部の揺れ（震度）には、洪積台地の山の手と沖積層の堆積する東京低地とで明確な違いがあった――ということが記録されている。

関東平野は、主に更新世に堆積した洪積層と、新しい完新世に堆積した沖積層によって形作られている。相模湾北西部の相模トラフ断層面を震源とする関東地震の揺れは、震源から離れて北上すると震度7から低下し、東京都中部の武蔵野台地から千葉県下総台地の洪積台地では震度5以下であった。しかし、ほぼ同じ程度の震央距離の中川・荒川流域の埼玉東部から東京都東部、東京湾沿岸に連なる東京低地では、洪積台地との境界に沿って、総じて震度6以上の揺れがあり、いくつかの地点で

は震度7の激しい揺れもあった。このように、関東地震の数多くの記録には、高震度地域と表層地質との関係性がはっきりと表れている（図6）。

1995年の兵庫県南部地震でも、地震の揺れと地形・地質との関連性が見られた。兵庫県南部地震で、神戸市側の震度7の範囲は、海岸線に平行に細長い帯状の地域に集中している（図7）。

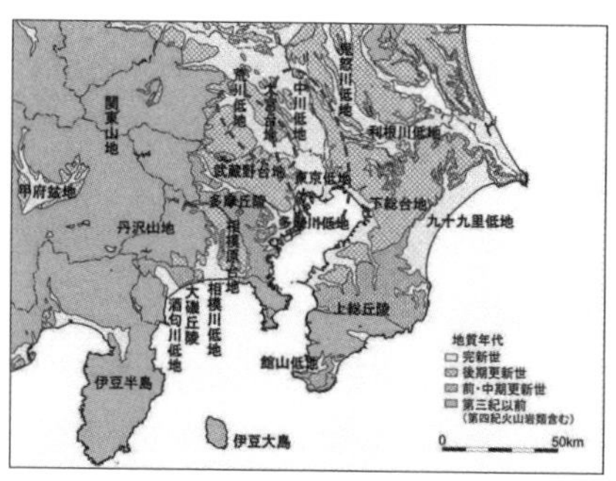

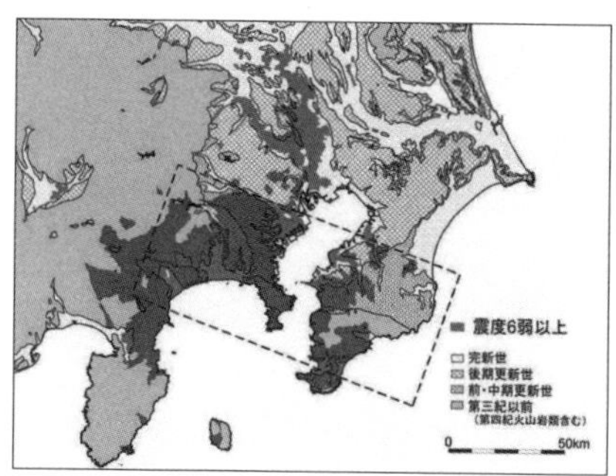

▲図6　関東平野の地質分布／地形（左）と震度6弱以上の地域（右）

楕円形で囲んだ埼玉東部の中川・荒川流域、東京東部、東京湾沿岸の東京低地で震度6以上の揺れが発生（中央防災会議「1923 関東大震災報告書」に一部加筆）。

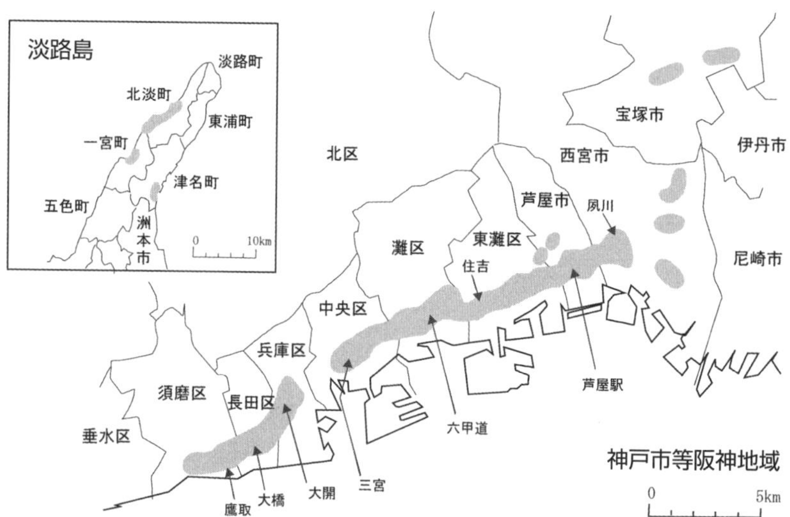

▲図7　1995年兵庫県南部地震における震度7の分布（着色の地域）

出所：平成7年（1995年）兵庫県南部地震調査報告、気象庁技術報告119号、p.13、1997年

数多くの余震の震源は活断層の位置とよく一致しているが、震度7の強震の地域分布は、必ずしも活断層との関連ではなく、地盤との関連性によるものと考えられている。

神戸近辺の地形・地質は、平野部の北側の六甲山地側に分布する花崗岩（かこうがん）質の基盤が、海側に向けて急速に深くなり、その上には軟弱な未固結堆積層（大阪層群など）がある。

この堆積層で増幅された地震波が、海岸線に平行な地質境界での反射・屈折でさらに増大し、特定の帯状の地域に集中したものと推定されている。ただし、地盤の下に存在する未発見の断層によるものだとする考え方もある。

なお、震度7の強震域では、家屋全壊率が約30%に上り、家屋倒壊による死者の発生が多い地域とも重なる。

一方、深い場所を震源とする深発地震では、震源に近い場所よりも遠く離れた場所のほうが強く揺れる**異常震域**という現象が発生する場合がある。これは、海洋プレート内を震源とする地震で、直上の減衰しやすい軟らかい岩盤を通過して地表面に到達する地震波よりも、海洋プレート内を伝播して遠くで地表面に到達する地震波のほうが、大きい揺れとなるものである（図8）。地震の規模が大きくなると、長周期地震動の影響を受ける可能性もある。

■2　地盤強震動と地盤震動予測

地表面のある地点の揺れを予測するためには、震源から出る地震波の強さ、震源からの距離（震源距離）、方向などに加えて、地盤特性の影響を考慮する必要がある。通常、震源から伝播してきた地震波は、軟らかい表層地盤に到達すると、速度が低下して揺れが増幅する。この表層地盤の特性に着目して、地表面の揺れを解析する。

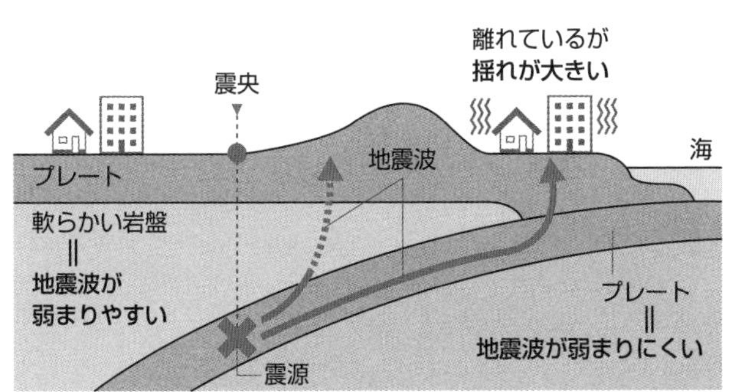

◀図8　異常震域の発生イメージ

文科省地震調査研究推進本部では、特定の断層を震源として発生する強震動の予測方法を公表している。震源となる断層の形状・規模や破壊過程などの震源の特性を設定し、この地震力が地盤特性の影響を受けて地表面に達する間にどのように変化するか──を解析する。この地盤特性を設定したのが**地下構造モデル**である（図9）。この地下構造モデルに、地震力を入力して強震動計算をすることで、地表面での強震動を予測することができる。

地下構造モデルとして設定する地盤モデルは、工学的基盤と地震基盤のそれぞれの上面を境界とする3つの領域を持つ成層構造である。**工学的基盤**とは、地盤上の構造物の設計において良好な地盤とされるS波速度がおおむね300〜700m/s程度以上の地盤である。**地震基盤**とは、S波速度が3km/s程度以上の、地震波が地盤の影響を受けない領域である。また、**浅部地盤構造**は、工学的基盤の上面から地表までの深さ0〜数十ｍの地盤で、主に地震波の周期が２秒未満の短周期成分に影響を与える。

深部地盤構造は、地震基盤の上面から工学的基盤上面までの深さ数十〜3000m程度の地盤で、主に周期が２秒以上の長周期成分も含め、0.1〜10秒の全周期帯の地震波の増幅に影響を与える。地震基盤以深の地殻構造は、地震基盤上面より深い地殻構造で、地震波の伝播経路特性に影響を与える。

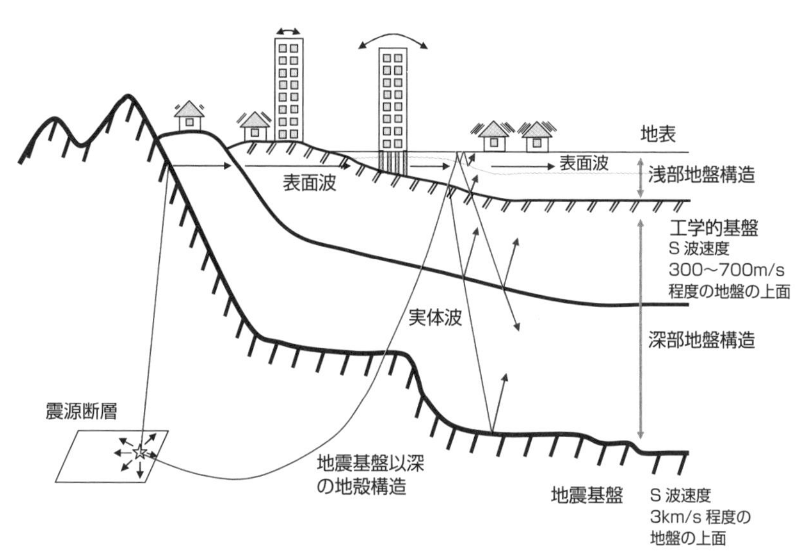

▲図9　地下構造モデルの模式図
出所：震源断層を特定した地震の強震動予測手法（「レシピ」）、地震調査研究推進本部、2020年

3-4

想定される大規模地震

高い確率で発生が予測される**大規模地震**には、南海トラフ地震、日本海溝・千島海溝周辺海溝型地震、首都直下地震、中部圏・近畿圏直下地震がある。

■1 大規模地震

気象庁では、近い将来に発生する確率の高い大規模地震として、南海トラフ地震、日本海溝・千島海溝周辺海溝型地震、首都直下地震、および中部圏・近畿圏直下地震を挙げている（図10）。いずれも30年以内に70%程度の高い確率で発生することが予測されている。これらの中で、とりわけ重大な被害発生が懸念されるのが、関東から西日本全域に強震動と津波の発生のあるM8～9クラスの**南海トラフ地震**、そして首都中枢機能の集積する関東域のM7クラスの**首都直下地震**である。このほか、発生確率は低いものの、大正関東地震と同じ相模トラフ沿いを震源とする海溝型地震の発生が予測されている。

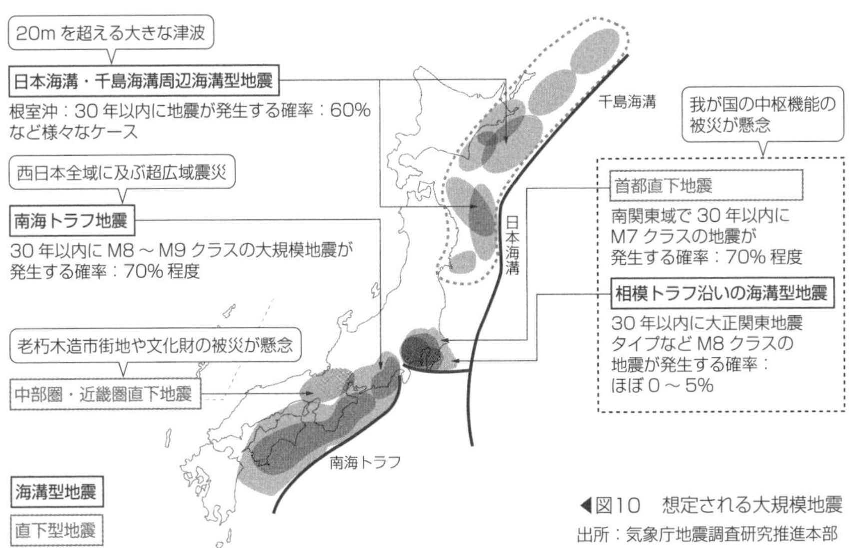

◀図10　想定される大規模地震
出所：気象庁地震調査研究推進本部

想定されるこれらの大規模地震について、中央防災会議では、強震動予測に基づき、発生時刻、震源の位置などの想定シナリオに沿った被害想定を行っている。

南海トラフ地震については、茨城・千葉の関東地方から、静岡・愛知の東海地方、大阪・兵庫の近畿圏、および中国地方、四国地方、九州・沖縄までの広範囲における被害発生が想定されている。死者・行方不明者数は約32万3000人、住宅全壊戸数は約238万6000棟と、東北地方太平洋沖地震の約20倍が予測されている。この被害想定を踏まえて、南海トラフ地震が発生した場合に地震防災対策を実施する地域を「南海トラフ地震防災対策推進地域」に指定して、ハード・ソフト両面からの総合的な地震防災対策を推進することとされている。なお、被害想定およびそれに基づく防災対策は、2012年に策定されてから10年余が経過しており、国はこの間の防災研究の成果や防災対策などを盛り込んで、2024年に新たな被害想定・防災対策を策定することとなっている。

首都直下地震は、北は茨城県の霞ヶ浦、南は房総半島南端、東は銚子、西は小田原と、東西南北150kmほどの範囲のどこかで発生することが想定される、M7程度の地震である。被害想定では、死者・行方不明者数約2万3000人、住宅全壊戸数約61万棟と、東北地方太平洋沖地震の約5倍が予測されている。

首都直下地震の対策の方向性として、首都中枢機能の確保および被害の絶対量の軽減のための事前防災に重点が置かれ、情報収集・集約、発信体制の強化、建築物・施設の耐震化などの推進、火災対策、そして発災時の対応への備えとして、国の存亡に係る初動・初期対応などが、中央防災会議防災対策実行会議の首都直下地震対策検討ワーキンググループにおいて検討され、報告書が公表されている（首都直下地震の被害想定と対策について〈最終報告〉、2013年12月）。

3-5

地震の被害と対策

最も基本的な地震対策は、家屋その他の建物や、橋・道路などの社会基盤施設が、強震動によって破壊されるのを防ぎ、被害を軽減するため、耐震性を確保することである。

■1　建物の被害と耐震性

地震対策における最も基本的なことの1つは、建築物の中でも特に居住用の家屋に、強震動に対する**耐震性**を持たせることである。国内では、居住用の建物のうち木造家屋が占める比率は減少傾向にあるが、依然としてストックの半分以上が木造である。この木造居住用家屋で、とりわけ建築年数の経過した家屋の耐震性向上は、耐震対策の中でも重要な課題である。

構造材としての木材は、自重も軽く、大きな変形性能を持つ粘りのある材料であるが、兵庫県南部地震では重い瓦屋根を乗せた古い木造家屋が数多く倒壊し、圧死による死者を出した。倒壊家屋の多くは古い在来工法の軸組構造の木造家屋であり、地震力に対して柱・梁・基礎・土台などの継手が破壊されて安定性を失い、倒壊する例が多くあった（図11）。

このあと、見直しが行われて耐震基準が改訂され、水平力に抵抗できるように、**耐力壁**（枠組壁構造の面材、または軸組構造の筋交い）の必要量を建物の形状や面積から定量的に定める仕様規定が取り入れられた（図12、表3）。所定の壁量を配置することによって、震度5強程度の中規模地震では軽微な損傷にとどまり、震度6強か

▲図11　兵庫県南部地震における木造家屋の倒壊
出所：（一財）消防防災科学センター「災害写真データベース」

▲図12　軽量鉄骨戸建て建物の耐力壁

ら7程度の大規模地震でも倒壊を免れる耐震性能を持たせるものである。通常は下層階ほど、また奥行の長い建物ほど、耐力壁を多く配置する必要がある。

課題は、この基準を満たさない既存の住宅家屋の耐震化率をいかに高めるかにある。1995年の兵庫県南部地震では、10万戸を超える家屋が全壊であったが、新耐震基準を満たしている家屋の倒壊は多くなかった。その後、自治体の補助金制度なども始まったが、旧基準の木造家屋の耐震性能向上の速度は緩慢である。

2018年時点の耐震化率を見ると、国内の総戸数約5400万戸のうち、耐震性のある住宅は約4600万戸、耐震性が不足している住宅は約700万戸で、耐震化率約85%であった。内訳では、共同住宅の耐震化率95%に対し、約2900万戸ある一戸建て住宅は約80%にとどまっている。特に一戸建ての木造家屋の耐震化率向上が課題であり、国は2025年を目途に耐震性の不十分な木造家屋をほぼなくすことを目標としている。

▼表3　主な地震による家屋建物被害の推移と耐震基準

発生年月日	震央地名／地震名	M	最大震度	家屋建物被害		
				全壊	半壊	一部破損
78/ 6/12	宮城県沖地震	7.4	5	1,183棟	5,574棟	60,124棟（半焼7棟）
81/ 6/ 1	建築基準法の改正「新耐震設計基準」（壁量の規定）					
95/ 1/17	兵庫県南部地震（阪神・淡路大震災）	7.3	7	104,906棟	144,274棟	7,132棟（全半焼）
00/ 6/ 1	建築基準法の改正「2000年基準」（継手金物規定、壁配置）					
00/10/ 6	鳥取県西部／平成12年鳥取県西部地震	7.3	6強	435棟	3,101棟	―
04/10/23	新潟県中越地方／平成16年	6.8	7	3,175棟	13,810棟	―
07/ 7/16	新潟県上中越沖／平成19年新潟県中越沖地震	6.8	6強	1,331棟	5,710棟	37,633棟
08/ 6/14	岩手県内陸南部／平成20年岩手・宮城内陸地震	7.2	6強	30棟	146棟	―
11/ 3/11	三陸沖／平成23年東北地方太平洋沖地震（東日本大震災）	9	7	121,783棟	280,965棟	745,162棟
16/ 4/14	熊本県熊本地方など／平成28年熊本地震	7.3	7	8,667棟	34,719棟	162,500棟
18/ 9/ 6	胆振地方中東部／平成30年北海道胆振東部地震	6.7	7	469棟	1,660棟	13,849棟

居住用住宅以外に目を向けると、学校施設は学習や生活の場であり、同時に地域住民の避難場所でもあるという防災上も重要な施設であり、2000年以降、各地で耐震化が進められてきた。鉄筋コンクリート造の建物の耐震補強で多く採用されてきた工法が、耐震壁の追加や、桁行き方向（建物の長手方向）への鉄骨ブレース（筋交い）の追加による耐震性の向上である。

集合住宅や事務所棟などでは、耐震化の方法として、免震構造で地震応答を低減させる工法も採用されている。この工法では、建物を直接的に地盤で支持せずに、ゴムなどの固有周期の長い材料の基盤材を介して弾性的に支持し、別途、「震動による変位を粘弾性体などで吸収する」仕組みを備えた**ダンパー**を設置する（図13）。

■2　共振現象

地盤上のあらゆる物は、それぞれ震動が起こりやすい固有の周期を持つ。建造物を支える地盤にも、固有の**卓越周期**がある。地盤の卓越周期と建造物の固有周期が一致すると、振幅が大きくなる現象が発生する。これが**共振現象**である。この現象が起こると、地盤が支持している建造物などの被害が大きくなる。地盤の卓越周期は地盤の性質によって異なり、硬い地盤では短く、軟弱な地盤ほど長くなる。

地盤の性質を表す一般的な指標として、標準貫入試験から得られる**N値**がある。標準貫入試験では、地盤のボーリング試験孔の各深さで、サンプラーに所定の強さの打撃を加え、30cm貫入させるのに要した打撃回数をもってN値とする。打撃の回数が少ないほど軟らかい地盤、多いほど硬い地盤となる。

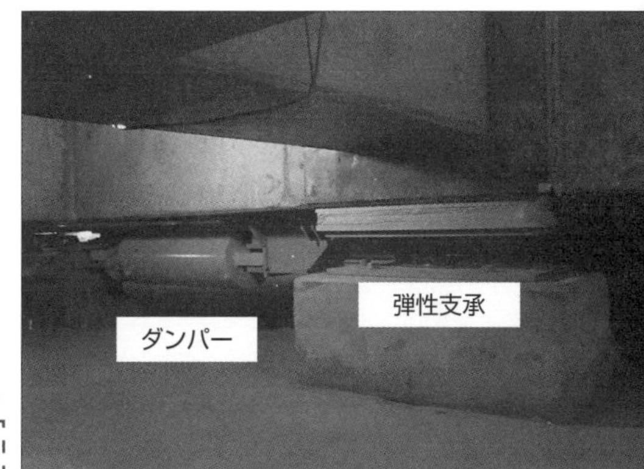

図13　免震装置の弾性支承とダンパー▶

東京駅丸の内駅舎保存復原工事、2012年。

一般的には、建物の建造が可能な強度を有する地盤の条件は、粘性土でN値15以上、砂質土で31以上とされている。粘性土の場合、N値0～4は地盤改良が必要な軟らかい地盤であり、5～14は沈下の可能性がある。砂質土の場合、0～10は液状化の可能性がある軟らかい地盤であり、10～30は地盤改良が必要とされている。

各地盤におけるS波（せん断弾性波）速度は、弾性波探査で測定できるが、N値との相関から次のような関係式で推定できる。

粘性土の場合、

$Vs = 100N^{1/3}$（1≦N≦25）

砂質土の場合、

$Vs = 80N^{1/3}$（1≦N≦50）

ここに、

Vs：S波速度（m/s）、N：N値（回）

この関係式から、N=15の粘性土地盤でVs=246m/s、N=31の砂質土地盤でVs=251m/sとなり、建物の建造が可能な強度を有するとされる地盤のS波速度は、おおむねVs=250m/s程度以上となる。

地盤の卓越周期は、地震波が地盤内の地表面・地層境界間で反射・屈折を繰り返し、この間に波同士が重なり合って揺れが増幅して発生する。したがって卓越周期は、表層地盤の厚さに比例し、せん断波速度に反比例する関係があり、次のような関係式が与えられる。

$$T = 4\sum_{i=1}^{n}\frac{H_i}{V_{si}}$$

ここに、

T：卓越周期（s）、
H_i：i番目の地層の厚さ（m）、
V_{si}：i番目の地層の平均S波速度（m/s）

道路橋示方書（V耐震設計編）では、耐震設計上の地盤種別として、設計地震動の設定の際の地盤条件の影響を考慮するために、3種類の地盤種類を規定している（表4）。

▼表4　耐震設計上の地盤種別

地盤種別	地盤の固有周期（卓越周期）（s）	地盤の説明
Ⅰ種	～0.2	良好な洪積地盤、および岩盤
Ⅱ種	0.2～0.6	Ⅰ、Ⅲ種以外の洪積地盤、沖積地盤
Ⅲ種	0.6～	軟弱な沖積地盤

出所：道路橋示方書（V耐震設計編）

一方、建物の固有周期は、建物の高さ、幅、硬さ（剛性）によるが、おおよその目安として「建物の階数の0.5〜2割程度」とされ、30階建ての建物では2〜6秒程度、10階建てでは1秒程度以下といわれている。

通常の地震では周期が短い場合が多く、戸建て住宅および低層の共同住宅やビルは共振しやすい。直下型地震の兵庫県南部地震の地震動も1〜2秒の短周期で、多くの戸建て住宅や低層の建物に被害をもたらした。短周期の地震動は、一般の多数の低層住宅建築に影響を及ぼすことから、報道などでは**キラーパルス**と呼ばれることがある。

固有周期の長い高層ビルは、短周期地震動に対しては共振しにくい一方、周期5秒程度以上の長周期地震では共振しやすくなる。高層ビル以外にも、免震構造の建物、石油タンクなどの建造物が共振の影響を受ける。十勝沖地震（2003年、M8.0）では、苫小牧で直径80m近くある石油タンクに貯留する液体が共振して（スロッシング）、タンクの浮屋根に衝撃を与え、火花から火災が発生したのだが、これは長周期震動による被害の例である。

長周期地震動が遠方まで到達した東北地方太平洋沖地震（2011年、M9.0）では、大阪の超高層建物・大阪府咲洲（さきしま）庁舎（鉄骨55階建て、高さ256m）で共振現象が発生し、52階の地震計で最大片振幅137cm（1階では9.1cm）の頂部水平変位が記録された（図14）。継続時間の長い繰り返しの揺れにより、エレベーターの閉じ込めや、防火戸のゆがみ、天井落下などの被害が発生した。

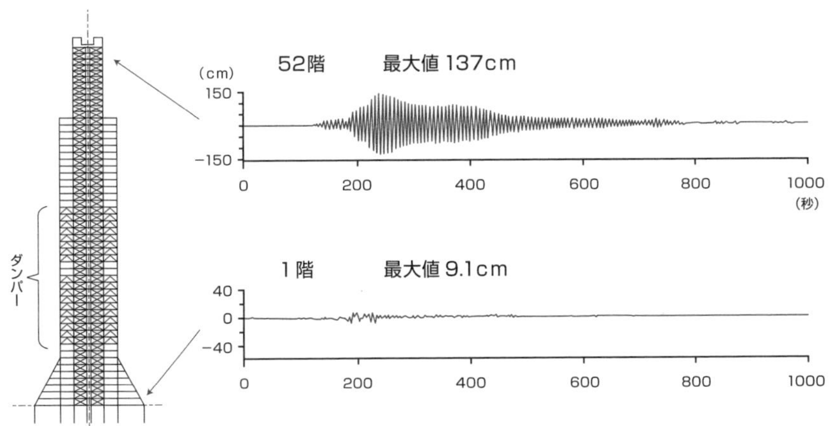

▲図14　大阪府咲洲庁舎の東北地方太平洋沖地震時の最大変位

■3　活断層

海溝型地震の発生は、「陸側プレートの下に海側プレートが沈み込んで、境界面でひずみが限界に達すると、ひずみ面が破壊されて陸側プレートが一気に戻る」現象で説明される。これに対し、プレート内を震源とする**内陸型地震**は、プレート内の力によって地盤内の弱い部分がずれる（すべる）という地盤破壊を起こして発生する。この地盤破壊で発生した変位（ずれ）が断層である。

海溝型地震の場合、発生するとひずみが解放されて陸側プレートが元に戻るため、将来、再びひずみが蓄積されれば、同じ箇所を震源とした地震が発生する。

これに対し、内陸型地震は基本的には単発である。ただし、内陸型地震の結果として生じた断層の近傍でまだ破壊されていない付近は、地盤的に弱い箇所であり、今後、未破壊箇所まで延長してずれることで地震が発生する可能性がある。

断層の中でも200～10万年以後の比較的新しい時期に繰り返し活動した**活断層**は、1000～数万年と非常に長い間隔ではあるものの、再びずれる可能性がある。活断層がずれる場合、プレート内部での力の作用は長期的に継続するため、再発する断層も同じ向きにずれる。断層のずれの量は、断層ごとに異なるが、1000年間の累積ずれ量をもって、その断層の平均変位速度として「ずれの速さ」を表す。この平均変位速度は、活断層の活動の程度を表すもので、活動度が高いほど、より大きな地震をより短い間隔で発生させる可能性があり、A級、B級、C級の3つに区分されている（表5）。

兵庫県南部地震（M7.3）では、宝塚市付近から淡路島西岸まで約60kmの六甲・淡路島断層帯を、断層破壊が約10秒間で伝播した。M7.3の地震のエネルギーは、60kmの断層帯全体の合計であるが、特に大きな地盤破壊で大きな地震波を出したのは、断層破壊の始点近傍の明石海峡、野島断層北部、神戸市街地下の3か所であった。

▼表5　活断層の活動度と平均変位速度

活動度	平均変位速度	活動間隔	例
A級	1000年あたり1.0～10m未満	数百～数千年	丹那断層（1930年北伊豆地震）、 糸魚川・静岡構造線（1200年前）
B級	1000年あたり0.1～1.0m未満	数千年	石廊崎断層（1974年伊豆半島沖地震）
C級	1000年あたり0.1m未満		深溝断層（1945年三河地震）

そのうちの1つである野島断層は淡路島北西部から延長約10kmで、地表まで大きく破壊する地表地震断層が現れた。水平方向横ずれ量が1～2m、鉛直方向のずれが0.5～1.2mほどの逆断層である（図15）。

プレート内の断層がずれる間隔は数百年から千年単位であり、再発が予測されるプレート境界のずれの発生よりもはるかに長い間隔であるが、今日、国内では2000を超える活断層が確認されており、これらの活断層のずれを原因とする内陸型の地震は、全国で発生している。特に大きな被害が想定される都市域やその周辺、重要施設付近では、活断層の位置などの情報が防災上、重要である。

兵庫県南部地震以後、活断層の位置などを防災情報として整備することの必要性が認識され、研究機関や大学では、活断層に関する各種の調査が行われてきた。国土地理院では、都市域と周辺部を中心に、活断層の位置情報などの詳細を活断層図にまとめ、**都市圏活断層図**として公表している。この活断層図上では、活断層の位置、精度、活断層に関連する地形などの情報に加え、地すべりや斜面崩壊、液状化といった災害の発生に影響を与える地形の情報なども示されている。

図15　変位した断層面が地表に露出した野島断層▶

北淡震災記念公園。

3-6

津波

津波は、海底地盤の地震動が海水塊に衝撃波として付与され、海上を長周期の波として伝播して陸地に近づき、波高を大きく変化させて沿岸部に被害をもたらすものである。

■1 津波の特性

津波は、非常に周期の長い長波である。地震による津波では周期が10～20分程度であるが、波源域が遠く離れている場合は、この数倍となり、波長も数百kmに達することがある。波長が長いほど波高も高くなる。津波は、陸地に近づき海底が浅くなると波高が高くなり、波長は短くなる。リアス式海岸のように幅が狭くて奥行のある湾奥では、津波が到達すると威力が増して被害が大きくなる。

リアス式海岸である東北三陸海岸は、太平洋プレートの沈み込む海溝付近を波源域とする津波による被害を、2011年の東北地方太平洋沖地震以前から何度も受けてきた（表6）。このほか、津波の被害を受けてきた地域としては、千島海溝から日本海溝を波源域とする北部北海道から東北

▼表6　三陸海岸の主な地震津波

発生年	津波名	地震マグニチュード	震源域広さ	震源深さ	津波高さ
869年7月	貞観の三陸沖地震津波	8.3			
1611年12月	慶長の三陸沖地震津波	8.1			
1677年4月	延宝の三陸沖地震津波	7.9			
1856年8月	安政の八戸沖地震津波	7.5			
1896年6月	明治三陸地震津波	8.2			綾里38.2m、田老14.6m
1897年8月	宮城県沖地震津波	7.7			盛3m、釜石1.2m
1933年3月	昭和三陸地震津波	8.1	145×500km	10km	綾里28.7m
1960年5月	1960年チリ地震津波	9.5※	長さ600～1000km		三陸3m以上、尾鷲5m、沖縄3.3m
1968年5月	1968年十勝沖地震津波	7.9			三陸3～5m、襟裳岬3m
2010年2月	2010年チリ沖地震津波	8.8※	長さ400～500km	35km	最大1.5m
2011年3月	東北地方太平洋沖地震津波	9.0	200×500km	24km	最大約40m

単位：地震マグニチュード（M、※M_w）

北部にかけての太平洋岸域、相模トラフや南海トラフの陸地近くを波源域とする関東から東海地方、紀伊半島、四国にかけての太平洋岸域がある（図16）。また、太平洋沿岸全域は、日本列島近海を波源域とする津波のほかに、遠方から伝わってくる遠地津波を受けたこともある。

津波が陸地に近づくと、波長・波高は大きく変化し、上陸すると大きな水圧を伴った高速の水流となる。津波の海水は内陸に向けて押し波として一定の時間浸入を続けたのち、反転して、逆方向の海へ向かう引き波となる。このあと、押し波と引き波が繰り返されて、次第に減衰する。

日本列島で発生した過去の津波の多くは地震によるものであるが、そのほかにも、海岸地域で起こる地すべり、海底火山の活動、海底地すべりなどによるものがある。

地震による津波の場合、ひずみが蓄積されたプレート同士の接触面の破壊や断層によって急激なずれが発生し、地盤中から海底面まで達すると、海底面を上下に変化させる。この地盤の動き（**地殻変動**）が、それに接する海水に上下の動きとして伝達され、海面の水位の変動に変換される。この水位変動が、うねりとして周囲に拡散するのが津波である。

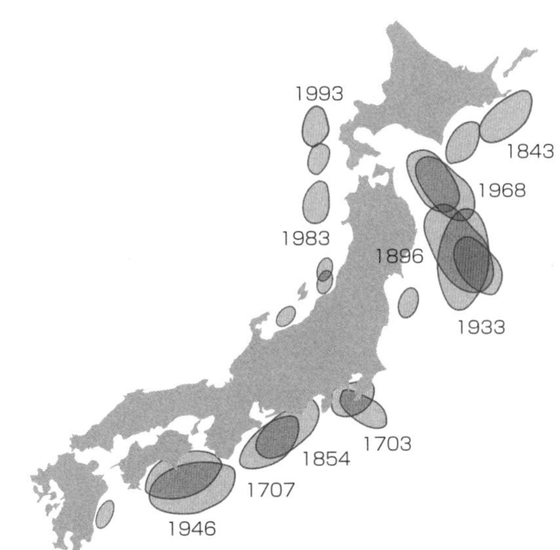

図16　過去300年間に発生した沿岸波高4m以上の津波の波源域▶

■2　津波発生のメカニズム

大きな地震の場合、海底面の地盤の動きは「数十～数百kmの広い範囲が、短時間で数十cm～数十mほど隆起・沈降する」という大規模なもので、この体積変化に伴う地殻変動のエネルギーが、衝撃波となって海水塊に付与される（図17）。

津波は海底地震のすべてで発生するわけではなく、海底地盤中の断層のずれが上下よりも水平方向に大きい場合は、体積変化が小さいので大きな津波は発生しない。また、津波は地盤の変動が海底からあまり深くないところで起きたときに発生するものであり、例えば100kmもの深い震源の地震では、地震による震動はあっても、津波は発生しない。

津波は、反射・屈折・回折・干渉といった波としての性質を持つが、その物理的性質には、日常的に発生する風浪や天文潮（潮汐（ちょうせき））とは異なる面もある。

まず、津波の周期・波長は極めて長い。これは、地殻変動により発生する津波が、広い波源域を持つことによる。通常の風浪の場合、うねりのように長い周期でも10秒程度、波長150m程度であるが、津波の場合、周期は2分程度から1時間以上になり、波長も数十kmから100km以上にまでなる。

陸地に達した津波は、大きな水流で破壊力が加わり、引き波でも大きな破壊力を持つ。津波は第2波、第3波などと複数回押し寄せて、次第に減衰する。

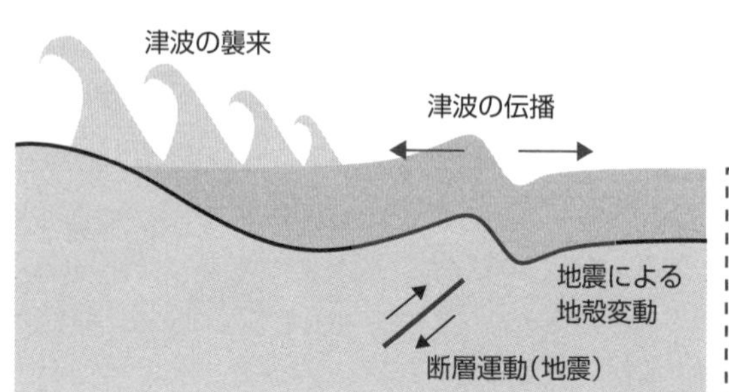

■津波の発生
海底下の断層運動（地震）の結果、海底に地殻変動が発生し、その上の海水を押し上げる。
この押し上げられた水の塊が、津波となって四方に広がっていく。

▲図17　地震による津波発生のメカニズム

津波の規模は、通常、「海岸で観測した平常潮位面からの波高」で示すことが多いが、そのほかにも、「浸水深さ」あるいは「平常潮位面からの浸水痕跡の高さ」、「平常潮位面から、陸地斜面など津波が到達した最大高さまでの遡上高」などでも示される。

津波の波高は、外洋ではせいぜい数m程度であるが、津波が陸地に接近して水深が浅くなると、速度が遅く、波長が短く、波高が高くなる。

津波は長波であり、その速度は次式に示すとおり水深だけで決まる。

$$C=\sqrt{gh}$$

ここに、

h：水深、g：重力加速度

この式にあるように、津波の速度は水深の平方根に比例するので、津波が陸地に接近すると、その速度が低下する。例えば、水深4000mの洋上では200m/sであるが、水深10m/sでの速度は10m/sにまで低下する。

速度が低下するに従って津波の波高が高くなる。津波が湾などのある幅を持つ水域に進入すると、この幅の影響も受けてさらに波高が高くなる。

波高、湾の幅および水深の関係式として、グリーンの式がある。

$$\frac{H}{H_0}=\left(\frac{B_0}{B}\right)^{1/2}\left(\frac{h_0}{h}\right)^{1/4}$$

ここに、

H：波高、B：湾の幅、h：水深

であり、添字0を付したH_0、B_0、h_0は、湾の入口での値である。

この式から、津波の波高は水深の４乗根と湾の幅の２乗根に反比例することがわかる。例えば、水深160m、幅900mの湾口で高さ1mの津波が湾内に進入して、湾奥の水深10m、幅100mの水域に達すると、波高は水深の減少で２倍、水路幅の減少で3倍となり、両者の影響で波高6mとなる。このことから、リアス式海岸のようなV字型の湾奥では、大きな波高になりやすい。

津波は、上陸直前に波高を高めて陸地内に進入する。大きな津波の場合、上陸すると、強い水圧を伴った高速の流水となって、家屋その他の建造物、施設、田畑、物品、人間を押し流し、甚大な被害をもたらす。浸水高さが20～30cm程度を超えると、人の歩行は困難となる。木造家屋は数十cmの浸水高さで部分的に破壊が始まり、1～2mになると全壊・流出する。防潮林は、4m程度まで漂流物を阻止するが、倒木などの被害を受ける。

津波は海岸に注ぐ河口の水門を直撃して破損し、河川を遡り、河川堤防を越流して内陸まで到達する。

海に突き出た岬の先端では、波が回り込む**回析波**となり、被害を拡大させることがある。2011年東北地方太平洋沖地震津波では、犬吠埼（いぬぼうさき）で回析波となった波が後続の波と重なり、巨大化して、九十九里浜海岸沿いの旭市の沿海部に被害をもたらした。

防潮堤や防潮水門、閘門（こうもん）などは、津波への中心的な備えとして整備が行われてきた。しかし2011年の東北地方太平洋沖地震津波では、多くの箇所で多大な損傷を受けた。各地では震災復旧の取り組みでこれらの防潮堤などの施設の復旧やかさ上げなども進められたが、将来的に想定される津波に対してこれらの防潮堤などの設備では機能的に限界があり、避難のための施設や、迅速な避難を促す災害情報関連の施設等と合わせた防災・減災対策の必要性が認識されるようになった。2011（平成23）年12月に成立した**津波防災地域づくりに関する法律**では、ハード・ソフトの施策を組み合わせた多重防御による対策が盛り込まれた。

この対策では、都道府県が津波防災地域づくりの基礎として津波浸水想定を設定し、これをもとに地元の市町村がハード・ソフト施策を組み合わせた計画を作成・実施することとなっている。これらには、津波防護施設の管理、警戒避難体制の整備のための津波災害警戒区域や開発行為の制限区域の指定なども含まれている。

3-7

耐震設計法

耐震設計法として現在一般的に行われているのは、作用する力を発生頻度と強度で2段階に分け、それぞれ安全性を確認する、という2段階の耐震性確認の方法である。

■1 2段階の耐震性確認

構造物や施設の設計において考慮すべき外力の中で、特に地震力は、その作用する頻度が極めて低いことから、構造物自身の重力や、土圧・水圧など通常作用する荷重とは異なる、設計地震動としての扱い方が必要となる。

地震の発生する確率は大きな地震ほど低く、構造物の供用期間に大地震の発生する頻度は小さい。しかし、数百年に一度というように発生が極めて稀(まれ)であっても、大きな地震力が実際に作用すれば、その影響は甚大である。とはいえ、作用する時期や強度などの不確実性が高い地震の作用を、最大規模の地震で代表させて設計外力として扱うことは、費用・効果の経済的観点から合理的とはいえない。この考え方から、構造物の重要度や規模、立地などを勘案して、地震設計荷重の設定を行っている。

今日、地震に対する安全性の確認方法として広く行われているのは、作用する地震力を2種類に分けて、2段階で耐震性を確認する方法である。第1段階のレベル1では、「地震の発生頻度が構造物の供用期間中に数回程度」の地震に対する基本的な安全性の確認を行い、さらに第2段階のレベル2では、プレート境界の海溝型地震や内陸部の直下型地震のような「発生頻度が供用期間に1回かそれ以下」の大地震に対して終局的な安全性を確認する方法である(図18)。

レベル1では、通常採用する震度法で設計震度として0.2を基本とし、個々の構造物の条件、すなわち構造物の立地する場所の地震活動度、地盤条件などを考慮して修正した値を、設計震度としている。この設計震度から得た設計地震力(荷重)を構造物に作用させ、構造物の構成各部が許容応力度以下であることをもって、安全性の確認とする。

レベル2では、レベル1を超える地震力が作用した場合、レベル1で確認した以上の応力度が発生し、構造物の一部に損傷は発生しても、損傷過程でその損傷が致命傷となって崩壊しないことを確認する。設定する地震力は、構造物の供用期間や、構造物の立地する場所の地震環境をもとに、地震危険度の検討を行って設定する。

建築分野では、1978年に発生した宮城県沖地震(M7.4)をきっかけとして1981年に大幅な基準改定が行われ、新耐震基準が設定された。従来からの震度5強程度の地震動への安全性の確認に加えて、震度6強〜7程度の地震動に対しても「人命に関わる建築物の倒壊や外壁の脱落等が発生しない」という目標が加えられた。レベル1で「原則として自重の20%の水平力（0.2G）の設計震度に耐えられること」、レベル2ではさらに「1Gでも変形はしても倒壊はしないこと」を求める、2段階の設計による規定である。この基準に基づいて、前述のとおり、各種建築物に新耐震基準に適合するような耐力壁を設けるなどの耐震化が進められ、さらに2000年には耐力壁の配置や継手、基礎などの耐震規定が追加された（表3参照）。

土木分野では、1995年阪神・淡路大震災の経験を経て、構造物の耐震性能の考え方の見直しがなされた。その結果、従来の耐震設計で考慮してきた設計地震動に加えて、強地震動も考慮し、2段階の地震動に対する耐震設計とすることとされた。

▼表7　「防災基本計画」に示された、構造物・施設等の耐震性確保の考え方

項　目		設計の考え方
設計で考慮すべき地震動（2段階の地震動）		確率的に、供用期間中に1〜2回程度の発生が見込まれる一般的な地震動
		発生確率の低い、直下型または海溝型の巨大地震による高レベルの地震動
設計目標	一般的な地震動	機能に重大な支障が生じないこと
	高レベルの地震動	人命に重大な影響を与えないこと
高レベルの地震動で耐震性能に余裕を持たせるべき構造物・施設		被災による機能支障が災害の応急対策活動などに著しい妨げとなるもの
		国、地方など広域な経済活動などに著しい影響を及ぼすもの
		多数の人々を収容する建築物など

注：防災基本計画 第3編 震災対策編 第2節「地震に強い国づくりまちづくり」（2022年6月）をもとに作表。

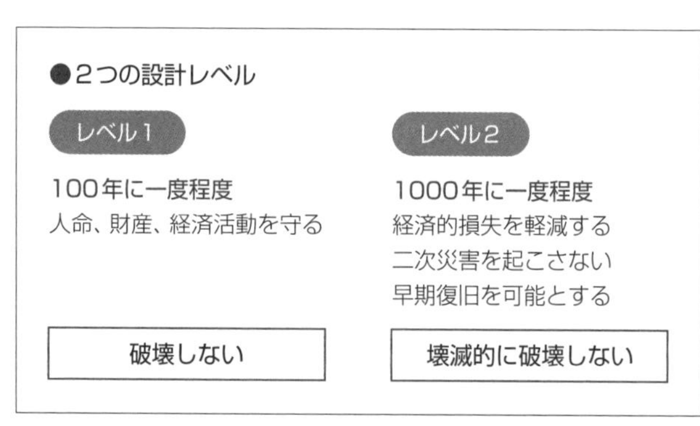

▲図18　2段階の耐震設計

　防災対策基本法に基づいて定められる**防災基本計画**では、1995（平成7）年7月に改訂が行われ、「構造物・施設等の耐震設計方法の基本的な考え方」として、同様に、一般的な地震動と高レベルの地震動の2段階の耐震性確保の考え方が示された（表7）。

■2　耐震設計

　耐震設計の目的は、設定された設計地震動に対して、構造物の安全性を確認することである。すなわち、設計地震動を外力として入力して得られる構造物の応力度、変位、安定性などの応答の最大値が、許容値以下であることを確認する。

　設計地震動から設計外力を得る方法としては、兵庫県南部地震以前の耐震設計で用いられてきた、重力加速度Gに対する地震加速度の比を設計震度とし、これに質量を乗じて地震荷重とする**震度法**がある。この震度法は、第1段階で最も一般的に採用される耐震設計法である。この震度法では、構造物の重量に設計震度を乗じて慣性力として地震力を求め、静的に構造物へ作用させる。この簡便で実務的な方法は、「**家屋耐震構造論**」（震災予防調査会報告1914年、佐野利器）の中で提案された考え方に始まる。

　震度法では、構造物に作用させる設計地震力は次式から与えられる。

$$F = k_h \cdot W$$

ここに、

F：設計地震力、k_h：水平震度、
W：構造物の重量

　水平震度k_hは、構造物の種類によって異なる部分もあるが、地域や地盤、重要度などを考慮して、次式のようになる。

$$k_h = C_z \cdot C_g \cdot C_I \cdot k_{h0}$$

ここに、

C_z：地域別補正係数、
C_g：地盤別補正係数、
C_I：重要度別補正係数、
k_{h0}：設計震度の標準値

　地域別補正係数C_zは構造物の立地する地域により0.7～1.0、地盤別補正係数C_gは地域地盤の条件より0.8～1.2、重要度別補正係数C_Iは構造物の重要度により0.8～1.0がとられる。設計震度の標準値k_{h0}は0.2とする。

　震度法では、構造物を擁壁などのような塊体とみなして、地盤と同じように震動するとしているが、多くの構造物では、実際に地盤から構造物に入力される地震力は、構造物自身の剛性によって異なる。このため、構造物の固有周期に相当する地震力を1次震動モードに近似させて構造物に作用させるように、さらに水平震度k_hを次式のように、固有周期による影響分の補正係数C_rを乗じて修正している（**修正震度法**）。

$$k_{hm} = C_r \cdot k_h$$

補正係数C_rは、固有周期別に3つに区分した地盤種別に応じて与えられる（表8）。

地震に対する安全性は、「前述の手順で得られた設計地震力を、対象とする構造物に作用させた場合の応答で、クリティカルとなる部分の最大値が、設計での目標値を下回る」ことをもって確認することになる。設計の目標値は、構造物や施設の性能を維持する状態で、最大応答変位、加速度、応力度などで設計目標の基準値が設定される。安全性は、安全率を考慮した次式の成立をもって確認することになる。

$$RS \leqq D$$

ここに、

R ：応答の最大値、S：安全係数、

D ：設計の目標値

安全係数Sは、地震力や構造物の応答を導き出す過程で混入する誤差や不確実性に対する余裕分であるが、通常は常時の安全係数より小さくとる。例えば、杭（くい）基礎やケーソン基礎などでは、支持力の安全率は常時3に対し、地震時では$2\frac{2}{3}$の値がとられる。また、構造物を構成する材料の特性に応じて、稀にしか起こらない地震荷重による応力に対しては、許容応力度の割り増しがなされる。例えば、鋼材では常時の1.5倍の許容応力度が適用される。

なお、レベル2では、非弾性挙動を考慮した塑性領域も対象とするため、残留変形や損傷の許容の程度を確認する必要がある。

震度法以外の主な耐震設計法としては、**地震時保有水平耐力法**、**応答変位法**や**動的解析法**などがある。地震時保有水平耐力法は、地震時の慣性力の影響が大きい橋脚などの構造物に対して適用される。レベル2で塑性ヒンジが発生することによるエネルギー吸収を考慮して、設計水平震度を静

▼表8　固有周期別補正係数C_r

地域種別	固有周期T(s)に対するC_r		
Ⅰ種	T<0.1 $C_r=2.69T^{1/3}$ ただし$C_r \geqq 1.00$	$0.1 \leqq T \leqq 1.1$ $C_r=1.25$	1.1<T $C_r=1.33T^{-2/3}$
Ⅱ種	T<0.2 $C_r=2.15T^{1/3}$ ただし$C_r \geqq 1.00$	$0.2 \leqq T \leqq 1.3$ $C_r=1.25$	1.3<T $C_r=1.49T^{-2/3}$
Ⅲ種	T<0.34 $C_r=1.80T^{1/3}$ ただし$C_r \geqq 1.00$	$0.34 \leqq T \leqq 1.5$ $C_r=1.25$	1.5<T $C_r=1.64T^{-2/3}$

的に作用させ、その水平耐力と残留変形の照査を行う方法である。

応答変位法は、地中に埋設される管路のような水平方向に長い構造物に適用される。構造物を支持する周辺地盤をばねに置き換えたモデルに、地盤と構造物の相対変位を静的に作用させて、構造物各部の応力・変形を評価する方法である。

動的解析法は、吊橋（つりばし）のような、地震動の卓越周期より長い固有周期の震動モードを含む震動性状が複雑な場合に適用する。また、重要度の極めて高い構造物で、詳細な地震時挙動の把握が求められる場合にも、動的解析が適用される。動的解析法は、構造物、あるいは地盤を含む構造物全体を質点とばねでモデル化し、これに地震動波形や応答スペクトルを入力して解析する方法である。

■3　耐震設計例（清洲橋、永代橋の耐震補強）

東京の隅田川に架かる清洲橋（1928年）と永代橋（1926年）は、1923年関東地震（M7.9）後に帝都復興の一環として架設された震災復興橋梁である（図19～22）。兵庫県南部地震以後に改訂された新たな耐震設計基準に基づいて、清洲橋、永代橋の耐震性能の確認が行われ、2014年から2017年まで耐震補強工事が実施された。

耐震性能の確認では、レベル1に対しては、清洲橋、永代橋ともに応力超過は認められなかった。レベル2については、多くの箇所で応力超過が発生するという結果であった。清洲橋については、橋軸方向の地震水平力に対して、補剛桁、塔直下の橋

図19　清州橋（1928年）▶

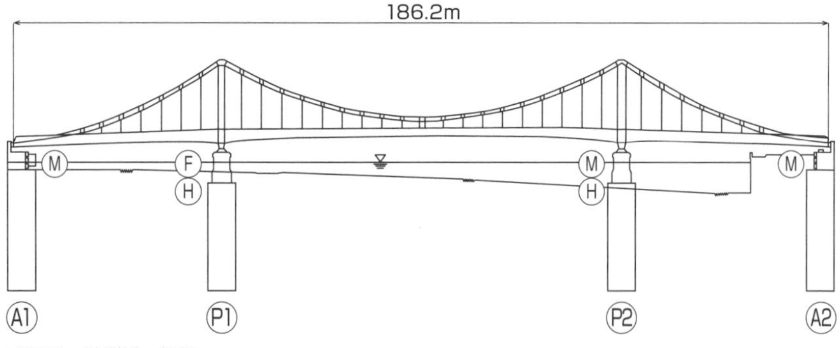

▲図20　清洲橋一般図

◀図21　永代橋（1926年）

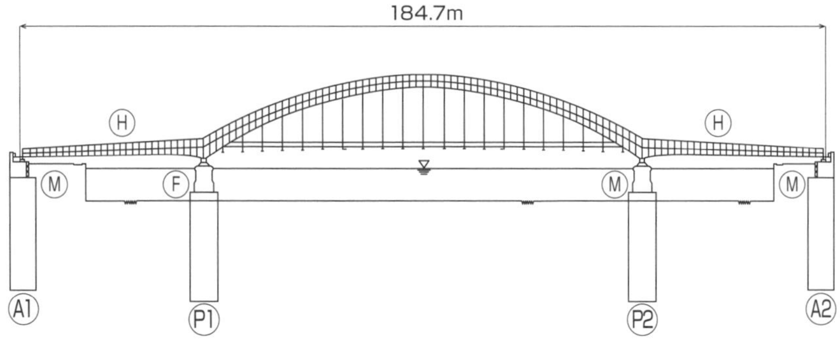

▲図22　永代橋一般図

脚上の支承、および橋台上の支承で応力が超過する結果が示された。また、永代橋については、橋門構、上横構の一部、アーチリブ、橋脚上の支承などで応力が超過することが示された。この評価結果に従って、清洲橋、永代橋の両橋について、レベル2に対する耐震補強が実施された。

清洲橋の主要な耐震補強は、上部工から下部工への地震力の流れを集中させず、極力分散させるために、上部構造・橋台間に1橋台あたり1500 kNのダンパー8本が設置された（図23）。ダンパーの特徴は、ゆっくりした常時荷重の作用に対して抵抗はしないが、地震のような衝撃的な力に対しては抵抗をする。抵抗力は減衰力となり、構造物に作用する地震エネルギーを変位や熱に変換して消費することで、作用荷重は小さくなる。

ダンパーの設置によって、清洲橋の上部構造に作用する地震時慣性力は、補強前には地震による水平荷重を分担していない橋台部に伝達することで、橋脚部の分担する地震荷重が減少した。これにより、下部構造軀体およびケーソン基礎、上部構造の耐震補強は特に必要がなかった。

一方、永代橋については、橋軸方向に地震を受けると、上部構造慣性力はすべて固定支承の中間橋脚に集中する。したがって、レベル2のような大きな地震水平力を受けると、当初設計の地震荷重を大幅に超える固定中間橋脚の支承部が破壊する可能性があり、下部・基礎構造の損傷や残留変位も大きくなる。このため、耐震補強の中心は、清洲橋と同様に、上部工の地震慣性力が下部に伝達される支承の箇所であった。

図23　清洲橋の桁端・橋台間に設置されたダンパー▶

耐震補強対策としては、清洲橋と同様のダンパー設置や、免震支承で作用力を低下させる方法もあるが、永代橋は、側径間のカンチレバーと吊桁の間にヒンジがある構造であることから、構造系の変更が伴う。このため、中間橋脚（固定支承）への地震荷重の集中を避けるために、もう一方の中間橋脚（可動）にも地震荷重を負担させ、上部構造全体で地震エネルギーを吸収する2つの中間支点を固定化する方法が採用された。

具体的には、両方の中間橋脚の既存支承の横に、水平反力のみを負担する支承が追加された（図24）。これによって、従来は可動支点を支えていた橋脚の支点が水平方向に固定され、当初より固定支点を支えてきた橋脚と同等の水平力を負担させることになった。この方法が可能となったのは、永代橋の基礎構造が、もともと固定側橋脚、可動側橋脚ともニューマチックケーソンによる同一の構造であったことによる。

▲図24　永代橋の中間橋脚支承部（固定支承）の耐震補強

2基の固定支承（上：補強前）の隣に水平支承を追加（下）。

3-8

地震予知の現状と地震防災対策

日本列島と近海での地震観測網の拡充は進んでいるものの、台風や豪雨などと同様の警報発令が可能なレベルの地震予知情報を得る段階にはいまだ達していない。

■1　地震予知

現在の科学的知見に基づく地震発生の予測レベルを示すものの1つとして、政府の地震対策本部が公表している「**確率論的地震動予測地図**（2020年1月）」がある（図25）。この予測地図では、「今後30年以内に震度6弱以上の揺れに見舞われる確率の分布図」として、日本全国各地域の確率が色分けで示されている。

確率分布は、高い確率の地域として26%以上、6～26%、3～6%の3つのレベル、やや高い確率の地域として0.1～3%、0.1%未満の2つのレベルが示されている。この確率は、その場所での地震発生確率ではなく、その地域が震度6弱以上で揺れる確率である。確率が0.1%、3%、6%、26%であることは、その地域がそれぞれ約3万年、約1000年、約500年、約100年

■確率論的地震動予測地図：確率の分布

今後30年以内に震度6弱以上の揺れに見舞われる確率

（平均ケース・全地震）

（基準日：2010年1月1日）

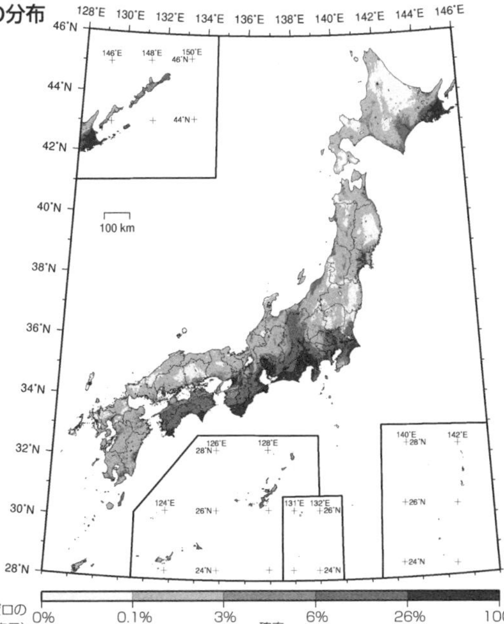

図25　確率論的地震動予測地図▶

出所：文科省地震調査研究推進本部、2020年1月

（モデル計算条件により確率ゼロのメッシュは白色表示）

に1回程度の頻度で震度 6 弱以上の揺れが発生することを示している。

一方では、気象庁は、世界に先駆けて密度の高い観測ネットワークや観測データ処理のシステムである地震活動の監視システムを開発して、2007年から運用を開始した（図26）。2020年1月時点での各種地震観測点の総数は6700点近くに上る。2011年の東北地方太平洋沖地震では、強い揺れの警報は緊急地震速報として、P波観測の8.6秒後にテレビ、ラジオ、携帯電話に発信され、続くS波による強い揺れの発生15秒前までにすべての地域で受信された。また、発生確率の高い南海トラフ地震については、張りめぐらした地震観測網により24時間監視を継続し、予兆となる可能性のある観測データを収集している。

しかし、このような地震防災の科学技術のレベルでも、2011年3月11日のあの時期に、M9.0の規模の東北地方太平洋沖地震の発生を予知することはできなかった。

台風や豪雨などの自然災害と同様に、事前に避難命令を含む警戒情報を発令して必要な対応をするためには、「いつ、どの場所で、どの程度の規模の地震が発生するか」という精度の高い予知情報が必要であるが、実際には極めて困難である。日本地震学会は東北地方太平洋沖地震の翌年（2012年）に、「警報につながる地震予知は困難である」としている。また、中央防災会議「南海トラフの予測可能性に関する調査部会」では、地震予知の可能性について、2013年の調査部会報告で次のように述べている。

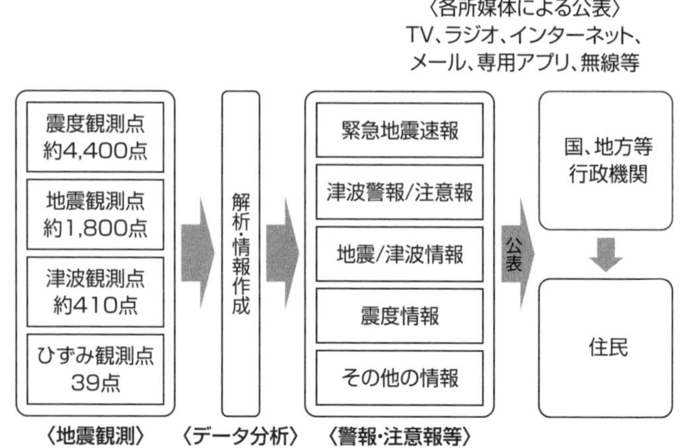

▲図26　地震活動等総合監視システム（EPOS）
出所：気象庁「地震と津波 その監視と防災情報」（2020年1月）をもとに作図

〈現在の科学的知見からは、確度の高い地震の予測は難しい。ただし、すべり等プレート間の固着の変化を示唆するゆっくりとした現象が発生している場合、ある程度規模が大きければ検知する技術はある。検知された場合には、不確実ではあるものの地震発生の可能性が相対的に高まっていることは言えるであろう〉

■2 大規模地震対策特別措置法と地震防災対策

大規模地震対策特別措置法は、東海地震の発生を想定して1978(昭和53)年に制定された。この法律制定の背景には、「駿河湾付近で大規模地震発生の確率が高まっている」とする見方と、「地震観測体制を強化していくことで、地震の前兆現象を捉えて地震予知につなげられる可能性がある」とする地震専門家の考え方があった。

大規模地震対策特別措置法は、これらの専門家の考え方をもとに、地震の予知が可能になることを前提として、予知された場合にとるべき対応措置について制定したものである。この法律では、地震が予知された場合、内閣総理大臣が地震災害の発生する可能性のある地域を「地震防災対策を強化すべき地域」として指定し、警戒宣言を発令する。警戒宣言は、「2、3日以内に地震が発生するおそれがある」旨の地震予知情報をもとに発令される。この宣言によって、自治体や関係事業者は、あらかじめ設定した防災計画に従って応急対策に着手することになる。しかし、前述のとおり現在の地震予知技術がこの法律で想定されたレベルに達していないことや、対応する地震についても法律の制定時に想定された地震より震源範囲の広い南海トラフ巨大地震の可能性が高くなっている状況があり、この法律の適用は難しくなっている。

過去の地震の観測データをもとにして整理した科学的知見を防災対応に活かしていくのが、現時点でとりうる対策である。日々集積されている膨大な観測データをもとに、南海トラフ沿いなど日本近海で観測される現象を評価し、それらをもとに防災対応の検討を進めることが必要である。これらのデータをもとに、適宜新たな知見が加われば、それらに置き換えていく。大規模地震が発生した状況の想定では、地震現象そのものから、災害発生時に想定されるいろいろな社会状況までを含む広い範囲が対象となる。過去の災害経験も踏まえ、地震災害発生時の状況の想定を行い、これらに備えて建物や構造物の耐震性の向上、避難施設その他の生活環境の整備、情報管理などの検討を行い、現在の防災体制の見直しや制度の改正を経て、必要な訓練などを行うことになる。

MEMO

第4章

地盤災害

地盤災害とは、斜面崩壊や地すべり、土石流、地盤沈下、隆起、液状化など、地盤が移動することで発生する災害である。本章ではまず、地盤災害の発生に至るメカニズムについて解説し、次いで地盤沈下、液状化、斜面崩壊、地すべりなどの各地盤災害の特徴について述べる。盛土造成地の地盤劣化による斜面崩壊については、兵庫県南部地震およびその他の地震被害の事例を取り上げて、地盤安定化工法による対策について述べる。

4-1

地盤災害の種類と発生メカニズム

地盤災害は、大雨や地震による地盤の移動で発生する斜面崩壊や地すべりが、財産や人命に影響を及ぼす災害である。発生には地形、土質、地下水などの要因が関係する。

■ 1　地盤災害の種類

地盤災害とは、大雨や地震による自然外力を誘因として、地形や地質等の条件に応じて発生する地盤の移動が、人家などの財産や人命に影響を及ぼすことによる災害である。平地での粘性地盤の圧密沈下による地盤沈下、旧河川部や埋立地などでの地震による砂質地盤の液状化、山地・丘陵地形での豪雨や地震による傾斜地の斜面崩壊、地すべり、土石流や地殻変動などがある。地盤災害には、人工地盤である埋立地の地盤沈下・液状化や、宅地やその他施設の盛土造成地の斜面崩壊なども含まれる（表1／図1／図2）。

▼表1　地盤災害の種類

地形	地盤災害	備考
平地	地盤沈下	粘性（圧密）/砂質（即時）
	液状化	旧河川、埋立地など砂質地盤
傾斜地	斜面崩壊	自然斜面、盛土造成地
	地すべり	
	落石	
	土石流	

▲図1　豪雨による斜面崩壊（2009〈平成21〉年7月中国九州北部豪雨、防府市）

出所：（一財）消防防災科学センター

▲図2　地震による斜面崩壊（2016〈平成28〉年熊本地震、南阿蘇村阿蘇大橋周辺）

出所：（一財）消防防災科学センター

■2　地盤災害の発生メカニズム

地盤災害は、地震などの外力の作用や、降雨などの水の浸入により、地盤内の土粒子骨格や間隙水の状態が変化することで発生する。

地盤を構成する土粒子には、粘土、シルト、砂および礫など、いろいろな粒径のものがある。粒子相互の間隙には空気や水が入り込み、地下水位以下の地盤では水で満たされた飽和状態となっている（図3）。このように地盤は、土粒子の固体と間隙に含まれる液体の水、気体の空気の三相混合体であり、相互に接触し合った土粒子の骨格部分と間隙部分で構成されている（図4）。間隙に含まれる水や空気の状態で決まる湿潤・乾燥状態や、土を構成する粒径の違いは、土の力学的な性質に大きく影響する。粒径の大きな砂質土の場合、土の強さは各粒子の強さと粒子相互のかみ合わせの状況の影響を受ける。これに対し、粒径のより小さな粘性土の場合、土の強さは土粒子相互に発生する粘着力に支配される。

粘性土の地盤では、地盤上に構造物や盛土などが施工されて継続的な力が作用すると、土中の間隙水が徐々に搾り出されて間隙が減少し、地盤体積の減少により地盤が沈下する（これを圧密沈下という）。一方、砂質土の地盤では、地震によって震動を受けると土粒子相互が横ずれして接点を失い、土粒子骨格が崩れて土粒子が浮遊する泥水状態となって、液状化が発生する。

傾斜のある地盤では、斜面地盤中の土塊が傾斜下方にずれようとしてせん断力が発生している。地震力が作用すると、土塊

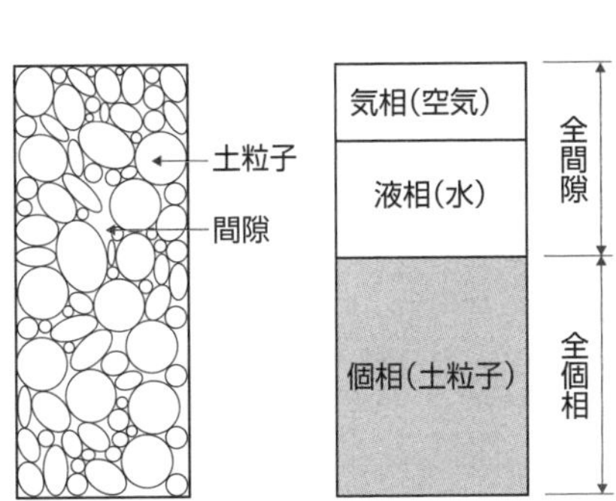

▲図3　地盤の構成

地盤は、土粒子の骨格部分と間隙水、空気の三相で構成される。

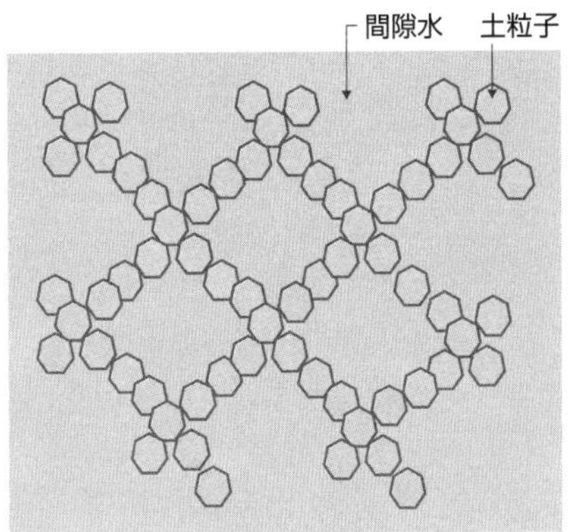

▲図4　ハチの巣状の土粒子骨格の模式図

にはさらに慣性力も加わって、ずれようとする力が増加する。このずれ力に対し、地盤中の土のせん断抵抗力が対抗することで、斜面形状が維持されている。土塊が傾斜下方にずれようとする力が土のせん断抵抗力を上回れば、**斜面崩壊**が起こる。

降雨による雨水の浸透で間隙水の圧力が高まると、土粒子相互の接点の力が弱まって土粒子骨格が崩れる。土のせん断抵抗力はこの土粒子骨格の弱体化で低下する。このように、地盤内の土粒子骨格や間隙水の状態は、斜面崩壊をはじめ、液状化や圧密沈下その他の地盤災害と密接に関係している。

ここで、地盤災害の発生メカニズムに関わる土粒子骨格が負担する有効応力について見ておく。地下水位以下の地盤のある深さの点に着目すると、この場所で発生する地盤の応力は、有効応力とその場所の水圧の合計で次のようになる（図5）。

$$\sigma=\sigma'+u$$

ここに、

σ ：ある深さの応力、
σ'：土粒子が負担する応力、
u ：間隙水が負担する応力

ある深さの応力σは、土かぶり深さとそれぞれの土の単位体積重量によって与えられるので、次のようになる。

$$\sigma=\gamma_t z_1+\gamma_{sat} z_2$$

ここに、

γ_t ：土の湿潤単位体積重量、
γ_{sat}：土の飽和単位体積重量、
z_1 ：地盤表面から地下水位までの深さ、
z_2 ：地下水位から着目点までの深さ

また、ある深さの水圧uは、地下水位からの深さと水の単位体積重量から、

$$u=\gamma_w(z_1+z_2)$$

ここに、

γ_w：水の単位体積重量

土粒子が負担する応力σ'は、地盤応力の合計から間隙水圧を差し引いた分で、これが、地盤の圧縮力やせん断力に抵抗する土粒子骨格に作用する有効応力（土かぶり圧）であり、次のようになる。

$$\sigma'=\sigma-u=\gamma_t z_1+\gamma_{sat} z_2-\gamma_w(z_1+z_2)$$

いま、土の湿潤単位体積重量を$\gamma_t=$18.0kN/m^3、飽和単位体積重量をγ_{sat}=20.0kN/m^3、水の単位体積重量を$\gamma_w=$10kN/m^{3}とすると、

$$\sigma'=\gamma_t z_1+\gamma_{sat} z_2-\gamma_w(z_1+z_2)$$
$$=8z_1+10z_2[\mathrm{kN/m^2}]$$

となる。

地下水位が地盤表面まである場合($z_1=0$)は、$\sigma'=10z_2$[kN/m^2]となる。地下水位を地盤表面から徐々に下げると上式の第1項が大きくなり、有効応力（土かぶり圧）は増加する。

土の破壊現象を説明する**モール・クーロンの破壊基準**では、地盤の垂直応力をσとすれば、せん断応力τは、強度定数の粘着力c、内部摩擦角ϕの関数として次のよう与えられる。

$$\tau=c+\sigma\tan\phi$$

この式を有効応力表示で、強度定数をc'、ϕ'として示すと次のようになる。

$$\tau=c'+\sigma'\tan\phi'=c'+(\sigma-u)\tan\phi'$$

地盤のある深さの有効応力（土かぶり圧）σ'は、地下水位によって変化する。大雨による浸透水で間隙水圧が増加すると、土のせん断強度は減少して地すべりの発生原因となる。

砂質地盤の場合は、粘着力はないので、$c=0$で、せん断強度τは次のようになる。

$$\tau=\sigma\tan\phi$$

$$\tau=\sigma'\tan\phi'=(\sigma-u)\tan\phi'$$

この式から、地震力の作用によって砂地盤の間隙水圧uが増加して地中の応力σに近づくと（$\sigma\fallingdotseq u$）、内部摩擦角ϕ'の大きさに関係なく、せん断強度が失われる。これが、地震時における砂地盤の液状化である。

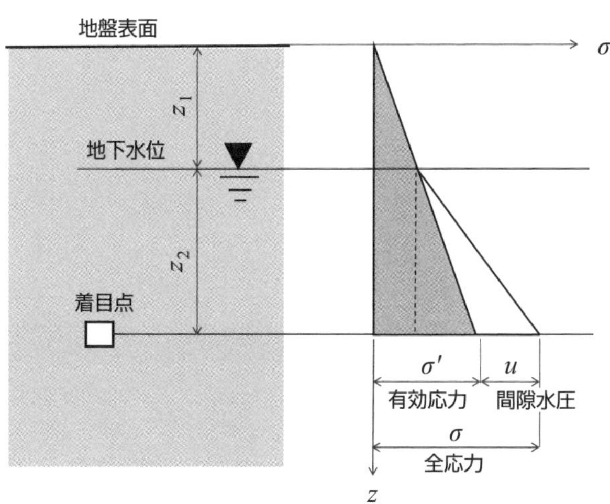

▲図5　有効応力

4-2

地盤沈下

地盤沈下は、地震による液状化や地殻変動、地下水変動などの自然現象による場合と、地下帯水層からの揚水や地下掘削による陥没などの人為的なものがある。

■1　地盤沈下の原因

地盤沈下とは、地盤の収縮や陥没によって地盤地表面が沈み込む現象であり、自然現象に起因する場合と、人為的な原因による場合がある（表2）。自然現象による場合としては、地震による地殻変動、液状化、地盤の乾燥による収縮、地下水変動、地下空洞の陥没などがある。人為的なものとしては、地下帯水層からの地下水の揚水、地下資源の採取、地下掘削による陥没などがある。地殻変動による沈下については、地盤の下方変位を**沈降**と呼び、他の原因による地盤沈下と区別する場合がある。

■2　地震による地盤沈下

断層活動である地震では、**液状化現象**による地盤沈下や、地殻変動の結果として地表面に隆起や沈降の変異が現れる場合がある。

2011年東日本大震災（M9.0）では、大きな地殻変動による地盤沈下が観測された（表3）。地震後に観測データをもとに解析した結果では、宮城県男鹿半島周辺で、地盤が東方向へ5m以上の水平移動を伴って、1mを超える沈下があったことが指摘されている。地殻変動は地震後も続き、隆起や東向きの水平変動が観測され、地震発生後の5年間で、変動量の大きな地点では、40cmの地盤隆起や、1mを超える水平移動が発生した。

▼表2　地盤沈下の原因

自然現象によるもの	人為的なもの
地殻変動	帯水層からの地下水くみ上げ
沖積層の自然圧密	天然ガスなどの採取
地震による震動、断層、液状化	上載荷重による圧密
火山噴火	地下構造物の施工による排水
	工事、交通振動

東日本大震災によって、東京湾奥沿岸部の埋立てで造成された千葉県浦安市を中心に、大規模な液状化による地盤沈下が発生した（図6）。震災前後の航空レーザー計測による地盤高の変動量は、道路よりも宅地の沈下量が大きく、地域によっては70～90cm程度の沈下が確認された。

地震による地盤沈下の発生は古くからあり、文書記録で確認できる大規模な歴史地震としては、白鳳地震（684年、M8.3）、康和地震（1099年、M6.4）、宝永地震（1707年、8.4～8.6）、安政南海地震（1854年、M8.4）、昭和南海地震（1946年、M8.0）などがある。

■3　人為的原因による地盤沈下

人為的に発生した地盤沈下の原因としては、地下水の揚水、地下資源の採掘、干拓や灌漑、盛土等による地盤表面荷重の増加、地下掘削工事などがある。

地下水の揚水による地盤沈下は、地下水位の低下により土中の間隙水が負担する応力が低下して発生する。地下水の揚水が地盤沈下の主要な原因であることは大正ごろから知られていたが、地盤沈下量は、低地地盤における工業用水の汲み上げ量の増加とともに増加した。

▼表3　東日本大震災による主な地点での地盤沈下

測点所在地			変動量（cm）
岩手県	宮古市	磯鶏第４地割	−50
	釜石市	大平町３丁目	−66
	大船渡市	猪川町字富岡	−73
	陸前高田市	小友町字西の坊	−84
宮城県	気仙沼市	唐桑町中井	−74
	石巻市	渡波字神明	−78
	東松島市	矢本字穴尻	−43
	岩沼市	押分字新田	−47
福島県	相馬市	新田字新田西	−29

注：国土地理院の調査データにより作表。

▲図6　地盤沈下による段差（2011年、千葉県浦安市）

杭基礎の大型建物と前面の地盤沈下した道路の間に段差が生じた。

江東区、墨田区、葛飾区を中心とする東京低地は、隅田川、中川、荒川、その他水路による交通利便性が高かった。そのため、明治後半以降は工場の立地により、工業用水として地下水が盛んに汲み上げられ、それに伴って地盤沈下が進んだ。戦時中の揚水量の一時的減少で地盤沈下も減速したが、戦後の復興で工業生産の拡大に伴い地下水の揚水量が増加すると、地盤沈下が再び加速して海抜ゼロメートル地帯が形成された（図7）。1918（大正7）年以来の累積沈下量は多いところで4.5mに達している。沈下した地盤は元に戻ることはないので、過去1世紀の間に地盤沈下が著しく進んだ低地部では、継続的な高潮対策が必要となる（図8）。

地盤沈下を抑制するために、揚水を規制する法律として**工業用水法**（1956〈昭和31〉年）および**建築物用地下水の採取の規制に関する法律**（1962〈昭和37〉年）などが制定された。また、このあと制定された**公害対策基本法**（1967〈昭和42〉年）では、地盤沈下が公害の1つに位置づけられ、大気汚染などと同様に、その原因とな

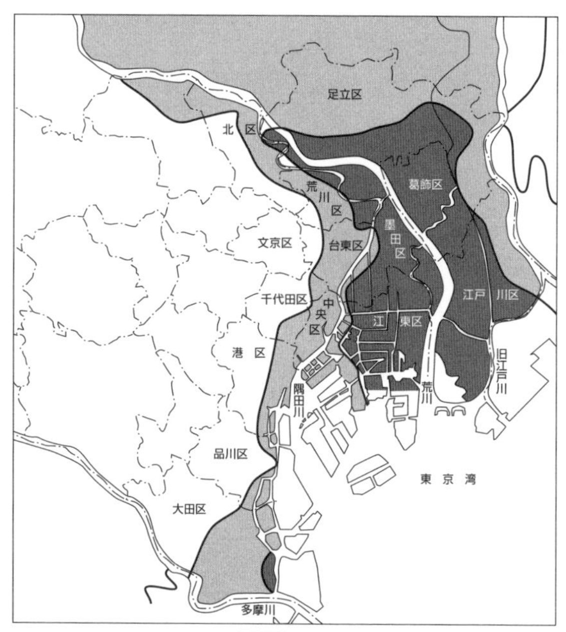

▲図7　東京湾沿岸部のゼロメートル地帯

出所：東京都港湾局

江東区、墨田区を中心とする23区面積の約2割の130km²が満潮面（A.P.+2m）以下。

る行為の規制が公害対策として行われるようになった。

これらの法的規制や河川水への水源転換などによって、1970年代以降、東京低地の地盤沈下は沈静化傾向となったが、全国的には依然として沈下が続く地域もあった（図9）。特に濃尾平野、筑後・佐賀平野、関東平野北部の3地域に対しては、地盤沈下防止等対策要綱（1985〈昭和60年〉、1991〈平成3〉年）が制定され、引き続き地下水の過剰採取の規制など、地下水の過剰な利用を抑制する措置が継続されている。

▲図8　東京都辰巳運河防潮堤

東京湾奥の防潮堤は、平均干潮面上+4.6～8.0mで整備されている。

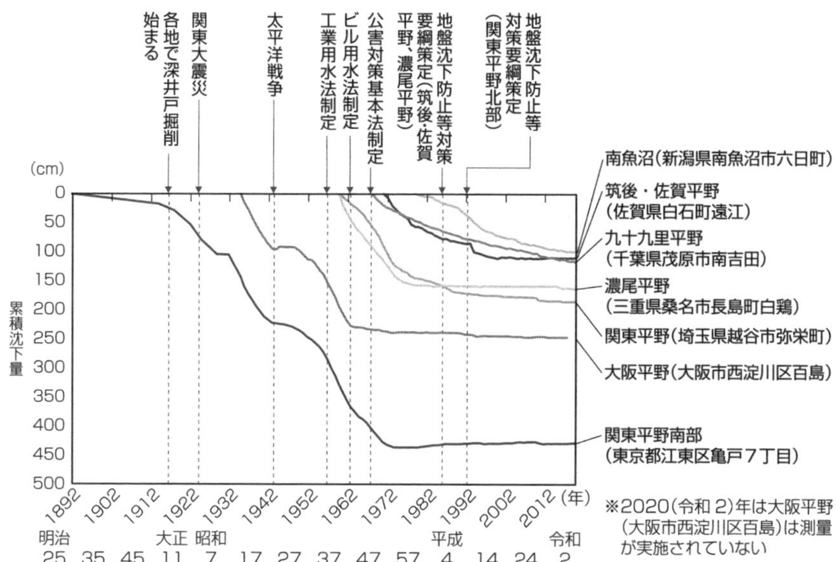

▲図9　主な地域の地盤沈下の傾向

出所：国交省

4-3

液状化

地盤の**液状化**は、砂質地盤に震動が作用した場合に、地盤内部の間隙が水で満たされ土粒子間の接触が失われて、噴砂や地盤沈下が発生する現象である。

■1　液状化現象と被害

粘土層に比べると、砂質層は圧縮性が小さく支持地盤としては適しているとされるが、震動が作用すると液状化する可能性がある。液状化が注目されるようになったのは、1964年新潟地震（M 7.5）以後のこと。この地震では地盤の液状化により、鉄筋コンクリート造4階建て共同住宅が建物そのものは無傷のまま横倒しになるという被害があった（図10）。

砂の粒径は約0.1～2mmで粘土よりも粗く、締固めが緩い場合は粒子間の空隙が多い。地下水以下の飽和状態では空隙は水で満たされ、この状態で震動が作用すると、粒子間の接触が失われて水中に砂粒子が浮いた泥水状態となる。これが液状化である。進行方向と直角にせん断力が作用して伝播するS波は、水を含む砂質土では減衰するので、地震による砂質土の被害は、震動によるものよりも、この液状化による地盤の変形によって起こるものが多い。

▲図10　横倒しとなった4階建て共同住宅（1964年、新潟地震）

▲図11　液状化による地盤変形（2011年、浦安市）

液状化による地盤変形で、表面のアスファルト舗装が浮き上がった。

砂質地盤に震動が繰り返し作用すると地盤の体積は減少し、内部の間隙水圧が高まる。砂混じりの水の噴出（噴砂）に伴って、地盤の沈下や陥没などの地盤変形が発生する（図11／図12）。地表面に傾斜がある砂質地盤では、液状化した地盤の側方流動や、泥流状の流下が発生する。地盤の変形が発生すると、支持する構造物の基礎も沈下や傾斜が発生する。支持層で支えられた杭基礎の構造物では、砂質土の周辺地盤が沈下して段差が発生する。

砂質地盤上の直接基礎の建物では、不等沈下で傾き構造体に損傷が発生する。上下水道管、ガス管、マンホール、タンクなどの地中埋設物では継手部の脱落が発生し、埋設土より見かけの比重が小さい中空の埋設物は浮力を受ける（図13）。護岸、岸壁などの港湾施設や擁壁では、裏込め土が液状化すると側方流動で壁面が**はらみ出し***て被害を受ける。堤防や道路などの盛土では、砂質土の基礎地盤が液状化すると堤体の沈下や滑り出しが発生する。

砂質土の液状化は、N値が20以下の緩い砂質地盤で発生し、N値が低いほど発生の可能性が高い。同じ締め固めた砂質土でも、粒径が1/8から1/2mm程度の細砂から中砂に区分される砂で、粒径がそろっていて空隙率の高い砂質土ほど発生しやすい。粒径が細砂より小さくなると、粘着力による抵抗力が生じて、液状化しにくくなる。また、粗砂や礫のように粒径が1mmを超えると、土層の透水性が大きくなり内部に水を保留しにくく、液状化は見られなくなる。

▲図12　液状化による噴砂（2011年、浦安市）
［（一財）消防防災科学センター提供］

地下水とともに大量の砂が噴出した。

▲図13　浮き上がったマンホール（2011年、白石市）
［（一財）消防防災科学センター提供］

***はらみ出し**　壁面の膨らみ、面外変形。

第4章 地盤災害

地形的に見ると、液状化の発生の危険性が高いのは、海岸埋立地、砂丘の内陸側縁辺、砂丘間凹地、旧河川敷、潟起源の低湿地、低い自然堤防などである。国土交通省は、これらの地形的特徴との関係から、液状化の発生危険性の傾向を5段階の相対区分で「地形区分に基づく液状化の発生傾向」として示している（表4）。これによれば、最も液状化の発生危険性の高い微地形分類としては、埋立地や旧河道、旧池沼で、以下、干拓地や自然堤防、砂州、扇状地、谷底低地などである。砂質土の地形の中でも山麓地や丘陵は、液状化の発生危険性が、他の砂質土の地形よりも相対的に低い。

■2　液状化対策

液状化対策としては、発生の要因となる「締まりの緩い地盤」や「地下水による飽和状態」の解消など、土の性質の改良による地盤改善が中心となる。締まりの緩さを改良して密度を増加させるためには、表層締固めや振動締固めなどの地盤締固めが基本的な対策となる。

土のせん断変形を抑制することも有効であり、薬液注入や混合処理によって地盤を固化する方法がある。また、置換により粒度を改良することも、小規模の場合はありうる。土の飽和度を低下させて有効応力を増加させるためには、排水溝や砕石柱などで透水性を高めて地下水位を低下させる方法がある。

これら以外にも、液状化による被害を軽減する方法として、杭基礎の採用、あるいは木造住宅では「鉄筋コンクリートのべた基礎で上物と一体化させて剛性を高める」方法もある。また、噴砂を抑止するために、表層盛土をしたり不透水性シートを敷き詰めるといった対策も行われる。

▼表4　地形区分に基づく液状化の発生傾向

液状化の発生傾向の強弱		250mメッシュの微地形分類
強	1	埋立地、砂丘末端緩斜面、砂丘・砂州間低地、旧河道・旧池沼
	2	干拓地、自然堤防、三角州・海岸低地
	3	砂州・砂礫洲、後背湿地、扇状地（傾斜＜1/100） 谷底低地（傾斜＜1/100）、河原（傾斜＜1/100）
	4	砂丘（末端緩斜面以外）、扇状地（傾斜≧1/100） 谷底低地（傾斜≧1/100）、河原（傾斜≧1/100）
弱	5	山地、山麓地、丘陵、火山地、火山山麓地、 火山性丘陵、岩石台地、砂礫質台地、火山灰台地、礫・岩礁

出所：国交省ハザードマップポータルサイト

4-4

斜面崩壊、地すべり

斜面崩壊、地すべりは、土塊がある深さを境として斜面方向に滑り落ちる現象。滑動速度が速い場合を斜面崩壊、ゆっくり滑り落ちる場合を地すべりという。

■1　土塊の斜面移動

土塊が斜面に沿って移動する現象には、斜面崩壊と地すべりがある。いずれも、斜面の土塊がある深さを境としてその破壊面に沿って滑り落ちる現象であるが、滑動速度が速い場合を斜面崩壊（slope failures）と呼び、時間をかけて徐々に滑り落ちる場合を地すべり（landslips/landslides）と呼んで区別する。

斜面が一気に崩れ落ちる斜面崩壊に対して、地すべりは、場合によっては1日数ミリから数センチ程度のゆっくりとした速度で土塊が移動するもので、規模は斜面崩壊よりも大きく、円弧状にすべる破壊面も深いという特徴がある。斜面崩壊の場合は一般的に「斜面の角度が25度より緩い傾斜では発生しにくい」とされているが、地すべりの場合はそれより緩い斜面角度でも発生する。このほか、土塊ではなく土砂が斜面を流体のように流れて移動する**土石流**（debris flows）や**泥流**（mudflows）がある。

なお、土塊・土砂の斜面移動現象については、他の災害現象と比べて類語の種類が多く、明治以前からの山崩れ、山津波、山潮、地すべり、泥流、押出し、その他地域特有の表現や、戦後に使われ始めた土石流などの表現もあり、それぞれの間に厳密な意味での明確な区分はない。

■2　斜面崩壊のメカニズム

斜面の土塊は、重力（W）の分力として常に斜面に沿った斜め下方に力（$W\sin\theta$）が作用している。この下方へすべろうとする力に抵抗するのが、斜面の地盤内部の粘着力と摩擦力である（図14）。ただし、粘着力があるのは細粒の粘土の場合であり、粗い砂にはほとんどない。

すべろうとする面に対して直角に作用する力（垂直応力：$W\cos\theta$）が大きいと、摩擦力が大きくなってすべりに対する抵抗力が増す。雨水の浸透によって土の粒子間の間隙が水で飽和すると、土の重量が増加して垂直応力は増すが、同時に浮力のような力が発生してその分が垂直応力から差し引かれるので、すべりに抵抗する摩擦抵抗は減少する。地震力が作用する場合も、後述のとおり斜面に沿って滑り落ちようとする力が増加し、斜面崩壊の可能性が高まる。

雨水の浸透や地震力の作用により、地盤内のある面で、下方にずれる力が抵抗する力を上回ると、この面に沿って上方にある土塊がすべることになる。土塊を斜面に沿った斜め下方にすべらそうとする力（$W \sin \theta$）は、土塊の重量および斜面の傾斜角度の正弦（$\sin \theta$）に比例する。

■3 地震動による斜面崩壊

地震動による斜面崩壊は、「自然斜面や盛土法面など傾斜のある地盤が、地震力の作用をきっかけに、すべり面に沿って移動する」現象であり、揺れの大きな地域に集中して発生する。斜面崩壊は、揺れ始めて数十秒の間に発生するものが多く、避難の時間的な猶予が少ないため大きな被害につながりやすい。

地震が斜面崩壊を引き起こすのは、地震動による加速度によって見かけの斜度および土塊の自重が瞬時に増加する効果が生じ、平時には安定な斜面が一気に不安定となって滑動が生じるためである。

地震時における水平加速度、垂直加速度をそれぞれα_h、α_vとし、重力加速度をgとすると、土塊に作用する加速度Gは、力の合成から次のようになる（図15）。

$$G = \sqrt{(g + \alpha_v)^2 + \alpha_h{}^2},$$

$$\beta = \tan^{-1} \frac{\alpha_h}{g + \alpha_v}$$

この式に、震度6の下限に相当する加速度$\alpha_h = 250$〔Gal〕、$\alpha_v = 100$〔Gal〕を代入すると、$G = 1109$〔Gal〕、$\beta = 13°$となる。これは、見かけ上重力加速度が980〔Gal〕から1109〔Gal〕へと1.13倍増加し、斜面の傾斜角も13%増加した効果を与えることを意味する。

地震による斜面崩壊は、豪雨などによって発生する場合に比べると、地震力が土塊全体に作用するために崩壊の規模が大きいことが多い。崩壊土は地震力により初速が作用していることから、土砂の到達距離も長い。また、地震による斜面崩壊は、大雨が続くなどの先駆けとなる現象がなく突発的に生じるものであり、危険性の高い場所の特定も容易ではない。

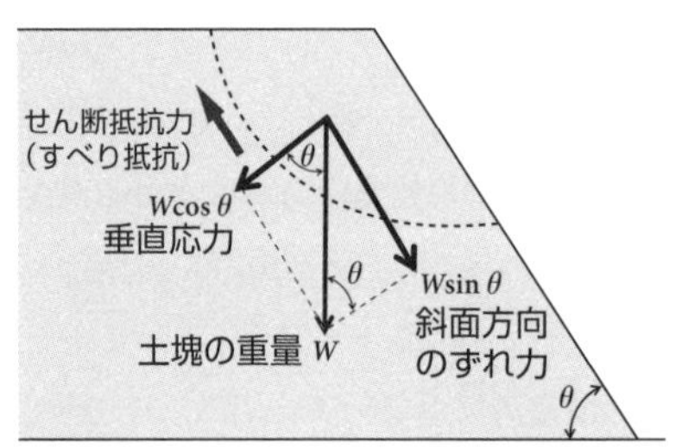

▲図14 斜面に作用する力

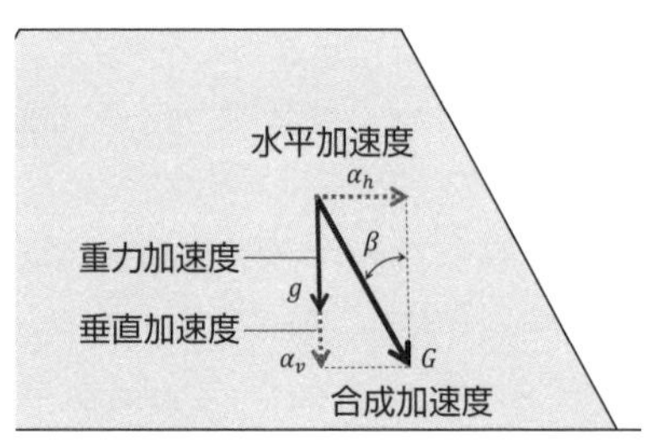

▲図15 地震動が斜面に及ぼす影響

しかし、地震時に起こる斜面崩壊は、引き金となるのは地震力であっても、それ以外の地形的・地質的要因、地下水位などの存在が絡み合って発生する。地震動の伝播も、それぞれの場所の地質や地形の特性の影響を受ける。また、造成地など人工的に地盤を改変した斜面では、使用した盛土材あるいは排水管の劣化や目詰まりなども、地震時の斜面崩壊の要因として関わっている。

地震による斜面崩壊への対策としては、地震力そのものの制御はできないとしても、地盤の変位、変形、排水状況などの予兆を観測することで、素因としての斜面の危険度を判定し、崩壊発生の要因を排除することは可能である。

地震による斜面崩壊の被害の例は数多い。2018（平成30）年北海道胆振東部地震は、M6.7、最大震度7、最大加速度1,505Galの強い地震であり、明治以降では最大規模の、地震による土砂災害が発生した。斜面崩壊は震源付近の真厚町を中心に約20km四方の広範囲で発生し、推定崩壊面積は13.4km^{2}に上った。地震による死者41人のうち、36人が土砂崩れによるものであった。例年より多雨であった上、直前に台風21号の大雨で地盤が多量の水を含んでいたこと、地質的にも付近一帯が火山灰や軽石などの火山砕屑物（さいせつぶつ）（テフラ）の地層であったことも、広範囲の斜面崩壊の発生に関係している（図16）。

1923年関東地震では、震害や火災被害の陰に隠れて、斜面崩壊はあまり着目されなかったが、神奈川県では大規模な斜面崩壊や土石流による地盤災害が発生している。大磯丘陵北部では、幅200mにわたっ

▲図16　北海道胆振東部地震による斜面崩壊
出所：札幌市役所ホームページ

▲図17　関東地震の斜面崩壊（1923年）
出所：土木学会デジタルアーカイブ

斜面崩壊により、熱海線根府川駅ほかを跡形もなく海まで押し流した。

て崩壊した丘陵斜面の土砂が沢を堰き止め、下流側に堰止湖（現・震生湖）を出現させた。

国鉄熱海線（当時）の駅の1つで段丘に位置する根府川駅では、発生した斜面崩壊により、土砂が駅舎、駅ホームおよび入線中の列車を巻き込んで相模湾に押し流す事態となった（図17）。根府川駅から熱海方面へ200mの場所を流れる白糸川では、約4kmの上流部で崖崩れが起こり、発生した土石流が白糸川の谷を駆け下りて集落を押し流した。河口部で白糸川に架かっていた熱海線の橋梁は、コンクリート造の6基の橋脚のうち5基が破壊され、橋脚3基とトラス桁は100mほど押し流されて海中に落下した。この斜面崩壊と土石流では、谷沿いの根府川の集落、根府川駅、列車乗客など400名以上の死者を出した。

このほかの地震による地盤被害としては、1984年長野県西部地震（M6.8）で発生した「田の原・御岳崩れ」と呼ばれる山体崩壊、2004年新潟県中越地震（M6.8）の山古志村の被害、2008年岩手・宮城内陸地震（M7.2）の荒戸沢ダム上流の大規模地すべりなどがある。

■4　斜面崩壊危険箇所

斜面崩壊は、地震や大雨の誘因によって、地形・地質・土質・植生などのある共通的な特徴を持つ場所で発生する。このような、斜面崩壊に関わる素因を持つ場所は**斜面崩壊危険箇所**と呼ばれる。

□斜面勾配の角度と形状

崩壊土砂の活動力の大きさを決定する最も基本的な要因は、**斜面勾配**である。地質によらず25度未満の斜面勾配では発生しないとされているが、30度を超える斜面では崩壊の危険性がある。過去の例では、40～50度の斜面の崩壊が40%近くを占めている。次いで30～40度が20%強、50～60度が20%弱となっている。

地震による場合は、この勾配角度の範囲が広くなる。勾配が60度以上の崖斜面では、表層土が下方に移動して厚く堆積しにくく、まとまった表層土の崩落は少なくなる。

斜面勾配の形状では、斜面の途中から勾配が急になる場所（遷急点）がある場合、その凸部からの崩壊が発生しやすくなる。

□雨水の集水、浸透

斜面地盤が含む地下水は、地盤のせん断抵抗力を低下させる最大の要因である。そのため、集水・滞水・浸透しやすい地形条件は崩壊の危険性を増す。斜面の途中に凹型（谷型）がある場合や、斜面が長く集水面積が広い斜面下部、斜面上方になだらかな斜面がある場所などは、雨水の浸透がしやすくなる。

自然斜面は、勾配、形状、地表水の流れや浸透などが、過去の崩壊でより安定となる方向へ変化し、おおむね安定状態にある。これに対して地表面や地層を改変する人為的な操作を加えると、不安定な状態となり、斜面崩壊の要因を作り出す場合がある。例えば、斜面の下部を切土（きりど）して擁壁などを設ける場合や、斜面の上方で樹木が伐採され地形が大規模に改変されて集水条件が変化する場合は、地盤内部の排水に留意する必要がある。盛土の斜面では、法尻や小段の排水が不十分な場合に、斜面崩壊の危険性が増す。

□土質・地質的条件

斜面崩壊で頻度が高いのは、風化した表層土がそれ以下の層との間を滑動するケースである。特に、表層の風化が進んだ斜面では、逗子市の斜面崩壊被害（2022年）のように、必ずしも湿潤状態にはなく乾燥した場合であっても、表層土が未風化な凝灰岩の基盤岩上をすべって崩壊した例もある。傾斜角度が非常に急である場合は、風化表土層はほとんどとどまっていないので、表層崩壊の危険性は大きくはない。

表層土の厚いところや層厚の変化が大きいところは、注意が必要である。間隙率の大きい表層土が雨水で飽和すると、崩壊の危険性が高くなる。

地層の構成では、透水性が大きく異なる地層が重なっている場合に、境界面が水みちとなり、この面で滑動する可能性がある。また、斜面傾斜の方向に地層が傾いている場所（**流れ盤**）も、滑動が発生しやすい。

斜面内部の滞水の状況を示すものに、斜面下部からの湧水や排水の状況がある。降雨のない天候が続いても、継続した滲出水

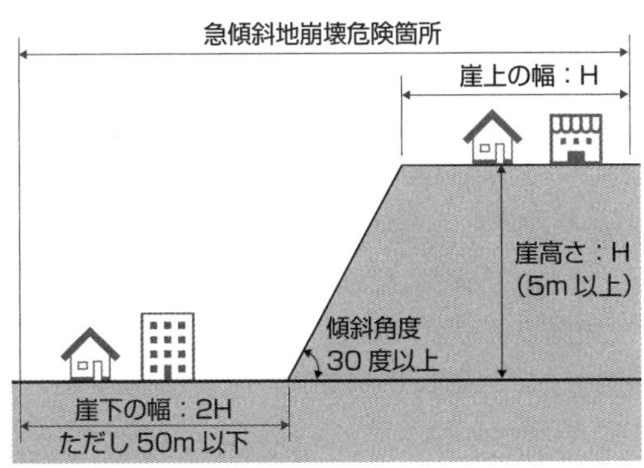

▲図18　急傾斜地崩壊危険箇所

崖上では高さと同じ幅H、崖下では高さの2倍の2H（≦50m）の範囲。

第4章 地盤災害

があり、植物の繁茂もある場所では、地盤内での滞水の可能性がある。また、降雨のあとにすぐ排水量が増え、水が濁っている場合は、特に注意が必要である。

斜面崩壊を起こしやすい土質には、マサ土と呼ばれる風化を受けた花崗岩の砂、砂礫土や、変質して粘土になりやすい火山岩、変成岩、およびシラスと呼ばれる軽石を含んだ火山灰土などがある。

斜面崩壊危険箇所を全国的な基準によって指定する**急傾斜地崩壊危険箇所**や、**土砂災害警戒区域**がある。急傾斜地崩壊危険箇所は、「傾斜角30°以上、高さ5m以上で、崩壊すれば住家5戸以上に危険が及ぶおそれがある」という基準で指定されている（図18）。2003年時点での全国の箇所数は11万3557である。

土砂災害（特別）警戒区域は、土砂災害発生の可能性の高い地域の危険性について住民に周知を図り、既存住宅の移転促進や新たな住宅等の新規立地の抑制、避難態勢の整備を進めるために指定された。1999年に広島県で発生した集中豪雨による斜面崩壊の被害では、住民が危険認識のないまま急傾斜地付近に居住して被災したことや、危険箇所で新たな宅地開発が進み、土砂災害のおそれのある箇所が増加していることから制定されたものである。指定区域では、斜面崩壊対策が未施工の場合の開発規制、斜面からの一定の範囲での建築物の規制といった措置が講じられる。

■5　斜面安定化の対策

斜面崩壊防止の一般的なハード対策としては、斜面の地形、地質、地下水の状態などを改善して安定化を図る**抑制工**、および構造物などを設けることにより、斜面の崩落・滑動を抑止する**抑止工**がある。抑制工では、地表水を排除する排水路や地下水を排除する暗渠排水路を設けたり、植生や法枠などで法面を保護する方法がある（図19）。抑止工では、擁壁や法留工（のりどめこう）、杭、アンカーなど、および落石防護工その他がある。

斜面崩壊などの災害では、崩壊する土砂は極めて大きな加害力を持つ。崩壊の抑止のための構造物が斜面崩壊に巻き込まれた場合、周囲の人家・施設への影響も甚大となる。このような状況を想定して、大型の擁壁や法長（のりなが）（斜面の長さ）の大きなブロック積みなどを避けた対策工法の選択が必要となる場合もある。

▲図19　法枠による急傾斜地法面保護の例

一方、斜面崩壊の土砂災害から付近の住民の命を守るための避難情報としては、斜面崩壊発生に先立って発生する地下水位の上昇や斜面の変形といった予兆を把握する方法がある。公共施設の立地する大規模な谷埋め盛土の造成地では、変位計などの検知センサーを設置して常時監視を継続している例もある。しかし、全国に多数存在する斜面崩壊危険箇所のすべてに同様な対応をとるのは、現実的な対策とは言い難い。

これに対し、土砂災害危険度を、降雨量をもとにした「斜面崩壊発生の予測情報」として発表する**土砂災害警戒情報**がある。過去の重大な土砂災害における降雨量と斜面崩壊発生の関係から、土壌中にとどまっている推定水量に基づいて土壌雨量指数として危険雨量を設定し、警報を出す仕組みである。各土壌の層を、排水機能もある貯水タンクに置き換えて、雨水の斜面土壌への浸透、排水、滞水の現象を、直列につないだ複数の水タンクのシステムでモデル化し、各タンク内にとどまる合計貯留水量から土壌雨量指数を推定するものである。この土砂災害警戒情報は、都道府県と気象庁が共同で発表する。

土砂災害警戒区域内では、予測値が土砂災害警戒情報の基準値以上となる2時間前までに発表される土砂災害警戒情報によって、避難を開始することが必要とされている（図20）。

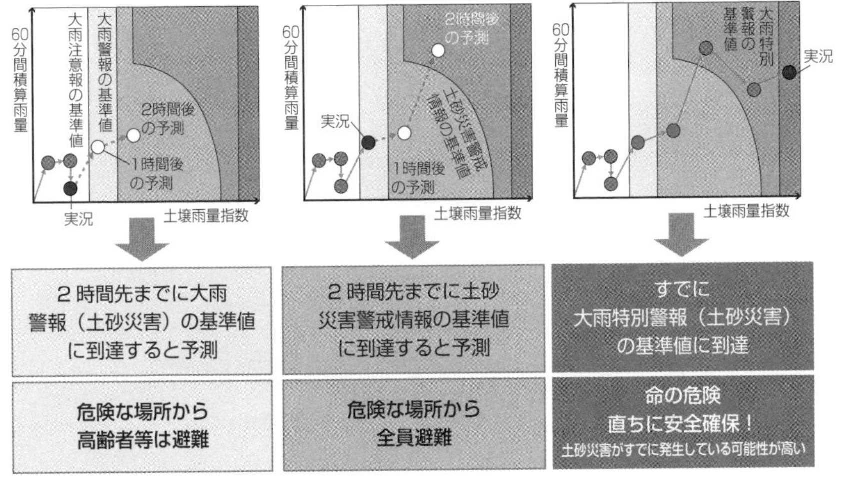

▲図20　気象庁の大雨警報（土砂災害）の危険度判定と避難行動（気象庁）

■6　地すべり

地すべりは、斜面の土塊が1日数ミリから数センチ程度と非常にゆっくり動く土塊の移動現象である。急激な土塊の移動ではないため、斜面崩壊のような土砂による被害はないものの、斜面の移動が継続するため、警戒のための長期間にわたる道路閉鎖や、その他施設・地域への立入禁止といった規制が行われ、日常生活への影響を与える。

地すべりは、地盤に浸透した雨水が透水性の低い粘土質の地層上に滞水し、地層の勾配が斜面の傾斜方向に傾いている場合、それより上にある土塊が徐々に勾配の方向に移動することで発生する。粘土質の地層は、主に第三紀層という砂や火山灰の堆積に由来する粘土化しやすい軟岩の層であり、地すべりの多くはこの地層の斜面で発生する。

地すべり発生の誘因としては、地盤の地下水位の上昇がある。このため地すべりは、地震を除けば、融雪期や梅雨期など大量の浸透水が供給される時期に発生することが多い。地すべりの発生前の前兆現象として、山腹や道路の亀裂、湧水の発生、地鳴り、木の傾斜などが観測されることもある。

地すべりは、通常の斜面崩壊が発生する斜面角度よりはるかに緩い10～20°の斜面でも発生する。すべり面の深さは10m以上にもなり、移動する土塊の量は、通常の斜面崩壊より桁違いに大きい。地すべりが発生した場所には、円弧状の急な崖（滑落崖）の下に緩やかな隆起部（移動体）ができ、特徴的な地形を示す（図21）。

地すべりに対する斜面の安定性を推測するには、円弧状のすべり面を仮定し、円中心回りのモーメントのつり合いを考える

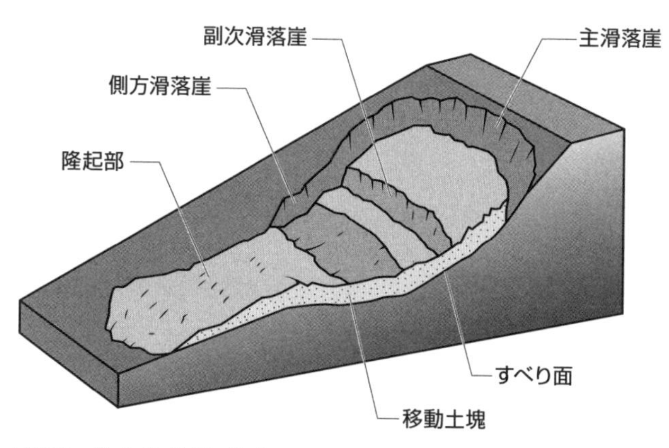

▲図21　地すべり地形の模式図

(図22)。

土塊の重量が、地すべりを起こそうとするモーメントM_sは、

$$M_s = \sum Wx$$

となる。

地すべりに抵抗する土のせん断強度による抵抗モーメントM_rは、

$$M_r = \sum sl$$

となる。

したがって、すべりに対する安全率F_sは、両方の比で、次のとおりとなる。

$$F_s = \frac{R\sum sl}{\sum Wx}$$

ここに、

R：すべり円の半径、
s：円弧の単位長さあたりの土のせん断強度、
l：円弧に沿って分割した土塊の弧の長さ、
W：単位幅あたりの分割土塊の重量、
x：円の中心と分割土塊の重心までの水平距離

すべりに対する安全率が1より大きくなれば、仮定したすべり面で円弧すべりは発生しないと判断する。安全率が1に満たない場合の対策としては、地盤への水の浸入防止、地盤中の排水のほか、斜面形状の改善や、地盤の抵抗力の増強といった方法がある。

承水路*や排水路等の設置による地表水の排除のほか、土壌内部からの排水のために、水抜きボーリング、集水井（しゅうすいせい）、排水トンネルなどの施工がある。斜面上方の上載土などの土塊除去による斜面形状の改善により、すべりモーメントを軽減する方法もある。また、地盤の抵抗モーメントを増加させるために、すべり面前面の押さえ盛土、擁壁などの施工や、すべり面を横断する杭、アンカーの施工が考えられる。

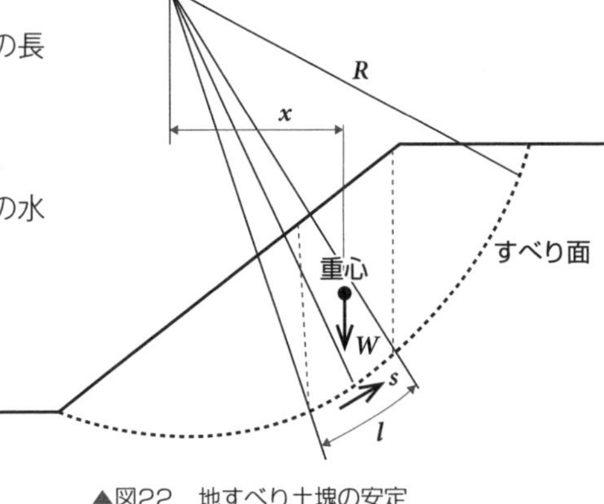

▲図22　地すべり土塊の安定

＊**承水路**　地すべりブロック周辺の雨水等排水路。

4-5

土石流

土石流とは、崩壊した土塊が岩や礫に分解しながら、相互に衝突を繰り返しつつ、泥水を巻き込んで、渓流を流体のように流れ下る現象である。

■1　土石流の構造と特徴

土石流とは、崩壊した斜面から供給された土塊が、分解しながら渓流・河川を水と混じり合って流れ下る現象である（図23）。土塊が分解して単体となった岩や礫は、相互に衝突をすることで反発・分散し、隙間に入り込んだ泥水が潤滑剤のように作用して、全体として流体のように流れ下る。崩壊した斜面からの土砂ではなく、渓流の河床の土砂が動き始めて土石流となる場合もある。土石流が流れる途中で、径の小さい礫は大きな径の岩の隙間から下方に落ち、大きい岩や礫は上方へ浮き上がる。表面の大きな岩や礫は、底の小さな礫の上を底よりも速い速度で流れ下り、より遠くまで到達する。土石流は深さのある先頭部に大きな岩や礫が集中して倒木などを巻き込み、後ろに中小の岩や泥流が続いて流れ下る。

土石流が流下するときのエネルギーは、傾斜が大きいほど、土石流の深さが深いほど大きくなる。渓流の谷底の堆積土砂を削り取って流れに取り込みながら、土石流の深さは次第に厚くなる。傾斜が2～3度まで緩くなると次第に流動性は低下して減速し、谷の出口で砂礫を扇状地のように堆

▲図23　土石流の模式図
出所：国交省

岩や礫が供給された源頭部から、大きな岩・礫を先頭に流下し、扇状地のように堆積する。

積させて停止する。土石流が流れ下った渓流の付近では、周囲の樹木に泥のしぶきや倒木の破片が付着し、めり込んだ小石も見られる。

土石流の流下速度は勾配などの条件で異なるが、2021年の熱海市伊豆山の土石流では、逢初（あいぞめ）川に沿って約1kmを30km/h程度の速度で流下した。前述した1923年の関東地震で発生した伊豆根府川の土石流では、標高400mの大洞から崩れた土砂が、河道閉塞地点から白糸川沿いに根府川の集落まで、3.3kmを5分程度で流下したとされており、流下速度は約40km/hであった。

土石流の発生の誘因には大雨が多く、時間雨量100mm、累積雨量300mmを超える豪雨の際に発生することが多い。土石流発生の前兆現象としては、川の水の濁り、山鳴り、川の水位の異常低下などがある。大雨が続いている状況での渓流の水の濁りは、上流域での斜面崩壊による土砂の沢への流入が始まっている兆候であり、山鳴りは巨大な岩塊やなぎ倒された樹木の衝突・移動が起こっている可能性を示している。川の水位の低下は、上流で発生した斜面崩壊で沢に流入した土砂が河道を閉塞し、天然ダムができている可能性を示している。降雨の継続で水位が上昇すれば、越流や決壊が起こり、土石流の発生につながる。また、すでに渓流上流部で土石の移動が始まっている場合には、土砂の移動に伴う摩擦熱により、土が焦げたような異臭が感じられることもある。

土石流の主要な対策としては、**砂防堰堤（えんてい）**の築堤がある。砂防堰堤は、渓流源頭部での土砂の生産を抑制し、上中流域では流下する土砂を受け止めて貯砂を促し、あるいは一部を透過させる。この作用で河道勾配を緩和して侵食の緩和を図り、下流域では流出した土砂を抑止して被害を軽減させる。砂防堰堤は、単独での作用だけではなく、対象とする渓流における土砂生産の制御、渓流での捕捉・抑止あるいは透過など、水系全体のバランスから、土砂の移動を最小限とするような砂防堰堤群としての配置が必要である。

■2　土石流の事例（富山の安政大災害の土石流）

飛越地震（1858〈安政5〉年、M7.3～7.6）に端を発する安政の大災害では、歴史上最大規模の土石流が発生し、富山平野に壊滅的な被害をもたらした（図24）。

飛越地震によって立山連峰の一角で山体崩壊が発生し、常願寺川上流部に数億m³もの土砂が供給された。土砂は常願寺川上流部で支流の真川、湯川を堰き止めて天然ダムを形成し、二度にわたる決壊で発生した大規模土石流は、富山平野を富山湾付近まで流下した。源頭部の立山カルデラから常願寺川に沿って土石流が流下した距離は50km以上に達する。今日でも、富山平野の常願寺川沿いには土石流が運んだ直径4～7mもの転石が点在する。

二度にわたる大規模土石流の発生は、その後の復興や治水事業を通じて近代砂防技術発展の出発点となった。源頭部である立山カルデラの出口付近の白岩堰堤（図25）、および常願寺川上流の本宮堰堤（図26）の両砂防堰堤は、近代砂防技術の発展過程を示しながら、現在も砂防ダムとしての役割を果たしている。

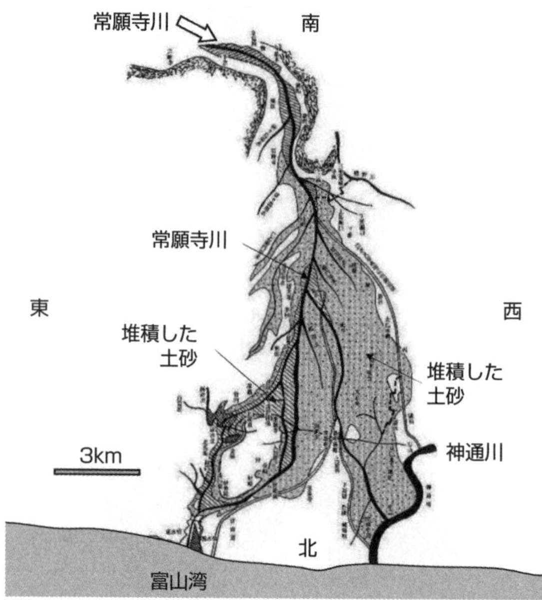

◀図24　安政大災害の土石流が流下した富山平野（安政五変地村々見取図に一部加筆）

出所：北陸地域づくり協会「暴れ川と生きる 常願寺川治水叢書 砂防編」

図の下が北（富山湾）、常願寺川は図の上から下方へ流れる。右下は神通川。常願寺川の左右のグレーの部分（斜線部分を含む）が土砂の堆積した場所を示す。常願寺川の左岸の被害が大きく、神通川まで堆積域が到達している。

◀図25　立山カルデラの出口にある白岩堰堤

階段状の滝のように見える本堰堤と緑に覆われた左岸側は護岸、盛土工の副堰堤の複合構造体の堰堤で、堰堤高さ63m、副堤まで含めた全体の落差は100mある。

◀図26　本宮堰堤

源頭部から20kmほど下流の常願寺川砂防堰堤。大量の土砂をためて、下流域の川床上昇を防いでいる。堰堤の寸法は長さ107m、高さ22m。

■3　土石流危険渓流

斜面崩壊によって土砂の供給がある山地内の渓流で、土石流発生のおそれのある渓流は、調査結果に基づいて**土石流危険渓流**として指定されている。2～3度以上の渓床勾配の谷地形で、地形や土砂の堆積状況、過去の土石流の実績をもとに、発生すれば人家やその他公共施設に被害が及ぶおそれのある渓流が指定される。2015年時点で、全国約18万4000の渓流が、渓流周辺の保全対象の重要性に応じて3つのレベルで指定されている。土石流危険渓流Ⅰは「対象とする渓流の周辺に、5戸以上の人家や、病院・駅などの公共施設のある」場合で、全体の約50%が該当する。土石流危険渓流Ⅱは「周辺に1～4戸の人家のある」渓流で約40%、土石流危険渓流Ⅲは「人家等はないが、今後周辺に住宅立地等の可能性のある」渓流で約10%がそれぞれ該当する。

土石流危険渓流の指定・公表をすることによって、危険箇所の周知、警戒避難体制の整備など、ソフト対策の促進を図る目的がある。

4-6

落石

斜面崩壊などが土塊として崩落するのに対し、**落石**は単体または限定的な数の岩石の落下である。規模は大きくないが、人の活動地域での発生は重大な被害につながる。

■1　落石予防対策

落石は、斜面崩壊、地すべり、土石流などと比べると規模は小さいものの、人の活動する地域で発生した場合は人や施設に重大な危害をもたらす。そのため、落石への防御は土砂災害対策の1つとして重要である。

斜面崩壊などが土塊として崩落するのに対して、落石は単体あるいは限定的な石や岩塊の落下である。斜面の表層堆積物、火山噴出物、固結度の低い砂礫層の中の岩塊、表面に浮き出した礫などが斜面を落下する。斜面に露出する岩石の節理面、片理、層理等の割れ目から岩塊が剝離して落下する場合もある。しかし、落石の発生箇所や時期を予測することは困難であり、豪雨を除けば、他の土砂災害のような「警戒基準をもとに注意報や警報を発令して落石に備える」方法は現実的ではない。

▲図27　急斜面の法面対策の例

法枠、アンカー、擁壁および防護柵による、落石などの防護。

通常、落石対策としては、発生が想定される落石の規模、危険度（発生頻度）、保全対象の種類、場所などから、対策を行う場所の地形・地盤などの条件を考慮して、被害を最小限とする対策が講じられる。主な落石対策は、落石の発生を防ぐ対策と、落石が発生した場合に保全対象を防護する対策に大別される。

このうち落石予防対策としては、落石の発生が予測される発生源の斜面に対し、「斜面の風化の進行を防ぐための植生や吹付けを施す」、あるいは「不安定な浮き石や転石を除去する」、「ワイヤーロープ、アンカー、防護網などで固定化する」といった方法がある（図27）。一方、落石防護対策としては、道路・家屋などの保全対象を防護するために、防護網や防護柵、擁壁、棚（ロックキーパー）、洞門（シェッド）を設置するなどの方法がある。

4-7 盛土造成地の斜面崩壊

高度経済成長期以後に傾斜地に造成された盛土の土地では、擁壁や排水施設の経年劣化に伴って、地震や大雨による斜面崩壊などの発生が目立つようになってきた。

■1　大規模盛土造成地

1995年の阪神・淡路大震災では、兵庫県西宮市仁川（にがわ）の水道事業施設の造成地で発生した大規模な斜面崩壊を含み、20か所を超える**盛土造成地**の斜面崩壊が発生した。その後も2004年の新潟県中越地震、2011年の東日本大震災、2016年の熊本地震や2018年の北海道胆振東部地震などの地震や、平成30（2018）年7月豪雨等の大雨によって、多くの盛土造成地の斜面崩壊が発生した。地震や大雨という自然現象が斜面崩壊発生の誘因であるが、人工地形である造成された盛土の状態が素因となって発生した災害である。崩壊土砂の持つ加害力は大きく、人家などの財産や人命の甚大な被害が発生した。

国交省では、「3,000m^{2}以上の谷埋め盛土造成地」あるいは「盛土前の地盤傾斜角が20度以上で、盛土高さ5m以上の腹付け盛土」を大規模盛土造成地としているが、その数は全国で5万950か所に上り、999市区町村に分布する（2022年3月現在）。最多は首都圏の神奈川県の6304か所、次いで福岡県4990か所、大阪府3723か所、愛知県3626か所と続き、最少は山梨県の11か所である（図28）。

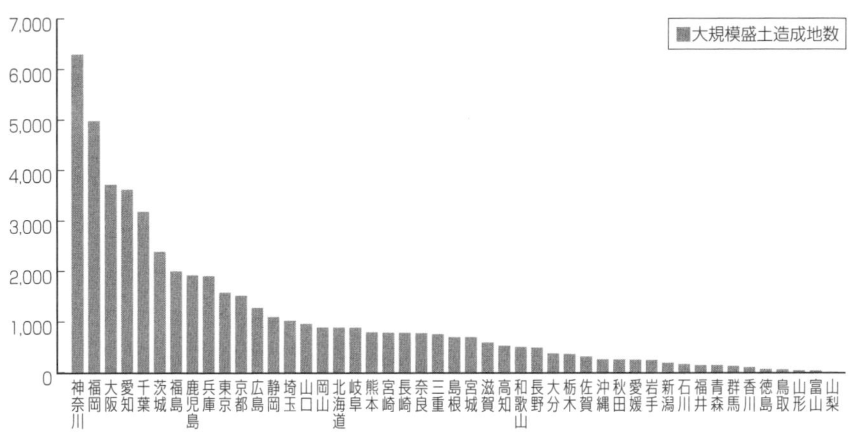

▲図28　全国の大規模盛土造成地の箇所数

出所：国交省、2022年3月

これらの大規模盛土造成地に対して、国や自治体では、それぞれの危険度などの調査を行い、その結果から危険性のある盛土造成地に対して、必要な予防対策をとることとしている。大規模盛土造成地として把握されていない小規模のものも全国に多数存在すると考えられ、これらの盛土造成地にも同様の対策が必要となる。

■2　盛土造成地の地盤劣化

盛土による土地の造成は古くから行われているが、都市周辺の丘陵地を中心に大規模な盛土造成が施工されるようになったのは、戦後の1950年代後半以降のことである。高度経済成長期の人口増加に伴い、宅地やその他施設の用地として、全国で造成が進められた。

切土・盛土による土構造物としては、河川堤防や道路の盛土の構築などが一般的な土木工事として行われてきたが、大規模な土地造成が可能となった背景には、戦後、産業基盤を拡大するために大規模な埋立てや土地造成の需要が生じ、それに伴って施工の機械化が進んだことがある。沿岸部では、それ以前には見られなかった大規模な産業立地のための埋立てが行われ、新たな地盤安定化などの技術が導入された。山間部でも、切土・盛土による道路や鉄道路線の新設がなされるようになった。

盛土地盤の崩壊対策に関する研究調査は戦前から行われており、最も顕著な例としては、大正年間（大正3〈1914〉、8〈1919〉、13〈1924〉年）に3回にわたり発生した信濃川大河津分水工事中の盛土法面の地盤すべりの事例がある。この対策としては、時間経過による圧密を期待して、自然放置で安定化を待ったとされている。1931年に大阪府柏原市峠の亀ノ瀬で発生した関西本線のトンネル箇所の地すべりでは、土質力学導入の最も初期の例として初めて円形すべりを用いる安定解析を行い、土質試験との比較を行っている。

戦後の1950年代以後、産業立地のための沿岸部の埋立て拡大に伴って、発生した地盤沈下や軟弱地盤への対策が、当時、土質工学の花形のテーマとして着目された。ウェルポイント工法やサンドドレーン工法、ペーパードレーン工法、およびサンドコンパクションといった、水位低下対策や土質改善のための各種地盤改良工法が、相次いで採用されるようになった。

平地だけでなく丘陵地の開発も進み始め、鉄道・道路など産業基盤分野での盛土地盤の地すべり対策として、盛土材料の選択や地盤基礎処理工法、締固めなどの施工管理が行われた。新潟県栃ケ原地すべり（1949年）や長野県篠ノ井線姨捨の地すべり（1950年）などの対策では、トンネル排水工法によって地盤土の有効応力を上げる方法が採用された。北陸本線能生・筒石間藤崎地すべり（1960年）に対しては、試験的とはいえ、ボーリング杭中で燃料を燃焼させて周辺地盤を固結させる焼結工法などの地盤安定化対策が採用された。名神高速道路（1963年）や東海道新幹線（1964年）などの重要交通路の盛土区間では、特に盛土地盤の安定化のために慎重な施工が行われた。

一方、当時、工事量が急増していた丘陵地の宅地造成工事では、盛土地盤の品質については「盛土地盤は時間経過に伴って締め固められ、安定化が進む」との考え方が一般的であり、「造成地盤が劣化して耐久性が低下する」という認識を持つ人は必ずしも多くなかった。

丘陵地に開発された盛土造成住宅地の大規模な地盤災害が着目されたのは、1978年の宮城県沖地震により発生した仙台市緑が丘のひな壇形式造成地の地すべり被害からであり、国の大規模盛土造成地対策への取り組みは、2004年の新潟県中越地震がきっかけであった。

盛土地盤は、特に地盤脆弱地域ではなくても、地下水の影響や埋設された排水管等の劣化による排水不全などから、地震や大雨により崩壊する可能性がある。盛土地盤の劣化が一般に理解されるようになったのは、造成後40年以上が経過して、盛土地盤の斜面崩壊発生が目立ち始めてからである。

■3　宅地耐震化推進事業

全国5万か所以上の大規模盛土造成地についても、そのすべてに斜面崩壊の危険性があるわけではない。しかし、これらの大規模盛土造成地に対して、地震・大雨に対する安定性を確認し、必要ならばしかるべき対策をとることは、防災上極めて重要性が高い。そのため、2006年に**宅地造成等規制法**が改正され、大規模盛土造成地の安定化を図り被害を防止するため、国と地方自治体によって宅地耐震化推進事業が開始された。

大規模盛土造成地に対する安定性の検討では、「盛土地盤は経年劣化が進む」との考え方から、「造成年代が古いほど崩壊の可能性がある」として、まずは造成年代を把握した上で、現地調査が実施される。現地調査では、盛土形状、地盤・法面の変状、地下水の湧水の状況などが調査される。次いで、ボーリングによる地盤調査などによって得た地盤データをもとに、地震時の盛土安定性の検討を行う。この結果、危険性があると判明した場合は、盛土に対する地下水の排除設備や、盛土の滑動抑止杭の施工、あるいは擁壁の補強などの対策工事を実施することになる。

この宅地耐震化推進事業の進捗状況を見ると、2022年3月の時点で、現地調査の終了が約45%、地震時の盛土安定性の検討終了は約4%にとどまっている。

調査から対策工事の実施までの一連の宅地耐震化推進事業を進めるにあたって、課題として指摘されているのが事業資金である。この事業で対象となる大規模盛土造成地は、ほとんどが個人所有の居住用の土地である。しかし、個人所有地であっても被害発生は地域全体に及ぶことから、公共財の面もあるとして、国が原則1/4を補助し、残りの3/4を自治体と土地所有者が負担する仕組みとなっている（図29）。この、自治体と土地所有者の大きな負担部分が、事業進展の課題となっている。

なお、同様な斜面崩壊の危険箇所の指定制度として、急傾斜地法（1969年）に準拠した**急傾斜地崩壊危険区域**がある。この制度で定められている急傾斜地崩壊防止工事の実施の条件は、対象斜面が自然斜面で、勾配が30度以上、かつ高さが10m以上とされ、崩壊の影響を受ける人家が10戸以上の場合が対象となる（図30）。

急傾斜地崩壊防止工事では、傾斜地が私有地内であっても対策工事は公共事業として全体が公費で賄われ、対策工事後には、躯体、フェンスなどの防災対策施設が、実施した自治体から土地所有者に無償貸与される仕組みとなっている。

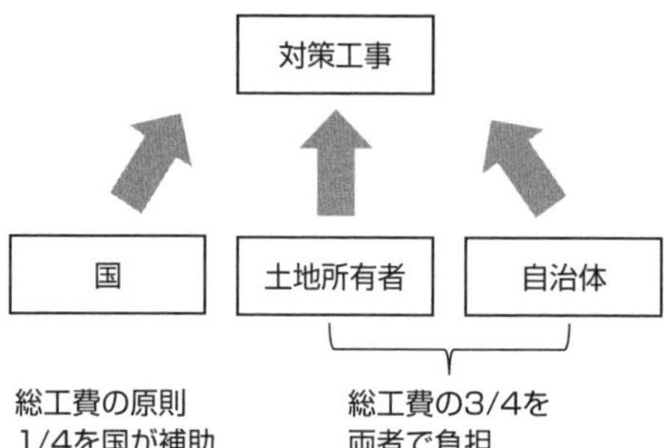

◀図29　宅地耐震化推進事業の費用負担

◀図30　急傾斜地危険箇所の崩壊防止工事

■4　盛土造成地の被害事例

□宮城県沖地震（1978年）

宮城県沖地震では、仙台市北部および南部丘陵地帯の新興の宅地造成地において、建物の破損・倒壊が数多く発生した。南部の仙台市緑が丘のひな壇型造成地は、第三紀層のローム層が覆う地すべり多発地帯として注目されていた地域で、1957～58（昭和32～33）年ごろに造成地の丘陵頂部から比高数十mの斜面に造成され、1400戸の住宅があった（図31）。地すべりが発生したのは造成前に谷部だったところを埋め立てた部分で、造成後の地盤は南東方向におよそ15度の傾斜であった。地震直後から徐々にすべり始め、地盤亀裂、石垣・擁壁の崩壊、はらみ出し変形、家屋の破壊が発生した。なお、1978年の地震後の震災復旧工事では抑止杭等の対策が行われたが、2011年東北地方太平洋沖地震では、一部で盛土の変形や家屋の変形が発生した。

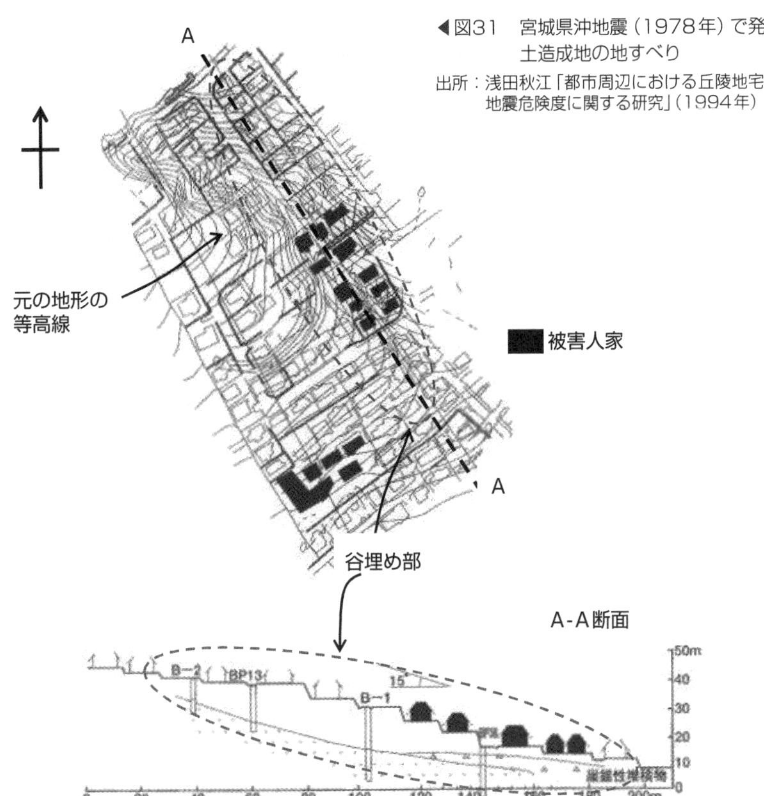

◀図31　宮城県沖地震（1978年）で発生した盛土造成地の地すべり

出所：浅田秋江「都市周辺における丘陵地宅地造成地の地震危険度に関する研究」（1994年）

□兵庫県南部地震（1995年）

兵庫県南部地震では、西宮市仁川の盛土造成地で斜面崩壊が発生した（図32）。浄水場建設のために丘陵の突端で1950年代半ばに谷を埋め立てた造成地に、さらに1960年代に谷部を追加埋立てした盛土であり、造成前の谷底をすべり面として斜面崩壊した。幅100m、長さ100m、深さ15mにわたり、土塊10万m^3以上が移動した大規模な斜面崩壊であった。湧水があった谷を埋めて造成した盛土部は、地形的にも盛土下底に滞水しやすい場所であった。この盛土崩壊によって家屋13戸が押しつぶされ、住民34人が死亡した。この地震では仁川以外でも、丘陵地の盛土造成地が斜面下部方向へ移動する滑動崩落が100か所以上で確認された。

□新潟県中越地震（2004年）

新潟県中越地震では、長岡市周辺の大規模盛土造成地で地盤被害が発生した（図33）。第三紀層の地盤である付近一帯は、土質的にも地すべりが発生しやすく、地震直後の大雨で地盤が飽和状態にあったことも加わって地盤被害が多発した。斜面崩壊は小規模のものも含めて3700か所以上で発生し、被害を受けた住宅は10万棟以上、道路の損壊は6000か所以上であった。長岡市高町で発生した大規模盛土造成地の斜面崩壊では、崩壊土砂が擁壁を滑動させて造成地上の家屋や道路に被害をもたらした。「沢部・谷部に位置していて崩壊した腹付け盛土部の擁壁には重力式やもたれ式の構造が多かったのに対し、被害が少なかった盛土部では面状補強材を用いた補強土擁壁が目立った」ことが、土木学会の調査報告書で指摘されている。

▲図32　兵庫県南部地震による西宮市仁川の盛土崩壊［（一財）消防防災科学センター提供］

▲図33　新潟県中越地震による盛土造成地の滑動崩落（長岡市高町）

出所：国土交通省「大規模盛土造成地の滑動崩落対策推進ガイドライン及び同解説」（2015年5月）

□東北地方太平洋沖地震（2011年）

東北地方太平洋沖地震では、東北から関東地方にかけての広い範囲で、盛土造成地の斜面崩壊や地すべりが発生した。宮城県沖地震（1978年）でも地盤被害の大きかった仙台市では、盛土で造成された宅地の地盤被害が約5800か所に上り、特に、谷を埋めた造成地で地すべりによる被害が目立った（図34）。造成された盛土が全体的に移動する地盤被害が発生した箇所や、ひな壇造成地の斜面が部分的にすべって崩落した箇所など、160か所の被害があった。盛土が全体的に変形した箇所では、元の地盤と盛土の境界に沿って地盤のすべりが発生し、ひな壇の盛土斜面の地盤崩壊の発生箇所では、盛土内部の脆弱な部分ですべりが生じて、ひな壇の1段あるいは数段にわたる地盤崩壊が発生した。

▲図34　東北地方太平洋沖地震による仙台市の大規模造成宅地の地すべり被害

■5　盛土造成地の地盤安定化対策

盛土造成地の斜面崩壊や地すべりの原因には、地下水の存在が直接的・間接的に関わる場合が多い。したがって、盛土地盤の安定化対策では、水の処理がポイントとなる。すなわち、雨水の地盤中への浸透を抑制し、浸透水は早急に排水することで、地盤の地下水位の上昇を抑えることが、安定化対策の基本となる。

勾配のあるひな壇型の造成地では、宅地・道路・公園など全域にわたって排水路を設け、地表面を流れる雨水を減らして浸透水を極力減少することが重要である。浸透水は、道路面のクラック（ひび割れ）や、被覆のない地面などからの浸入もあることに留意が必要である。同時に、浸透した水を排除する暗渠（あんきょ）、集水井など地下水排除工の対策を講じることも必要である。そしてこれらの、浸透水を減少させ、地盤中の水を排水する施設が継続的に機能するよう維持することも重要となる。地下水の排水側となる盛土法面の排水孔付近の降雨後の状況、目詰まりの有無、土砂の混入、法尻部の軟弱化の有無、法面のはらみ出しや沈下などの変形、親水植物の繁茂などの状況は、盛土斜面中の地下水の状況を把握する手がかりとなる（図35／図36）。

▲図35　擁壁下端からの土混じりの排水

▲図36　法尻付近の親水植物繁茂

盛土造成地の地盤安定化の対策は、**抑制工**と**抑止工**に大別される（表5／図37〜39）。抑制工には、「盛土地盤内の地下水の状況」および「斜面形状などの地形的条件」の改善によって、斜面崩壊や地すべりを抑制する方法がある。地盤内の地下水の状況の改善は、前述のとおり「地盤内への雨水の浸透を防止し、盛土内部の水を速やかに排除して、地盤内の地下水位を低下させる」ことである。地形的条件の改善のためには、押さえ盛土などによって、安定性が増加するように斜面形状を変更する方法がある。

抑止工は、「盛土地盤のせん断強度を増加させて、地盤の抵抗力の向上を図る」方法である。地盤の固結や、杭を打設する抑止杭工法、斜面への鉄筋挿入、グラウンドアンカーの施工などがある。

▼表5　斜面安定化対策工法の種類と例

分類	対策工法の種類	対策工の例
抑制工	地表水排除工法	水路工
	浸透防止工法	植生、防水シート、吹付け
	地下水排除工法	暗渠工、横ボーリング工、集水井工、排水トンネル
		明暗渠工、じゃかご工、ふとんかご工など
		間隙水圧消散工法（グラベルドレーン工）など
	押さえ盛土工法	斜面先端部に置き盛土
	排土（切土）工法	斜面頭部の土塊等の荷重除去
抑止工	固結工法	深層混合処理工、中層混合処理工、グラウト工
	抑止杭工法、シャフト工法、矢板工法	鋼管杭工、H鋼杭工、鉄筋コンクリート杭工、矢板工
	アンカー工法	グラウンドアンカー工、ケーブルボルト工

□抑制工

・地表水・地下水排除工法

地表水排除工法は、地表面を流れる雨水を極力減らし、地面からの降雨の浸透を避けて地下水位の上昇を抑える工法である。U型側溝や暗渠の排水水路を造成地内や境界地などに設け、地盤高の高い側から流入する表面水を集水して排水する。

盛土地盤の浸透水は、速やかに排除して地下水の上昇を避ける必要がある。**地下水排除工法**は、そのために暗渠や横ボーリング、集水井を設置して、下方の法面側から排水する工法である。横ボーリングは法面や擁壁の壁面から地盤内に水平方向に設置し、集水井は公園などの公共地に設置することが想定される。

・間隙水圧消散工法

地下水位が高いと、砂質地盤の間隙水は地震動によって水圧が高まり、砂を巻き込んで表面に噴砂を発生させる。この過剰水圧を抑制するために、地下水位を低下させておくことが必要となる。砂地盤中に砂礫や人工材料などの排水柱を設けて透水性を高め、地震時に発生する過剰間隙水をドレーン内に流入・排水させることで、間隙水圧の上昇を抑える。設置にあたっては造成地の地形・配置を考慮し、公園などの公共地に設置することが想定される。

・押さえ盛土・排土工法

押さえ盛土は、造成盛土の荷重により、基礎地盤との境界で発生するすべり破壊を防止する工法である。盛土をすべりの末端部（補強の場合は擁壁等の前面）に施工することによって、すべりに抵抗するモーメントを増加させる。押さえ盛土は、斜面

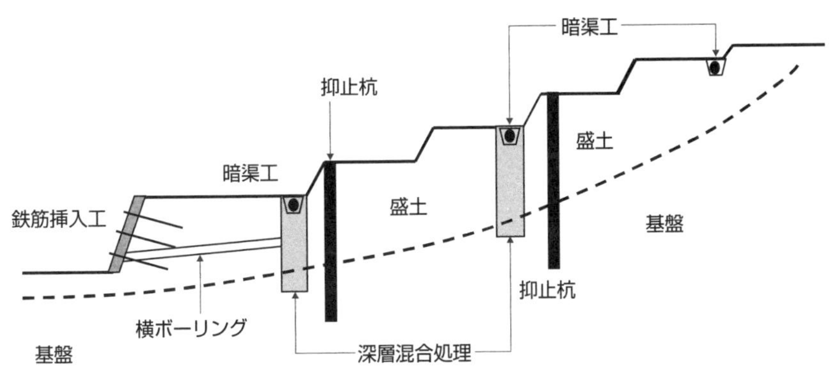

▲図37　盛土地盤の安定化工法（1）

暗渠工、深層混合処理、抑止杭鉄筋挿入工、横ボーリング

下方に設置することになるので、排水に留意する必要がある。**排土工法**は、すべりの頭部の盛土土塊を切土で排除することにより、すべりの滑動モーメントを低減させる工法である。

押さえ盛土および排土工の用地としては、公園・緑地や空き地等の公共地が想定されるが、想定されるすべり面によっては区画の変更が必要となることも考えられる。両工法とも、その上方および下方の傾斜地のすべり安定性に影響を与えることになるので、その点に留意する必要がある。

□抑止工

・固結工法

固結工法は、地盤に生石灰やセメント、水ガラスといった固化材を混ぜ、土の粒子を結合させて地盤のせん断強度を増加させる工法である。固化材を攪拌（かくはん）混合して深さ2m程度までを改良する浅層混合処理工法と、深さ30m程度までの施工が可能な深層混合処理工法がある。造成地での施工場所としては、道路や公園・緑地などの公共地が想定される。

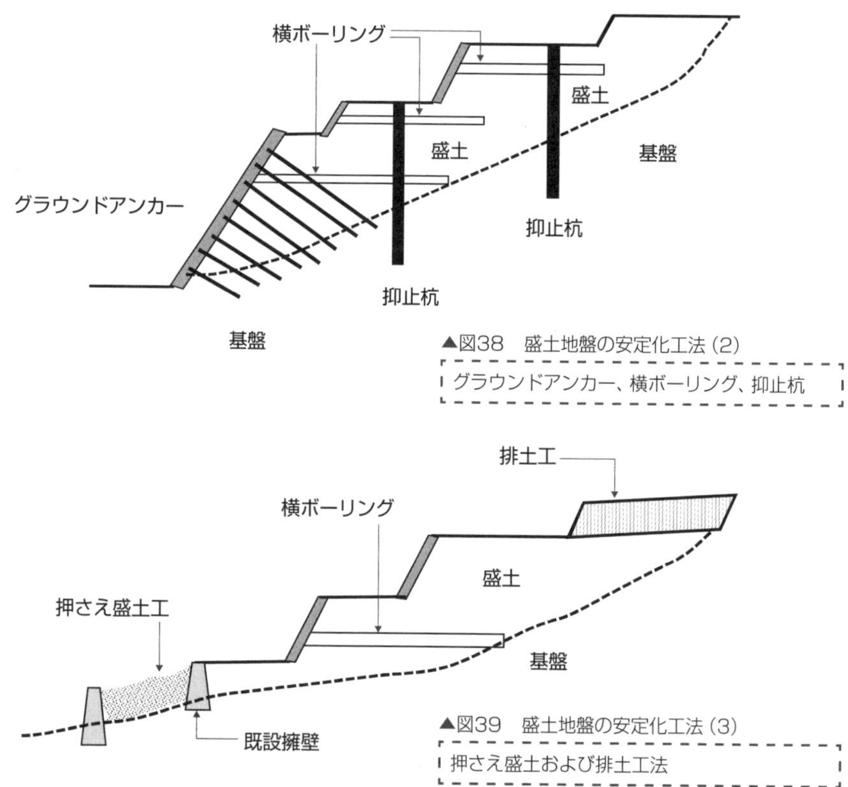

▲図38　盛土地盤の安定化工法（2）

グラウンドアンカー、横ボーリング、抑止杭

▲図39　盛土地盤の安定化工法（3）

押さえ盛土および排土工法

・抑止杭工法

抑止杭工法では、すべり面を切って、地表面から鉛直、あるいは傾斜をつけて、鋼管やH鋼、鉄筋コンクリート杭を基盤層まで打設する。杭のせん断抵抗によって、地盤にすべり抵抗力を付加する工法である。対策箇所としては、道路や公園・緑地などの公共地が想定される。

・アンカー工法

アンカー工法は、盛土法面の法枠や擁壁などと、斜面の土塊に固着されたアンカーを緊張させ、その引張力で土塊のすべり力に抵抗する方法である。アンカーには引張強度の高い鋼線や新素材が利用される。主に道路山側の斜面の擁壁や、盛土造成地の盛土法面、擁壁に施工することになる。

・矢板工法

矢板工法は、地表面から矢板を打設することで、盛土の移動を抑止する工法である。矢板工法は止水性が高く、地下水の流れを阻害しやすいので、矢板の配置や排水対策に特に留意することが必要となる。施工箇所としては、道路や公園、緑地などの公共地が想定される。

牛伏川階段工

階段工とは、急な流れに段差を設けることで緩やかにして、土砂の流出を抑える施設である。松本市の南東部を流れる牛伏川流域は、明治年間に山火事や樹木の乱伐によって荒廃し、大雨のたびに山肌はえぐられ、土石流が発生した。その対策として施工されたのが牛伏川階段工で、1918（大正7）年に完成した。水路長141mにわたり、落差は23mあるが、この間、側面および川床の3面が空石（からいし）（コンクリートなどで接着しない石積み）で固められ、19か所で階段状となっている。

▲階段状の水路で水流を緩和する牛伏川階段工

第5章

火山災害

本章では、火山噴火のメカニズム、火山噴火の種類、火山地形について解説し、日本における火山分布、火山災害および火山防災について述べる。火山活動については、火山噴出物の種類や特徴、およびそれらが引き起こす火山被害につながる火山泥流、山体崩壊、溶岩流、火山ガス、津波などについて解説する。火山防災では、火山噴火予知・予測、噴火警戒レベルおよび火山ハザードマップについて説明する。

5-1

火山噴火のメカニズム

火山噴火は、マントル対流の上昇圧力で形成された地表面の裂け目から、マグマが噴出する現象であり、海底では海底山脈である海嶺が形成される。

■1　火山の形成

火山噴火とは、地下深部で発生したマグマが地表面に噴出する現象である。火山の形成はプレートテクトニクス理論により、地球表面のプレートの運動との関係で説明される。プレートの湧き出す大洋の海底では、マントル対流の上昇圧力を受けてできた裂け目から噴出したマグマが、海底山脈である海嶺を形成する。海底面では大きな水圧の作用によって噴出は爆発的とはならず、海嶺の中の中軸谷（山頂部の深い谷）付近に上昇してくるマグマは、海洋プレートとして水平方向に移動する。大陸のプレートに衝突すると、海洋プレートは大陸プレートより密度が高いために、大陸プレートの下側に沈み込んで海溝を形成する。

この海溝付近は**沈み込み帯**と呼ばれ、弧状に並んだ火山が形成される。環太平洋地域における沈み込み帯としては、アリュー

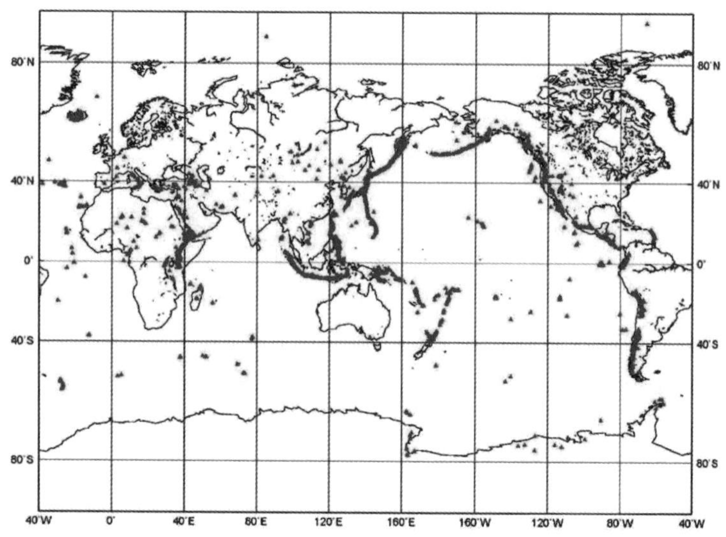

▲図1　世界の火山の分布
出所：気象庁

シャン列島、カムチャッカ・千島列島、日本列島、南米チリ付近などがある。これらの地域では、海溝に平行して火山弧がある（図1）。

マグマが上昇する火山は、海嶺、および海洋プレートが沈み込む海溝付近にあるほか、プレートの中にも**ホットスポット**と呼ばれる火山活動のある場所がある。ここでも、マントル対流の上昇圧力が作用して、プレート内部でマグマが点状に噴き上がる（図2）。ハワイ諸島やポリネシア諸島の火山はホットスポットの代表例であり、世界中に約40か所のホットスポットが確認されている。

沈み込み帯のプレート境界では、深さ100km付近で、マントルがプレートの沈み込みの摩擦熱および海洋プレートの沈み込みに伴って巻き込んだ水の作用を受けて、高温で液状化したマグマが形成される。液体のマグマは周辺の岩石に比べて比重が小さいため、浮力が作用して深さ5～20kmの場所まで上昇し、いったんとどまってマグマ溜まりを形成する。

上昇すると周囲の圧力が低下するため、ガスや水蒸気などを含むマグマは徐々に膨張して噴出力が高まる。火山噴火は、上昇を停止したマグマ溜まりから、マグマが地盤の抵抗の少ない経路（火道）を経て、ガス、水蒸気とともに地表面に一気に噴出する現象である。

マグマの粘性は噴火の形態に影響を与え、沈み込みプレートの境界付近ほど粘性が高くて爆発的となる。噴火によって火口が開くとマグマの圧力が減少し、発泡して体積の増加に伴って噴出物を爆発的に排出する。

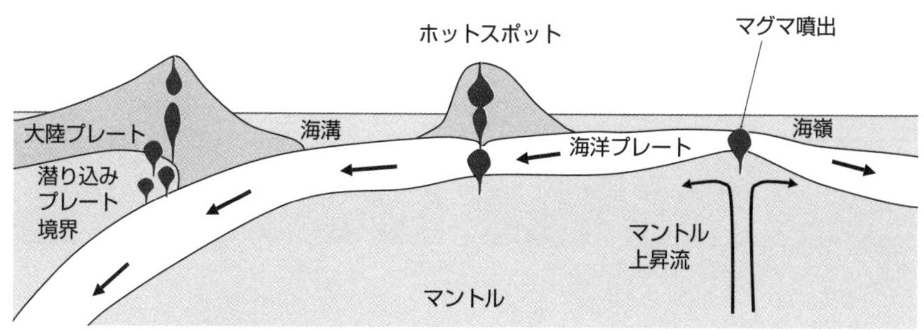

▲図2　プレート運動と火山

マグマが上昇する火山活動のある場所としては、海嶺、および海洋プレートが沈み込む海溝付近のほかに、「ホットスポット」と呼ばれるプレート中の場所がある。

■2　火山噴火の種類と火山地形

火山噴火の種類は大きく分けて、溶岩が地表に溢れ出す**マグマ性噴火**と、爆発的噴火がある。このうち**爆発的噴火**には、上昇したマグマが地下水と接触してマグマ物質や火山灰を噴出する**マグマ水蒸気噴火**（図3）と、マグマ物質を放出しない**水蒸気噴火**がある。マグマ性噴火では「火口から溶岩流が溢れ出して地表面を流下、あるいは火口から溶岩を吹き上げる」（ハワイ式、ストロンボリ式）のに対して、爆発的噴火（図4）では「短時間に大量の熱エネルギーとマグマが粉砕された火砕物として空中や地表面に放出される」（プリニー式、ブルカノ式）。

このため、爆発的噴火では噴石・火砕流・山体崩壊・爆風などの災害が発生する（表1）。

火山噴火の形態に影響を与えるのは、マントル上部が溶融してできたマグマの化学組成や粘性、そしてマグマに含まれる水蒸気を主体とするガスの含有量である。マグマの化学組成は基本的には鉄（Fe）、マグネシウム（Mg）などを含む苦鉄質（玄武岩質）で、二酸化ケイ素（SiO_2）の含有量が比較的少なく粘性が小さい。プレートの湧き出し口やホットスポットでは、この苦鉄質マグマが形成される。

▲図3　マグマ水蒸気噴火（十勝岳、1988年12月）

出所：気象庁「日本活火山総覧（第4版）Web掲載版」口絵

小規模噴火から火柱を伴うマグマ水蒸気噴火に移行し、火砕流が発生。

▲図4　マグマ噴火（霧島山〈新燃岳〉、2011年1月）

出所：気象庁「日本活火山総覧（第4版）Web掲載版」口絵

小規模噴火からマグマ噴火に移行し、ブルカノ式の爆発的噴火が発生。

これに対し、海洋プレートが大陸プレートに衝突して沈み込む境界付近（図5）では、大量の水や大陸地殻物質のケイ素（Si）、長石を含みSiO_2の含有量が多く、粘性の高い珪長質（けいちょうしつ）マグマが形成される。太平洋／フィリピン海プレートが、北米／ユーラシアプレートに沈み込む付近に位置する日本列島は、この珪長質マグマの火山が多く分布する。

▼表1　主な噴火形式

噴火形式	噴火形態	溶岩の性質、火砕物の種類	例
ハワイ式	マグマの飛沫、溶岩流が連続的に流下する非爆発的噴火	粘性の低い玄武岩質溶岩	キラウエア火山（ハワイ）、マウラノア火山（ハワイ）、アイスランド
ストロンボリ式	マグマの間欠的放出、火砕丘形成	粘性のやや低い玄武岩質、安山岩質溶岩、火山弾放出	ストロンボリ火山（イタリア）、アナク・クラカタウ（インドネシア）、伊豆大島火山（1986年）
ブルカノ式	火口中心からの爆発的噴火、空振を伴う、溶岩流も流下	粘性の強い安山岩質マグマ、火山岩塊、多量な火山礫、火山灰噴出	浅間山（1960sほか）、桜島南岳（1955年～）
プリニー式	大量の火砕物を噴出	軽石、火山灰を伴う	ベスビオス火山（イタリア）、浅間山（1783年）

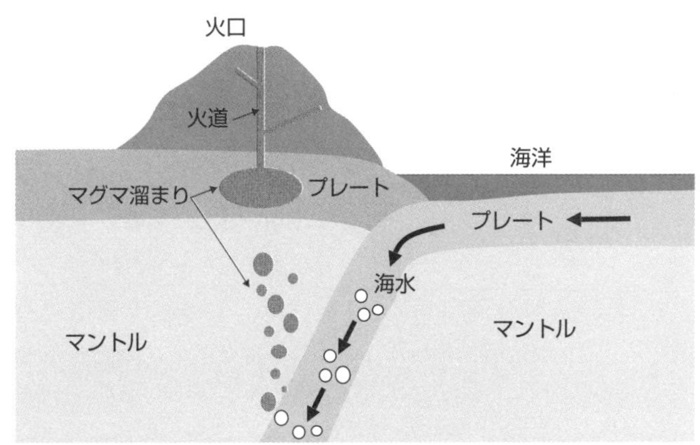

▲図5　火山の構造（沈み込み帯）

海洋プレートが大陸プレートに衝突して沈み込む境界付近に分布する火山では、大量の水を巻き込んだ粘性の高いマグマが上昇して、マグマ溜まりを形成する。

マグマは地表面に近づくと、圧力と温度の低下によって結晶が析出される。マグマに含まれるH_2Oを主体とする液相はガス（水蒸気）となって発泡する。粘性の高い**珪長質マグマ**は、H_2Oの含有量が高く、内部に高圧力のガスを蓄積する。上昇して地表へ近づくに従って増加したガスの圧力が、火口付近の地盤の強度を上回れば、急激に体積を膨張させて爆発的な噴火を起こす。この噴火によって、マグマ片などの火砕物とガスの混合物が火口から噴出し、山体崩壊や火砕流、泥流などが発生する。

粘性の低い**苦鉄質マグマ**は、H_2Oの含有量も少なく、溶岩が溢れ出すマグマ性噴火となり、珪長質マグマの爆発的な噴火ほどの大きな破壊力はない。ただ、噴出するマグマが海水と接触すると水蒸気爆発を起こす。**安山岩質マグマ**では、マグマ性噴火と爆発的噴火の両方が発生する場合がある。マグマの粘性が最も高い石英安山岩質マグマの場合は、半固化したマグマからは気相の分離が少なく、流動性の低いマグマが火口から押し出される。

噴火が発生したあとの、噴出した火砕物や溶岩の流れ方などは、噴火の種類によって異なる。粘性の高いマグマの場合は、溶岩が火口から溢れ出て斜面を流下するが、粘性の低い玄武岩質のマグマの場合、溶岩は火口から遠くまで広がり、ハワイ島の火山のように、なだらかに傾斜する斜面を持ち、底面積の広い盾状火山を形成する。爆発的噴火の場合は、空中に吹き上げられた火砕物が、火口近くでより多く降下して厚く堆積し、火口から離れるに従って堆積厚が薄くなることで、円錐状の火山が形成される。

火砕物噴出と溶岩流出が発生する安山岩質マグマの場合は、火砕物噴出と溶岩流出が繰り返されることで、溶岩と火山灰など火砕物が層状となって、火口を中心とする円錐形の火山を形成する。富士山や岩手山がその典型的な例である。日本の火山は約70%が安山岩質である。

粘性の非常に高い石英安山岩質のマグマの場合、溶岩はほぼ固まった状態で押し上がり、流下せずに火口近くで盛り上がった**溶岩円頂丘（溶岩ドーム）**を形成する。箱根山の駒ヶ岳溶岩ドームや、二子山溶岩ドームが、この溶岩円頂丘の例である。

珪長質マグマで形成された火山は、粘性が高いことから一般には斜面が急で流下の力が大きく、火山災害における火山泥流や火砕流などの流動現象の発生やその規模に影響している。

5-2

火山現象と火山災害

火山は、過去1万年間の噴火活動の履歴をもとに活火山の定義がなされている。地球上には約800か所の活火山があり、そのうち111の火山が日本に分布する。

■1　日本の火山分布と火山災害

日本における火山は、**東日本火山帯**（北海道～東北日本、伊豆・小笠原列島）および**西日本火山帯**（西日本の日本海側～九州中央部、南西諸島）の2つの火山帯に分布する。東日本火山帯は太平洋プレートの沈み込み帯に、西日本火山帯はフィリピン海プレートの沈み込み帯に位置する。

火山は、国際的には過去1万年間の噴火履歴で活火山を定義することになっており、地球上に約800か所の活火山がある。日本では、過去1万年以内に噴火した火山、および現在活発な噴気活動のある111個の火山を活火山としている。気象庁火山噴火予知連絡会では、このうち50か所の火山を、火山災害対策の観点から**監視火山**

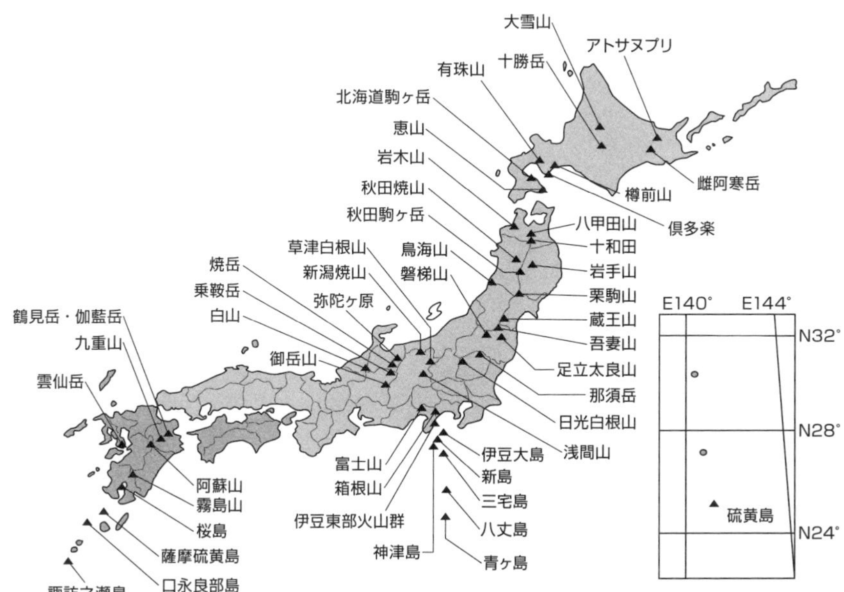

▲図6　日本の監視火山の分布（気象庁）

火山防災上、監視・観測体制の充実が必要だとして火山噴火予知連絡会が指定した50の火山。

第5章　火山災害

（特に監視・観測体制の充実等が必要な活火山）として指定している（図6）。気象庁では、噴火警報等のために噴火の兆候を捕捉する目的で、地震計や監視カメラなどの観測施設を整備し、各研究機関と連携しつつ常時監視を行っている。

気象庁によれば、「18世紀以降、国内で10人以上の死者・行方不明者が出た火山災害を起こした火山活動」として約20件が挙げられており、その約半数が20世紀以降の発生である（表2）。

1902（明治35）年には、伊豆鳥島の火山噴火で、アホウドリの羽毛採集の従事者ら全島民125人が死亡し、それ以来今日まで無人となっている。1926（大正15）年には、北海道十勝岳の噴火で発生した火山泥流によって、144人の死亡者があった。近年の火山活動を見ると、1991（平成3）年の雲仙岳噴火では、198年ぶりの噴火で発生した火砕流により43人が死亡し、建物の被害2511件、被害額は2300億円に上った。また、2014（平成26）年の御嶽山の噴火では、登山者63名が噴石などで死亡する火山災害があった（図7）。

◀図7　雲仙岳噴火（1991年6月）
出所：雲仙岳災害記念館

溶岩の噴出開始後２週間で、最初の大火砕流が発生した。

▼表2 災害が発生した主な日本の火山活動

噴火年月日	火山名	犠牲者(人)	備考
1721(享保6)年6月22日	浅間山	15	噴石による
1741(寛保元)年8月29日	渡島大島	1,467	岩屑なだれ・津波による
1764(明和元)年7月	恵山	多数	噴気による
1779(安永8)年11月8日	桜島	150余	噴石・溶岩流などによる/「安永大噴火」
1781(天明元)年4月11日	桜島	8、不明7	高免沖の島で噴火、津波による
1783(天明3)年8月5日	浅間山	1,151	火砕流、土石なだれ、吾妻川・利根川の洪水による
1785(天明5)年4月18日	青ヶ島	130~140	当時327人の居住者のうち130~140名が死亡と推定され、残りは八丈島に避難
1792(寛政4)年5月21日	雲仙岳	約15,000	地震および岩屑なだれによる/「島原大変肥後迷惑」
1822(文政5)年3月23日	有珠山	103	火砕流による
1841(天保12)年5月23日	口永良部島	多数	噴火による、村落焼亡
1856(安政3)年9月25日	北海道駒ヶ岳	19~27	噴石、火砕流による
1888(明治21)年7月15日	磐梯山	461(477とも)	岩屑なだれにより村落埋没
1900(明治33)年7月17日	安達太良山	72	火口の硫黄採掘所全壊
1902(明治35)年8月上旬(7~9日)	伊豆鳥島	125	全島民死亡
1914(大正3)年1月12日	桜島	58~59	噴火・地震による/「大正大噴火」
1926(大正15)年5月24日	十勝岳	144(不明を含む)	融雪型火山泥流による/「大正泥流」
1940(昭和15)年7月12日	三宅島	11	火山弾・溶岩流などによる
1952(昭和27)年9月24日	ベヨネース列岩	31	海底噴火(明神礁)、観測船第5海洋丸遭難により全員殉職
1958(昭和33)年6月24日	阿蘇山	12	噴石による
1991(平成3)年6月3日	雲仙岳	43(不明を含む)	火砕流による/「平成3(1991)年雲仙岳噴火」
2014(平成26)年9月27日	御嶽山	63(不明を含む)	噴石などによる

注:18世紀以降、我が国で10人以上の死者・行方不明者が出た火山活動。

出所:気象庁ホームページ「過去に発生した火山災害」(原出典「日本活火山総覧(第4版)」気象庁編、2013年)

第5章 火山災害

■2　火山災害を起こす火山活動

災害を起こす**火山現象**には、「噴火現象」ならびに「噴火現象に伴う現象」があり、それぞれ種々の災害の誘因となる（表3）。噴火現象に伴う火山災害の誘因には、溶岩の噴出、および、火砕流、火山灰、火山礫、火山岩塊などの火山砕屑物の噴出、火山ガスの噴出などがある。

噴火現象に伴って発生する火山災害の誘因には、火山泥流、地殻変動、山体崩壊、津波、火山性地震、空振、爆風、火山雷、地熱の影響などがある。これらの誘因による被害は、噴火の種類によって様々であるので、火山災害の種類や危険性の程度は個別の火山ごとに異なる。

■3　火砕物（火山砕屑物）と被害

火山噴火に伴って火口から排出される噴出物のうち、火山斜面を流下する溶岩流以外の、空中に放出されたものを**火砕物**（**火山砕屑物**）と呼ぶ。火砕物には、粒径により区分する火山灰、火山礫、火山岩塊などや（表4）、火山弾がある。**火山弾**は、火口から放出された溶岩が空中で固化して紡錘形（ぼうすいけい）などの独特の外形や表面模様となった岩塊である。

▼表3　火山災害の主な誘因

火山活動	火山災害の誘因
噴火現象	溶岩の噴出
	火山砕屑物の噴出（火砕流、火山灰、火山礫、火山岩塊など）
	火山ガスの噴出
噴火現象に伴う現象	火山泥流
	山体崩壊
	津波
	火山性地震
	空振、爆風、火山雷
	地殻変動、地熱の影響、その他

▼表4　火砕物の区分

粒径		火砕物の名称		備考
64mm～		火山岩塊		爆発で破砕された岩石片
2～64mm		火山礫	スコリア	玄武岩質の暗色系粒子
			軽石	安山岩～流紋岩質の淡色系粒子
～2mm	1/16mm以上	火山灰	火山砂	
	1/16mm未満		火山シルト	

風に運ばれて降下した火砕物を特に降下火砕物という。これらの火砕物および、噴火によって堆積した排出物の総称を**テフラ**（tephra）と呼ぶ。

火山灰は、粒径が2mm以下の火砕物で、マグマが噴火時に破砕されて急冷したガラス片や鉱物結晶片から構成され、一般に硬くて角のある形状をしている。

火山礫は粒径が2～62mm程度の火砕物で、淡色のものを軽石、玄武岩質で暗色のものをスコリアという。軽石は安山岩～流紋岩質マグマ、**スコリア**は玄武岩質マグマで、いずれもマグマの揮発成分の発泡により多孔質である。火山岩塊は、固体の岩石が爆発で粉砕されて火山から噴出された、64mm以上の岩石片である。

火口から噴出した固体物質と火山ガスの混合物は、ガスの急膨張によるジェット流と高温による浮力によって、大気中を上昇する。噴煙柱の高さは通常10km以上となるが、大規模な噴火では成層圏にも達し、さらに50km（成層圏界面）を越えて中間圏まで及ぶ場合もある。噴煙柱と周辺の大気密度が釣り合うと、上昇から水平方向へ広がる傘型となる（図8）。

浮遊する火山灰は日射を遮り、気温を下げて冷害を引き起こすこともある。微細な火山灰や軽石は、上昇流で拡散し、風の影響も受けて広範囲に降下する。

直近の富士山の噴火である宝永噴火（1707年）では、爆発的な噴火で、静岡県北東部から神奈川県北西部、東京都、さらに100km以上離れた房総半島にまで火山灰が降下した。

火山灰は微細な粒子ではあるが、噴火により噴出し、降灰・堆積する量は数万トンから数十万トン以上の膨大な量である。降灰・堆積した火山灰は、農作物、交通障害、水質汚濁や人体への影響など様々な被害を生じさせる。

火山灰の降灰による視界不良で交通機関の運行が妨げられ、堆積した火山灰は自動車をスリップさせ、路面標識を遮って交通障害を起こし、各種施設に影響を与える。エンジンに防塵（ぼうじん）フィルターのない一般の航空機では、火山灰を吸入すると内部の熱で火山灰の粒子が融解・付着して障害が発生するため、運行は不能となる。ガラス質の火山灰の粒子がコンピューターなどの電子機器やカメラなどの精密機器に入ると、障害が発生する可能性もある。

人体に対しては、浮遊する火山灰粒子が肺に吸引されると呼吸器が影響を受け、慢性気管支炎、肺気腫、喘息を悪化させるおそれがある。眼に入ると、結晶質の火山灰粒子は眼球を傷つけ、角膜剥離の原因となる可能性がある。

堆積した火山灰は水を含むと荷重が大きくなるため、電線に付着した火山灰による電線の切断、家屋への被害の可能性がある。電線類は、火山灰が雨水に濡れて導電性を持つと、漏電を起こして停電の原因となる。路面に堆積した大量の火山灰が雨水とともに流入すると、下水管などを閉塞させ、ポンプその他の施設に被害をもたらす。

また、火山灰の堆積は農業に対しても、農作物の生育への影響や、農業用ビニールハウスなどの施設への影響を与える。

火口からの距離が3～4km以内の山地内では、粒径が火山灰（2mm未満）より大きい堆積物が多くなる。一般に噴石と呼ぶ粒径数cmの火山礫（2～64mm）や、火山岩塊（64mm～）、火山弾などが多く降下し、衝突による被害が増える。2014年の御嶽山噴火における登山者の犠牲者の多くは、降り注ぐ噴石が身体に当たったために亡くなっている。

■4　火砕流と被害

火砕流とは、高温の火山ガスと固体の火砕物が一体となった混相流が、山腹を高速度で流下する土砂移動現象である。気体と固体の混合体であるため、地面との摩擦が少なく、移動速度は時速100km以上となり、火口から離れた場所まで短時間で到達する。高速で流下する火砕流は、周囲に火砕サージ（高温の熱風）を伴う。火山ガスの成分が多い場合は、比重が小さいために水面上でも滑走して移動する。火砕流の温度は500℃以上で、1000℃を超える場合もあり、建築物その他のほとんどの人工物や施設を燃焼・融解するため、火山噴火現象の中で最も危険性が高い。過去の火山災害を見ても、死者の多い災害では火砕流が発生している。

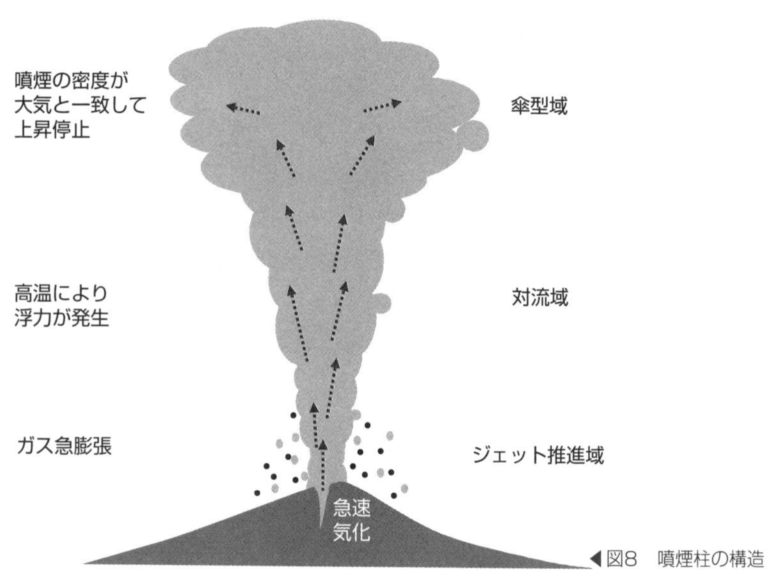

◀図8　噴煙柱の構造

火砕流は、構成物質の固体によって、火山灰の比率が多いものを「火山灰流」、軽石の多いものを「軽石流」、玄武岩質のスコリアが多いものを「スコリア流」と呼んで区分することがある。

火砕流の発生のメカニズムは、大きく分けて2種類ある。火口から噴出した溶岩により火口に形成された溶岩ドームは、ある高さになると崩壊して急斜面を転落していく。この間に溶岩塊は、細かく砕かれながら内部から高温ガスを噴出し、粉砕された溶岩片や火山灰と混合体を構成して、沢に沿って流下する。

一方、噴火によっていったん上空に噴き上げられた噴煙柱の火山灰や火山礫が降下して火砕流を発生させることもある。噴火直後の噴煙は、ガスの急膨張や高温のため急上昇するが、温度の低下に伴って大気中で浮力を失うと、噴煙柱が崩壊して落下に転じる。高い高度から火山灰や火山礫が降り注ぐと、高速・高温で厚みのある流れが、火山周辺の広範囲の斜面で発生する。このタイプの火砕流は一般に規模が大きく、流下距離が100km以上となることもある。火砕流が移動した跡には大量の堆積物が残り、緩い角度で傾斜して堆積深さが数十mにもなる**火砕流台地**を形成する。

図9　桜島昭和火口の火砕流（2008年2月）▶

出所：気象庁「日本活火山総覧（第4版）Web掲載版」口絵

爆発的噴火により、2回目の火砕流は約1.5km東へ流下した。

日本で火山被害としての火砕流が広く知られるようになったのは、1990年から約5年間継続した長崎県雲仙岳の噴火であった。火砕流とそれに伴う火砕サージにより、広範囲の森林、家屋、農耕地などが被害を受けた。長崎県南島原市では、火砕流により民家などとともに被害を受けた小学校校舎が、火砕流遺構として保存されている。

鹿児島の桜島火山は、有史以来噴火の記録も多く知名度の高い火山で、現在も活発な活動を続けている。近年では2023年2月、昭和火口において新たな火孔での爆発・噴火があった。爆発的噴火とともに、火砕流もたびたび発生している。昭和火口では2008年2月、爆発的噴火とともに火口の東約1.5kmまで流下する火砕流が発生した（図9）。

■5　火山泥流と被害

火山泥流は、噴火で大量に噴出した火砕物が、融雪水や降雨によって一体となり、泥流として斜面の谷底を流下する現象である。泥流には火山礫や火山岩塊も含まれるが、微細な火山灰を多く含むために流動性が高く、下流まで一気に流下して流域の施設などを破壊する被害を起こす。火山泥流の流下速度は地形によるが、時速30～60kmと高速で斜面を下り、流下距離も長い。そして、斜面の勾配が緩やかとなる山裾に到達すると、広がって堆積する。

いったん堆積しても、新しい火山灰の堆積層は透水性が小さいため、大雨では浸透せず、ほとんどの雨水が表面流となって堆積した火山灰を巻き込み、土石流化しやすい。

▲図10　ネバド・デル・ルイス火山噴火による火山泥流被害（コロンビア、1985年12月）

出所：Wikipedia, PD

泥流で埋まったアンデス地方のアルメロの市街地。

大規模な火山泥流としては、1985年に南米コロンビアで発生した融雪型火山泥流災害がある（図10）。アンデス山系の北端に位置する標高5399mのネバド・デル・ルイス火山の大規模な噴火により、火砕流が発生した。北緯5度と赤道に近い位置にあるが、山頂部には万年雪があり、噴出した火砕物が雪を融かして大規模な火山泥流が発生した。泥流は最大幅50mに及び、渓谷に沿って2時間半で100km以上の距離を流下して、山麓の谷底低地にあるアルメロの市街を埋没させた。この火山泥流による被害は死者2万3000人、負傷者5000人、家屋の損壊5000棟に上り、世界の火山災害史上でも特筆すべき規模の災害であった。これ以後、泥流が厚く堆積したかつてのアルメロの市街地は放棄された。

国内の大規模な**融雪型火山泥流災害**としては、北海道十勝岳火山泥流（大正泥流、1926年）がある。十勝岳が噴火した5月は、まだ多量の残雪があった。噴火により高温の岩屑なだれが発生し、残雪を急速に溶かして泥流となり、美瑛川と富良野川を約25km流下して山麓の富良野原野の開拓地を襲った（図11）。死者・行方不明者144名、損壊建物372棟、家畜68頭が失われたほか、山林や耕地にも大きな被害がもたらされた。十勝岳の噴火そのものの規模はさほど大きくないが、寒冷地で積雪期に発生する、被害の大きい融雪型火山泥流災害の典型例である。

▲図11　十勝岳火山泥流跡（大正泥流堆積物）
出所：十勝岳ジオパーク

十勝ジオパーク内の望岳台周辺で、大正泥流堆積物の観察ができる。

■6　山体崩壊、岩屑なだれ、津波と被害

火山の山体は、噴火時に噴出したいろいろな物体で構成され、本来的に不安定な地盤である。火山体の内部は、高温の温泉水の作用によって脆く変質する場合もある。中でも富士山のように、溶岩と火山灰などの噴出物が斜面傾斜方向に層状に積み重なった円錐形の**成層火山**は、特に不安定である。そのため成層火山では、噴火活動や地震が引き金となって崩壊が発生する場合がある。火山の爆発や地震によって、山体で大規模な山崩れが発生すると、大量の土砂が山麓に流れ下り、火山灰・礫・岩塊などで流れ山が形成される。福島県の磐梯山北面や北海道駒ヶ岳南側の大沼湖中の小島、秋田県の鳥海山北麓の象潟などが、流れ山の例である。

福島県の磐梯山では、約5万年前と1888（明治21）年の2回の大規模山体崩壊があった。1888年の**山体崩壊**では、水蒸気爆発をきっかけに磐梯山北面を発端として発生した大崩壊で、山体の上部が崩れて現在の姿となった（図12）。1.2km^3の崩壊物質は、斜面を岩屑なだれとなって流下して、3つの集落を埋没させた。水分を含んだ**岩屑なだれ**は泥流化して、長瀬川流域に被害を出した。さらに磐梯山東麓では火砕サージや土石流が発生した。このときの火山噴火と山体崩壊では、近代以後の火山災害としては最多の477名の犠牲者を出した。今日、裏磐梯と呼ばれる一帯にある300余りの湖沼群は、山体崩壊の岩屑なだれが川を堰き止めて形成されたものである。

山体崩壊によってできた山頂付近にある大量の崩壊物質は、斜面を高速で流下する岩屑なだれを発生させる。岩屑なだれは、火山噴火のほか、地震によっても発生する。高速で流下する岩屑なだれが水面に到達すると、津波が発生する。

北海道駒ヶ岳は、江戸時代以降昭和初期までに4回の大噴火が発生したことが、古文書の記録に残っている。これらの中で最も規模の大きかった1640（寛永17）年の噴火による山体崩壊では、総噴出物量が約2.9km^3に上り、岩屑なだれが発生した（図13）。内浦湾の西側10kmに位置する山頂付近から流下した岩屑なだれは、南側の大沼と東側の内浦湾に流れ込み、湾口付近に到達した岩屑なだれは、対岸の有珠地区で波高7.5mの大津波を発生させた。津波による死者は沿岸全体で700人以上に上った。

1792（寛政4）年に発生した雲仙岳眉山の山体崩壊では、0.34km^3の崩壊土砂による岩屑なだれが有明海に達し、津波を引き起こした。古文書や絵図から、島原半島や対岸の熊本、天草諸島で津波の高さは10〜20mに及んだと推定される（図14）。死者は島原側で約1万人、熊本・天草で約5000人に上るという、日本で史上最大規模の火山災害であった。

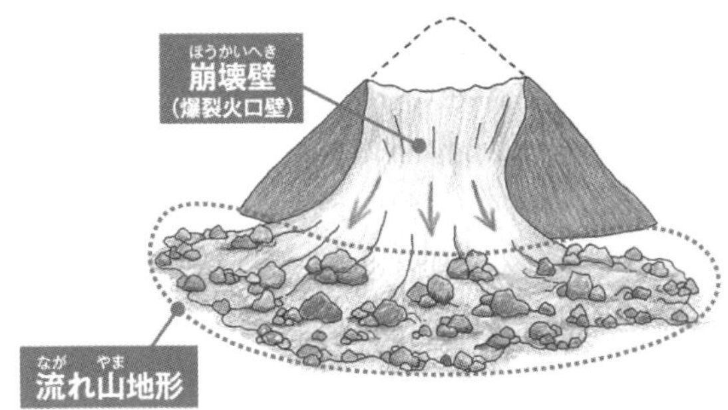

▲図12 (上)山体崩壊した磐梯山北面(論文"The Eruption of Bandai-san", Y. Kikuchi et al., 1889中の図)、(下)磐梯山の山体崩壊説明図(磐梯山ジオパーク)

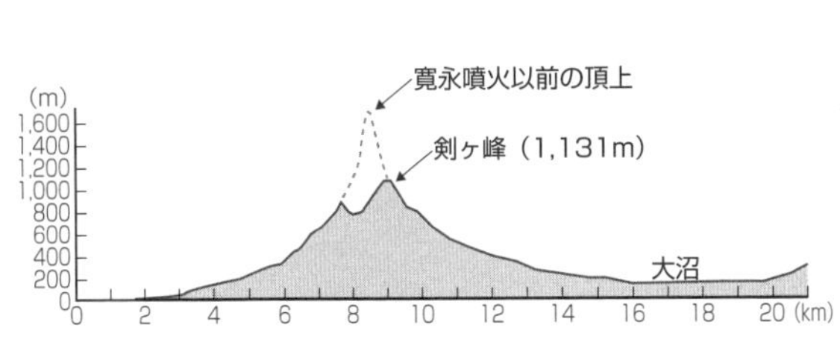

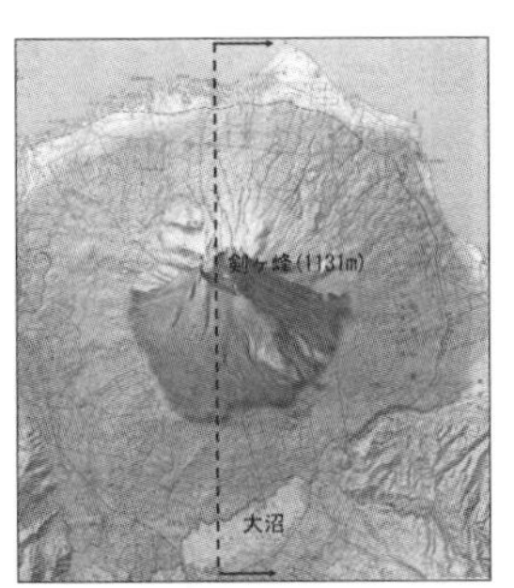

▲図13 北海道駒ヶ岳の断面図(縦横比3:1)

国土地理院地図Vectorにより、現在の頂上・剣ヶ峰を通る南北線で内浦湾から大沼の南岸まで延長約21kmに切った東側の断面。

近年の山体崩壊の例としては、1980年5月に発生したアメリカ北西部のセント・ヘレンズ山の噴火がある（図15）。この火山は噴出物が円錐状に堆積した成層火山で、溶岩ドームの上昇により山体の変形が進み、山頂部分が大規模な山体崩壊を起こした。崩壊によって直径1.5kmの蹄鉄（ていてつ）型のカルデラが出現し、噴火以前は2950mあった標高は、山体崩壊で2550mへと400mほど低くなった。崩壊した土砂によって発生した岩屑なだれは、建物や橋を押し流し、鉄道・道路を数百kmにわたって破壊して57人の死者を出した。

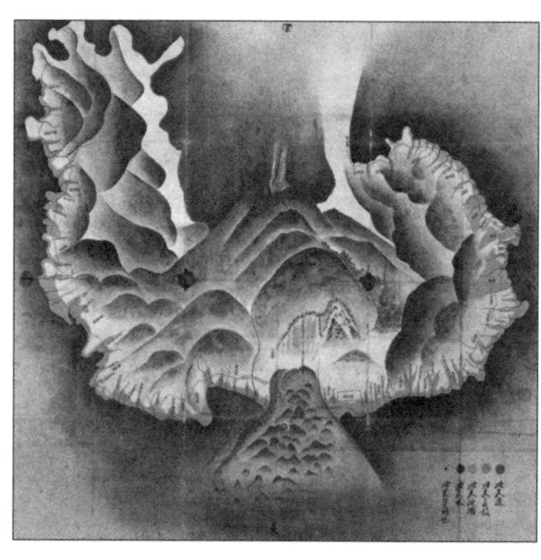

◀図14　雲仙岳眉山の山体崩壊（大変後島原絵図、本光寺常磐歴史資料館蔵）

噴煙を上げる眉山と、有明海（下側）に達した岩屑なだれの崩壊土砂が描かれている。

▲図15　山体崩壊前後のセント・ヘレンズ山（アメリカ）

左：山体崩壊前（1980年）　右：山体崩壊後（1982年）。

一方、海底火山の噴火によっても、**津波**が発生する。近年では2022年1月に、南太平洋トンガ諸島の海底火山フンガ・トンガ火山で、大規模な爆発的噴火により津波が発生した。静止気象衛星での観測によると、噴煙の高さは57kmに達した。この海底噴火で発生した津波は、アメリカ西海岸、南米など環太平洋の広い範囲でも観測され、約8000km離れた日本においても、鹿児島県奄美市の1.2mを筆頭に全国各地で潮位変動が観測された。

この海底火山の噴火による津波の発生メカニズムは、地震によって発生する通常の津波とは異なり、空気震動が関係した気象津波であったことが指摘されている（図16）。

通常、遠方から伝播する津波は、10分から60分程度と非常に長い周期である。それに対し、トンガ海底噴火による津波の潮位変動は数分程度の周期と非常に短く、海底の地形変動で発生した津波がそのまま伝播したとは考えにくい。津波高についても、トンガから遠方の各地では、火山直近のトンガと同程度、あるいはそれ以上の波高が観測されている。日本をはじめ世界の各地では、火山噴火後に±0.5hPa程度の一時的な気圧の変化が観測されており、潮位変動がそのあとに発生していることから、「空気震動が伝わる過程で気圧波が海面に短周期の波を発生させ、その集積が各地で大きな津波となった」ものと推測されている。

■ 2-7　溶岩流と被害

溶岩流の発生には、溶岩の性質が影響する。粘度が低く揮発性成分が放出された溶岩ほど、爆発的噴火とならずに溶岩流が発生しやすい。溶岩の粘度は、成分や結晶の含有量によって異なる。溶岩の主成分である二酸化ケイ素（SiO_2）の含有量が少ないほど、粘度が低い。ハワイ諸島や伊豆大島など玄武岩質の溶岩は二酸化ケイ素が少なく、噴出した粘度の低い溶岩は、長い距

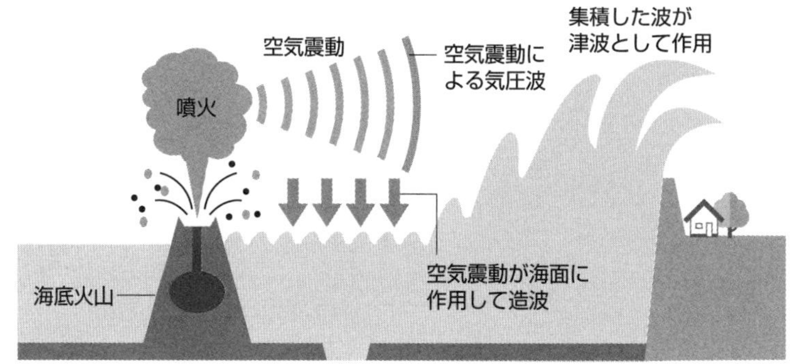

▲図16　空気震動による津波の発生

離を流下する溶岩流を発生させる。二酸化ケイ素が多い流紋岩質の溶岩は粘度が高く、噴出した溶岩は流下せずに火口付近にとどまり、溶岩ドームを形成する。

溶岩流の流下速度は粘性率が大きいほど遅く、国内に多く見られる安山岩質の溶岩流では、秒速数十cm以下の速度でゆっくりと流下する。移動に時間がかかるので、溶岩流は途中で固化する。このため、噴出量が多く火口が山腹にある噴火を除けば、安山岩質の溶岩流が山麓まで到達することは少ない。

溶岩流がつくり出す特徴的な地形には、溶岩堤防や溶岩洞などがある。溶岩堤防は、溶岩流が下ったルートの両側に、川の堤防のように溶岩が固化してできた高まりである。固化した溶岩流の内部には、トンネルのような空洞ができることがあり、**溶岩洞**と呼ばれる。溶岩流の表面には、溶岩じわと呼ばれるしわ状のうねりや、押されてできた小さな縄状溶岩と呼ばれるしわが形成される。このほか、粘度の低い溶岩流では、**先端部溶岩末端崖**と呼ばれる形状をつくることがある。

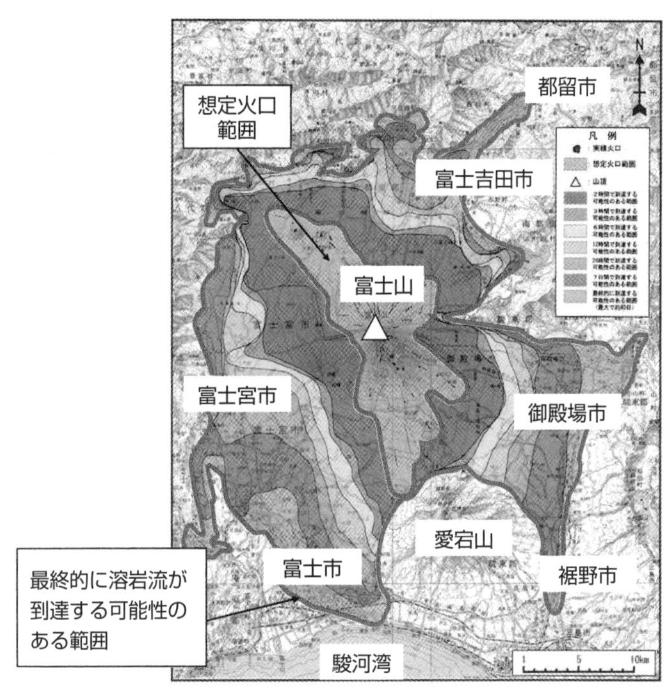

▲図17　富士山ハザードマップによる溶岩流の到達範囲（富士山火山防災対策協議会ハザードマップ〈2021年3月改定〉に一部加筆）

溶岩流の温度は1000℃以上で、人の生活圏まで流下すれば、建物や道路、森林などを焼失・埋没させる。1983(昭和58)年に発生した伊豆三宅島の噴火では、溶岩流が噴火後約2時間で島内最大の集落に到達し、約330世帯の住宅や小中学校校舎を埋没させる被害があった。1986(昭和61)年の伊豆大島三原山の噴火では、火山性地震や市街地まで迫る溶岩流のため、全島民1万人が島外へ避難した。

富士山火山防災対策協議会が2021年に公表した改定版富士山ハザードマップでは、富士山南側の溶岩流の到達範囲として、市街地および新東名・東名高速道路、新幹線など、駿河湾付近まで含まれている(図17)。

溶岩流による被害は、発生頻度は多くないものの、発生した場合の大きな課題として復興の難しさが指摘されている。生活圏を襲った1983年の三宅島の噴火による溶岩流では、小学校校舎の3階付近まで埋め尽くした溶岩を撤去することは極めて困難であり、溶岩に埋まった小中学校の跡地はそのまま火山体験遊歩道として保存されている。

■8 火山ガスと被害

火山ガスは、火口から放出される火山噴出物のうち気体のもので、水蒸気を主体とするが、二酸化炭素、二酸化硫黄、硫化水素、塩化水素など有害なガスも含まれる。火山ガスは大気より密度が高いため、窪地(くぼち)地形に滞留して人命に危害を及ぼすことがある。2000年から始まった三宅島雄山の噴火では、溶岩は噴出しなかったものの、高濃度の二酸化硫黄ガスの噴出は1日あたり数万トンに及んだ。このため、全島民が4年以上の長期間、島外に避難した。

1997年には、福島県安達太良山の火口付近で、登山客14名のうち4名が悪天候により立入禁止地域に入り、硫化水素中毒で死亡した。2005年には、秋田県泥湯温泉付近の駐車場で、積雪による窪地に滞留した硫化水素の火山ガスによって観光客4名が中毒死した。

2010年には、八甲田山付近の酸ヶ湯温泉の山中で、タケノコ採りの観光客のうちの1人が火山ガスにより死亡した。1997年にもこの付近では訓練中の自衛隊員3人の火山ガスによる死亡事故があった。

■9 火山性地震

活断層やプレートの活動による通常の地震に対し、火山活動によって発生する地盤震動を**火山性地震**と呼んで区別する。火山性地震は、火山の噴火、あるいはマグマの動き、熱水など火山内部の活動によって発生する地震である。火山内部の活動による地震で、深さ1～10kmの比較的深い場所を震源とする地震は、周期が短く、地震波形の立ち上がりがはっきりしている、という特徴がある。これに対し、震源が深さ1km未満の比較的浅い場所にある地震は、周期がやや長く、地震波形の立ち上がりも不明瞭、という特徴がある。前者をA型地震、後者をB型地震と呼ぶ。火山内部の活動による地震には、このほかにも、継続時間の長い**火山性微動**と呼ばれるものがある（図18）。

火山内部の活動に起因する地震に対して、火山の噴火によって発生する地震を**爆発地震**と呼び、規模の大きい火山地震で、多くの場合は空振を伴う。

火山性地震のうち、火山内部の活動によるA型、B型あるいは火山性微動の発生の特徴を捉えることは、火山噴火発生の予兆についての貴重な情報となる。そのため、これらの火山性地震の観測・分析は、火山防災にとって重要である。

火山性地震で規模の大きなものとして、桜島大正大噴火（1914年）の最中に起きた桜島地震がある。噴火の約8時間半後に発生したこの地震は、通常の火山性地震より大規模で、マグニチュードは7.1あった。死者29名、負傷者111名、住宅の全壊120棟、半壊195棟の被害があった。また、津波を発生させた1792（寛政4）年の雲仙岳眉山の山体崩壊は、爆発地震によるものと推定されている。

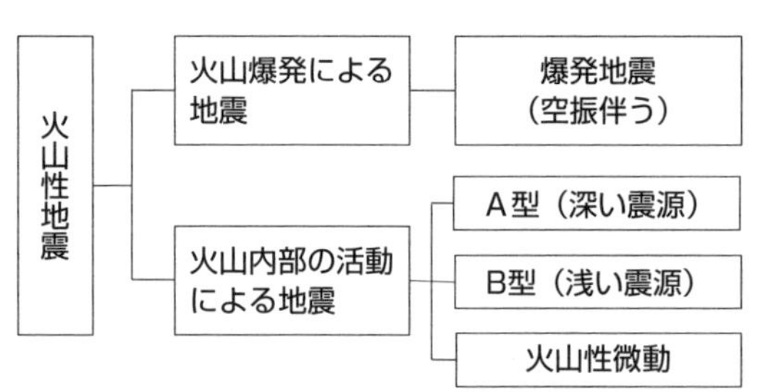

◀図18　火山性地震の種類

5-3

火山防災

火山防災の一環として、50か所の火山が監視火山に指定され、噴火の兆候を捕捉するために特に監視・観測施設が整備され、常時監視が行われている。

■1　火山噴火予知・予測

火山噴火予知・予測の活動の中で、一般市民にとって最も身近なのは、気象庁の**火山噴火警報・予報**であろう。この警報・予報では、火山活動の状況に応じて「警戒が必要な範囲」および防災機関や住民等の「とるべき防災対応」を5段階の噴火警戒レベルの指標として示している（49火山に適用）（表5）。この火山噴火警報・予報の根拠は、観測で得られたデータをもとにした経験則による予知・予測の判断である。

一方、より詳細な火山現象の解明結果に基づき、噴火の時期、場所、規模、様式および、その推移の予知・予測のための観測も行われている。火山噴火の予知・予測の基本的データとなるのは、過去の活動履歴、火山地下の現在のマグマの活動状況などである。

予知・予測が必要とされる火山は、現在活動的な少数の火山であり、その対象は限定的である。これらの火山には、24時間監視体制で、多項目観測や各種調査が継続的に実施され（図19）、噴火履歴データも豊

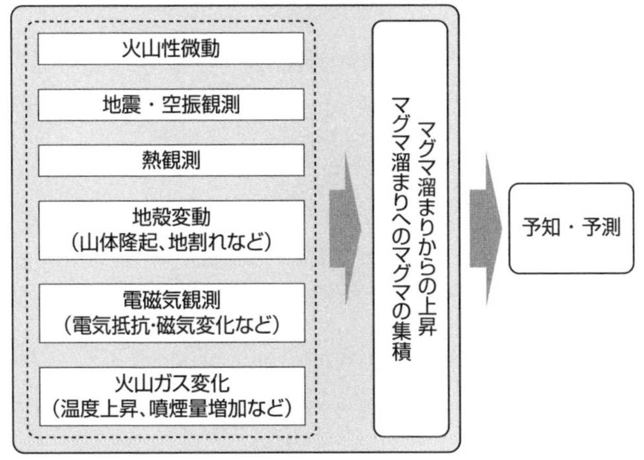

▲図19　火山噴火現象の予知・予測

<table>
<tr><th rowspan="2">種別</th><th rowspan="2">名称</th><th rowspan="2">対象範囲</th><th rowspan="2">噴火警報レベルとキーワード</th><th colspan="3">説明</th></tr>
<tr><th>火山活動の状況</th><th>住民等の行動</th><th>登山者・入山者への対応</th></tr>
<tr><td rowspan="2">特別警報</td><td rowspan="2">噴火警報（居住地域）又は噴火警報</td><td rowspan="2">居住地域及びそれより火口側</td><td>レベル5
避難</td><td>居住地域に重大な被害を及ぼす噴火が発生、あるいは切迫している状態にある。</td><td>危険な居住地域からの避難等が必要（状況に応じて対象地域や方法等を判断）。</td><td rowspan="2"></td></tr>
<tr><td>レベル4
高齢者等避難</td><td>居住地域に重大な被害を及ぼす噴火が発生すると予想される（可能性が高まってきている）。</td><td>警戒が必要な居住地域での高齢者等の要配慮者の逃避、住民の逃避の準備等が必要（状況に応じて対象地域を判断）。</td></tr>
<tr><td rowspan="2">警報</td><td rowspan="2">噴火警報（火口付近）又は火口周辺警報</td><td>火口から居住地域近くまで</td><td>レベル3
入山規則</td><td>周辺地域の近くまで重大な影響を及ぼす（この範囲に入った場合には生命に危険が及ぶ）噴火が発生、あるいは発生すると予想される。</td><td>通常の生活（今後の火山活動の推移に注意。入山規制）。状況に応じて高齢者等の要配慮者の逃避の準備等。</td><td>登山禁止・入山規制等、危険な地域への立入規制等（状況に応じて規制範囲を判断）。</td></tr>
<tr><td>火口周辺</td><td>レベル2
火口周辺規制</td><td>火口周辺に影響を及ぼす（この範囲に入った場合には生命に危険が及ぶ）噴火が発生、あるいは発生すると予想される。</td><td rowspan="2">通常の生活（状況に応じて火山活動に関する情報収集、避難手順の確認、防災訓練への参加等）。</td><td>火口周辺への立入規制等（状況に応じて火口周辺の規制範囲を判断）。</td></tr>
<tr><td>予報</td><td>噴火予報</td><td>火口内等</td><td>レベル1
活火山であることに留意</td><td>火山活動は静穏。火山活動の状態によって、火口内で火山灰の噴出等が見られる（この範囲に入った場合には生命の危険が及ぶ）。</td><td>特になし（状況に応じて火口内への立入規制等）。</td></tr>
</table>

▲表5　気象庁の火山噴火警報・予報における噴火警戒レベル
出所：気象庁

富である。今日では、観測データや、集積された過去の火山活動の履歴によって、すでに発生した火山活動現象の過程を説明することは十分に可能である。より精度の高い予知・予測については、異常現象を把握することによって、ただちに予知・予測に結び付く段階にはないが、データの蓄積によって徐々に成果を上げつつある。

世界有数のカルデラと外輪山を伴う大型の複成火山である**阿蘇山**では、火山活動の詳細な観察が行われている。現在まさに火山活動をしている中岳第1火口を中心に、地震計（17地点）、傾斜計、地磁気（7地点）その他、多項目の計測が行われ、火山活動状況はよく把握されている。今後、噴火現象を支配する物理・化学法則の解明によって、火山活動推移モデルの構築が進めば、より精度の高い予測が可能になると期待されている。

■2　火山災害への取り組み

防災の観点からの**火山噴火現象**の特徴の1つは、「発生か所が限定されている」ことである。しかしながら火山噴火現象は、巨大な熱エネルギーが関与し、山体崩壊など大規模な土砂移動を伴うことから、火山帯域における火山現象に直接的に関わるハード面の防災はほぼ不可能である。火山防災での取り組みとしては、火山現象がもたらす影響を極力減少させるための回避が、基本的な対応となる。

火山防災の難しさは、地震災害と同様に、その発生が突発的ということがある。人的被害を最小限に抑えるための実効性のある対応のためには、平時より火山防災体制を整備し、維持・向上させることが不可欠となる。

火山噴火により発生する現象のうち、火砕流・噴石・火山泥流は、発生後短時間で山麓の居住地に到達する可能性があり、回避のためには、避難の時間的余裕を考慮した発生前からの避難準備・実行が必要となる。そのための情報が気象庁の**噴火警報**であり、噴火による重大な火山災害の発生可能性があると判断された場合に発表される。全国の活火山を対象に、対象となる火山ごとに、対象となる地域に対して発表されるものであり、住民とともに、市町村の迅速な防災対応の基本情報となる。

なお、火山災害に関する法律としては、**活動火山対策特別措置法（活火山法）**がある。この法律は1973（昭和48）年に制定され、火山噴火などの被害を受ける可能性のある地域の火山対策を定めている。被害を防止・軽減するための避難施設等の整備や火山灰除去事業などが規定されており、火山防災の対策はこの法律に準拠して策定・実施される。2023年には、桜島や富士山、浅間山、阿蘇山等の火山噴火で被害を受けるおそれのある自治体で作る団体が中心となり、気象庁や研究機関、大学などでの活火山の観測・研究の一元化による火山対策の強化について検討が行われ、活火山法の改正が行われた（2024年4月施行）。

■3　警戒避難対策

回避を基本とする**火山防災対策**では、避難施設は防災のための主要な施設となる。避難施設の強化策には、「避難用の道路の新設や改良」、あるいは、海上からの避難が有効な地域では「防災船着場として使える港湾・漁港の整備」などがある。避難する人を噴石などから防御する退避壕を整備したり、学校・公民館その他の避難施設を火山灰・噴石等に耐えられるように不燃堅牢化するなど、当該地域で想定される火山噴火現象に応じた対策が必要となる。あわせて、施設の周知や、日ごろからの火山噴火等を想定した避難訓練などのソフト対策も重要となる。

火山灰や火山ガスなどから農林水産物を守るための**農林漁業被害対策**については、活火山法では、対象とする火山噴火に応じた避難施設とともに、防災営農施設、防災林業経営施設、防災漁業経営施設などの整備が定められており、これらの各整備計画等に基づいた対策を講じる。

火山灰による被害は、火山被害の中で最も広範囲であり、その影響も大きい。降雨によって被害が拡大することから、降灰の迅速な処理は被害拡大防止の点からも重要となる。多量の降灰のあった地域については、市町村管理の市町村道、下水道、その他施設の降灰除去に対し、国の補助制度が定められている。活火山法では、降灰防除地域に指定された地域内の教育施設や社会福祉施設を対象に、防塵用窓枠、空調設備などの降灰防除設備の整備を国の補助事業として実施することが定められている。

堆積した火山灰などにより発生する泥流・土石流対策としては、火山噴火で崩壊した山腹での土砂生産を防ぐための緑化、土石流を防ぐための治山ダムや砂防ダムの整備、流路工の設置のほか、土石流の流路を固定するための導流堤の設置などがある。また、土石流発生の早期検知により道路の通行禁止措置などが行えるよう、上流域に土石流センサーを設置することも対策の1つである。

■4 火山ハザードマップ

火山ハザードマップ（火山災害危険域図）は、人命などを脅かす大きな噴石や、火砕流、融雪型火山泥流などの影響が及ぶおそれのある地域を地図上に重ねて描くことで、起こりうる火山災害を視覚的に示したものである。

火山ハザードマップの使用目的としては、平常時にあっては避難計画や防災マニュアルの検討資料として、あるいは土地利用などを検討するための基礎資料として活用される。噴火の予兆あるいは噴火活動が観測される時期には、立入規制措置や避難勧告など、直面する事態への防災対応の判断資料に使われる。

火山防災マップは、火山ハザードマップに、さらに防災行動に必要な情報を盛り込んだものであり、避難計画に基づく避難対象地域、避難先、避難経路、避難手段、情報伝達手段などが記載される。

火山ハザードマップは、対象火山の噴火災害実績、地形条件、および集落・施設などの社会的要因を組み合わせて策定される（図20）。発生が想定される火砕流・溶岩流などの噴火による加害現象については、それらの運動のメカニズムを物理モデル化し、それを数値地形図（DEM）上で追跡することで、流下の範囲・方向などを求める。したがって、マップの精度を上げるには、計算の前提条件の設定が重要となる。

なお、近年の火山観測体制の充実により、各種の観測データを短時間で得られるようになっていることから、「発生しつつある災害現象のデータをリアルタイムで入力し、災害現象予測に反映させる」というリアルタイムハザードマップの考え方が出てきており、今後の防災対応への活用が期待されている。

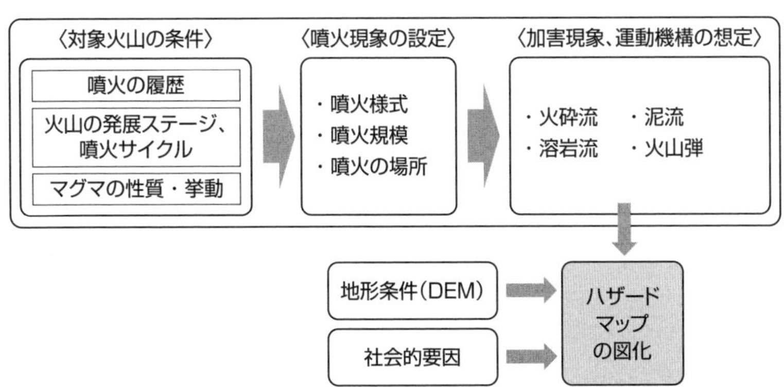

▲図20 火山災害ハザードマップの作製手順

ハザードマップの活用については、正反対の2件の事例がある。前節でも紹介したとおり、南米コロンビアのネバド・デル・ルイス火山の噴火（1985年12月）では、世界の火山災害史上最大規模の融雪型火山泥流が発生した。実は、被害のあった都市アルメロを含み、泥流危険域がほぼ正確に示されたハザードマップが事前に公表されていた。しかし、ハザードマップが避難などの防災対策に活かされることはなく、2万人以上の犠牲者を出したのである。UNESCO（国連教育科学文化機関）は2008年2月、「正確な知識の不足と情報伝達の不備による世界最悪の人災による悲劇」のワースト5の1つとして認定した。

一方、ハザードマップが有効に活かされた事例としては、これも前節で紹介した、山体崩壊が発生したアメリカのセント・ヘレンズ山の噴火（1980年5月）がある。噴火2年前に発行された政府刊行物では、次の噴火の可能性が指摘され、簡易ハザードマップも示されていた。この噴火では、岩屑なだれによって地震観測中の研究者を含む57人の死者が出たものの、噴火前にハザードマップで示された危険域には立入制限措置が行われ、多くの人が避難を終えていた。実際の噴火では、横なぐりの爆風の発生を除き、火山灰や火砕流、泥流、岩屑なだれなどの被害は、おおむね事前の予測の範囲で発生したことがわかっている。

COLUMN

富士山宝永大噴火

1707（宝永4）年の**宝永大噴火**は、記録に残る3回の富士山大噴火の中で最も新しいものである。地下のマグマが途中でとどまることなく一気に上昇して東南斜面に火口を形成する、というプリニー式噴火であった。噴煙は20kmの高さまで達し、大量の火山灰を噴出して、江戸市中にも火山灰が積もった。

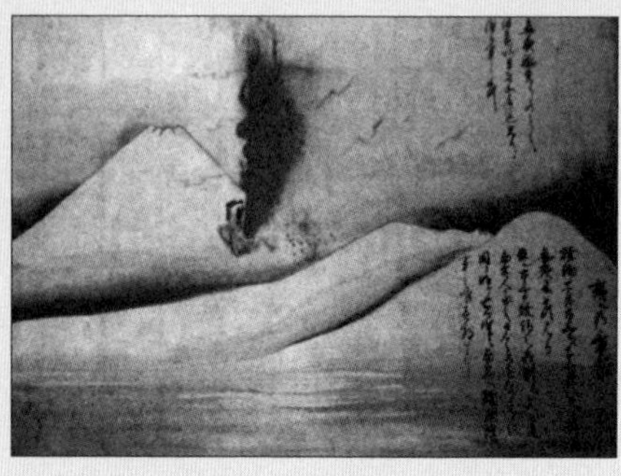

◀宝永大噴火を描いた絵図

第6章

気候変動と気象災害

本章では、近年激甚化する気候変動の影響による水害・土砂災害・高潮災害などの気象災害を対象とする。気候変動の状況については、国連の「気候変動に関する政府間パネル」(IPCC) の報告をもとに述べる。日本の気候変動については、気象庁の気候変動に関する報告をもとに、気温・海面水位・降雨などの変動の傾向を確認する。地球温暖化対策における防災としては、ダムの事前放流、海岸保全などの取り組みについて述べる。

6-1

気象災害とは

20世紀の後半以降、気候変動の影響による大雨・強風などの異常な気象現象によって、水害・土砂災害・高潮災害などの規模や発生頻度が増加する傾向にある。

■1　気象災害の定義

気象災害（Climate disasters）とは、大雨・強風・雷などの気象現象を主要な誘因として発生する災害である。近年、気候変動の影響によって、水害・土砂災害・高潮災害など、世界規模でその発生頻度や規模が増加して被害が激甚化する傾向がある。

気候変動が引き起こすリスクは、自然生態系から農業・林業・水産業分野、水環境・水資源など広範囲に及び、全世界で温室効果ガスの削減対策への取り組みを進めている。しかし、依然として拡大する温暖化の影響によって発生頻度や規模が増加する自然災害に備えることは、防災における大きな課題となっている。ここでは、気候変動に伴って従来の自然災害の発生頻度や規模を超えて発生する激甚化した自然災害を、気象災害として扱う。

気象現象によって発生する災害は、強風、大雨、長雨、大雪、なだれ、融雪、着雪、落雪、乾燥、視程不良、冷害、凍害、霜害、ひょう、塩風、日照不足、干ばつ、山林火災、寒害、雷など広範囲に及ぶ。これらのうち、近年、気象災害として世界的に着目されているのは、温暖化により大規模化した台風やハリケーンによる強風、大雨、洪水などの被害、海面上昇に関連した高潮、海岸侵食などの被害、気温上昇に関連した熱波、干ばつ、山林火災などである。

気象庁では、気温や降水量などで30年間に1回以下の出現確率の気象現象を、過去に経験した範囲から大きく外れた現象

◀図1　令和2年7月豪雨での住家の洪水被害（熊本県球磨村）

出所：（一財）消防防災科学センター

球磨川本川および支川の川辺川のすべての観測所で、観測開始以来の最高水位を記録。

として**異常気象**と呼んでいる。この傾向は近年、年を経るほどに顕著となり、甚大な被害を伴う豪雨・大雪・猛暑など、激甚化した気象災害の発生頻度が高まっている。

西日本を襲った令和3(2021)年8月の大雨では、8月中旬(11～20日)の降水量が過去最多の229.1mm(全国1029地点のアメダスの降水量総和から算出した1地点あたり旬降雨量)を記録した。この前年の令和2(2020)年7月豪雨でも、熊本県を中心に九州・中部地方の各地で、最多降水量を記録した(図1)。令和元(2019)年東日本台風では、箱根の総降水量が1000mmに達し、最大瞬間風速は東京都江戸川で43.8mを記録し、三宅島では230cmの高潮が発生した。

2014(平成26)年2月の大雪では、甲府市114cm、東京都心39cm、千葉市33cmなどの過去最深記録を含む積雪があった。その半年前の2013(平成25)年6～8月に東・西日本で発生した2013年猛暑では、高知県四万十市で当時歴代全国1位の41.0℃を記録し、全国927地点中の125地点で日最高気温を記録した。2018(平成30)年の猛暑では、東日本で平年比+1.7℃の気温となり、熊谷市では四万十市の記録を上回る41.1℃の最高気温となった(図2)。

海面水位の上昇については、2018(平成30)年9月の台風21号(最低気圧915hPa)で、大阪湾をはじめ近畿地方各地で高潮が発生した。これらのうち6地点で過去最高潮位を超え、大阪府では潮位329cmを記録して1961年の第2室戸台

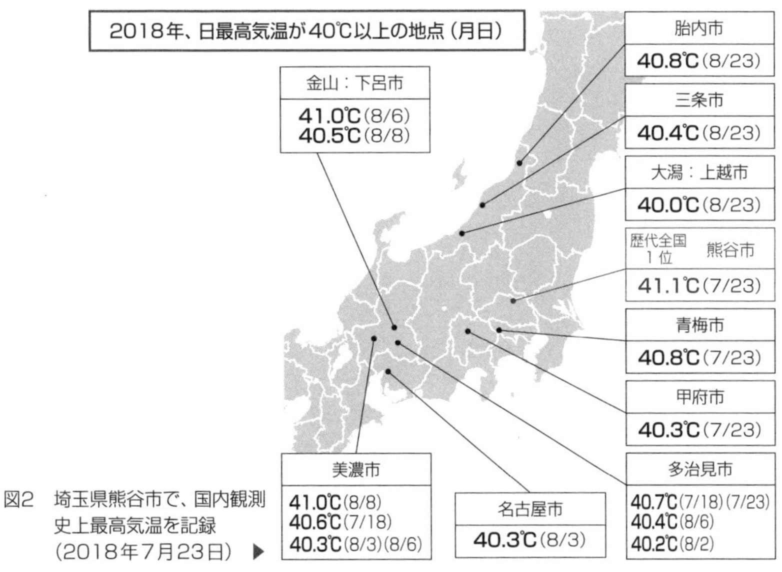

図2　埼玉県熊谷市で、国内観測史上最高気温を記録(2018年7月23日)▶

▼表1　2011～2022年の国内の主な気象災害

発生年月	名称	被災地域	規模	死者・行方不明
2011年9月	平成23年台風第12号	紀伊半島（和歌山県・奈良県・三重県）	最低気圧：970hPa、総降水量：奈良県1814.5mmなど紀伊半島中心に1000mm以上、年降水量平年値の約6割	92人
2013年6-8月	2013年猛暑	東・西日本を中心とした全国	四万十市41.0℃（歴代全国1位）、927地点中125地点で日最高気温	―
2013年10月	平成25年台風第26号	伊豆大島、東京都、千葉県、茨城県	最低気圧：930hPa、24時間降水量：東京、千葉、茨城県の14地点で観測史上最多、東京大島町で1時間雨量122.5mm、24時間雨量824mmの記録的大雨	43人
2014年2月	平成26年の大雪	関東・東北の太平洋側	積雪：過去最深記録を含み甲府市114cm、秩父市98cm、東京都心39cm、千葉市33cm、仙台市35cm	―
2014年8月	平成26年8月豪雨	広島県広島市北部の安佐北区や安佐南区の住宅地など	降水量：徳島市平年の6.1倍（1065.5mm）、高知市5.5倍（1561.0mm）は観測史上最多。全国17地点で8月度の最多総降水量	84人
2016年8月	平成28年台風第7号	東日本から北日本にかけての広い範囲	最低気圧980hPa、3時間雨量：北海道上士幌町108.0mm、富良野86.0mmなど各地で最大降水量	―
2017年7月	平成29年7月九州北部豪雨	福岡県、大分県	朝倉市9時間降水量778mm、1時間降水量169mm（国内最多187mmに迫る降水量）	42人
2018年7月	平成30年7月豪雨	西日本を中心に北海道や中部地方を含む全国	西日本・東海地方の多くの地点で48時間/72時間雨量が観測史上最大値、四国地方1800mm、中部地方1200mm、九州地方900mm、近畿地方600mm、中国地方500mm	271人
2018年6-8月	2018年の猛暑	東日本・西日本を含む全国	平年比東日本+1.7℃（最高温記録）、西日本+1.1℃、熊谷市41.1℃、美濃市41.0℃、青梅市40.8℃、名古屋市40.3℃、京都市39.8℃	―
2019年8月	令和元年8月の前線に伴う大雨	長崎県、佐賀県、福岡県	線状降水帯による集中豪雨、各地で観測史上最多雨量、平戸市434.0mm/24時間	4人
2019年9月	令和元年房総半島台風	埼玉県、千葉県、神奈川県、茨城県	最低気圧955hPa、最大風速45m/s	9人

発生年月	名称	被災地域	規模	死者・行方不明
2019年10月	令和元年東日本台風	静岡県、新潟県、関東甲信、東北地方	最低気圧915hPa、総降水量箱根1000mm、最大瞬間風速：東京都江戸川43.8m、高波：石廊崎13mm、高潮：三宅島230cm	105人
2020年7月	令和2年7月豪雨	熊本県を中心に九州や中部地方	1時間雨量:鹿屋市109.5mm、24時間雨量:長井市206.5mm、7月上旬の全国最大総降水量記録(1地点あたり216.1mm)	86人
2021年8月	令和3年8月の大雨	西日本中心	平成30年7月豪雨記録を超え8月中旬の最多降水量(1地点あたり229.1mm)、記録的短時間大雨情報	13人

風時の293cmを超えた。2011年からの約10年間では、従来の規模を上回る自然現象による災害は、ほぼ年間1件以上の発生があった(表1)。

■2 気象災害による被害の傾向

地球規模の気候変動による異常気象現象の増加と、それに伴う自然災害の増加の傾向は、20世紀後半以降の約50年間において顕著となった。世界的には、これらの自然災害は特に発展途上国に集中する傾向が見られる。国連組織の**世界気象機関**(**WMO***)の2021年報告書によれば、1970~2019年の間における事故などを含む全災害の約半分が自然災害によるものであり、全災害の死亡者数の45%、全経済的損失の74%を自然災害によるものが占めている。自然災害の死者数は世界中で200万人を超え、そのうち91%以上が発展途上国での発生である。被害種類別の発生件数では、洪水(44%)と暴風雨(35%)が最も多く、両者で全体の約8割を占めている(図3)。

世界の自然災害の発生件数の推移を見ると、1970年代から急激な増加が続き、2000年代がピークとなっている(図4)。自然災害の死者数の割合を見ると、暴風雨が最多であるが、干ばつは災害件数の割に死者数の割合が高く(34%)、両者で75%を占める。これに洪水(16%)、異常高温(9%)が続いている(図5)。自然災害による死者数の推移は、1980年代が最多で、これに1970年代が続く。内訳は年代ごとに異なるが、1980年代に最多であったの

*WMO World Meteorological Organizationの略。

は干ばつによる被害で、ほぼ80%を占めている（図6）。

世界全体の自然災害の被害の原因で、最も多いのは暴風雨である。自然災害による経済的損失は1970年代から2010年代にかけて7倍へと急激に増加した。これらの気象現象の急激な変化は、それ以前にはなかった規模の暴風雨、干ばつ、異常高温などを発生させた。温暖化により増加した大気中の水蒸気は極端な降雨や洪水を発生させ、温暖化した海洋は激しい熱帯性暴風雨の発生頻度を増加させ、その発生範囲を広げる影響を与えている。

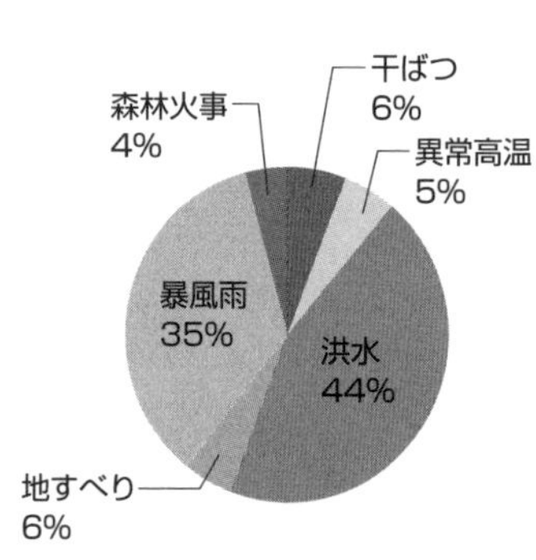

▲図3　世界の自然災害の件数割合（1970〜2019年）
出所：世界気象機関（WMO）

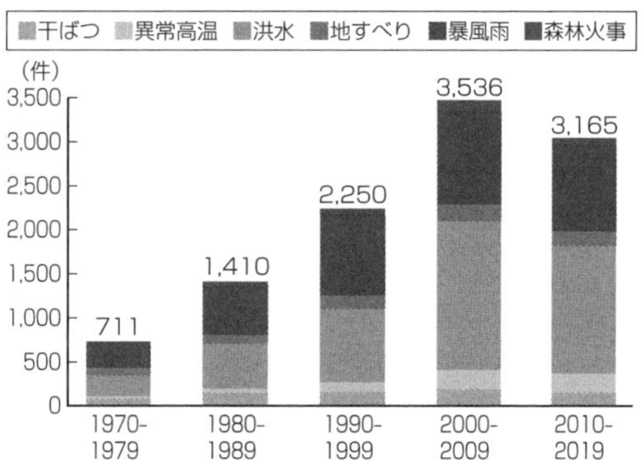

▲図4　世界の自然災害の件数の推移（1970〜2019年）
出所：世界気象機関（WMO）

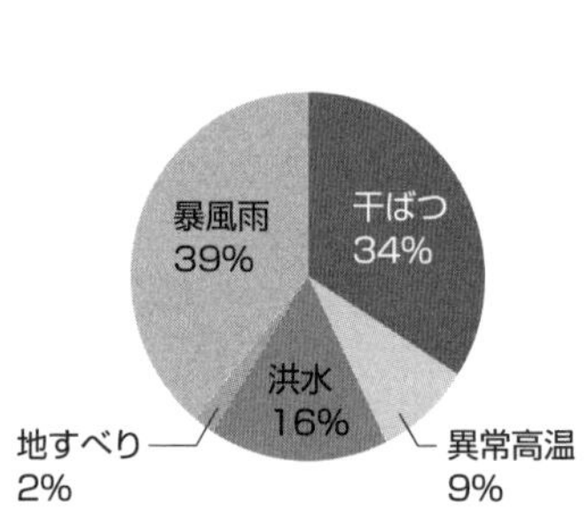

▲図5　世界の自然災害の死者数の割合（1970〜2019年）
出所：世界気象機関（WMO）

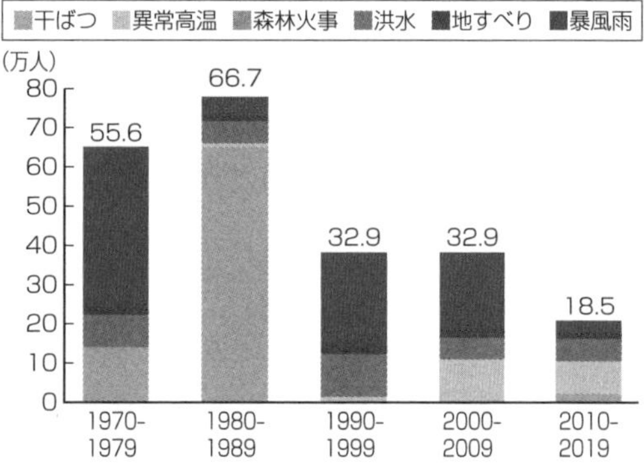

▲図6　世界の自然災害の死者数の推移（1970〜2019年）
出所：世界気象機関（WMO）

6-2

気候変動の状況

世界の気候変動の状況については、国連組織のIPCCが1990年から30年以上の間、6次にわたる報告書によって、気候変動の予測に関する科学的知見を提供してきた。

■1　世界の気候変動の傾向

世界の気候変動については、国連組織の1つである**気候変動に関する政府間パネル**（**IPCC**＊）が1990年から30年以上にわたって、世界で公表された論文などの評価をもとに、気候変動に関する科学的知見を提供してきた。温室効果ガスの排出状況との関連で、気温変化や海面上昇など将来の傾向を予測して、気候変動の状況を示している。

IPCC第6次統合報告書（2023年3月、図7）では、「世界平均気温は、1850～1900年の基準に対して、2011～2020年には1.1℃上昇した」と報告し、その誘因としては、「地球温暖化の原因が人間にあることは疑う余地がない」と断定している。人間の活動によって、大気・海洋・雪氷圏・生物圏で急速な気候変動が発生し、自然と人々に対し広範な悪影響や被害をもたらしている。

IPCCの報告書では、気候変動の予測を、社会経済の発展のレベルごとに想定したそれぞれのシナリオに沿って述べており、これらのシナリオは、持続可能な発展（**SSP**＊1）から、化石燃料依存型の発展（SSP5）まで、5つのレベルで示されている（表2／図8）。

▲図7　IPCC第6次統合報告書（2023年3月）

＊IPCC　International Panel for Climate Changeの略。
＊SSP　Shared Socioeconomic Pathways（共通社会経済経路）の略。

▼表2　第6次報告書での5つのシナリオ

シナリオ	社会経済	放射強制力（≒CO_2濃度）
SSP1-1.9	持続可能な発展（SSP1）	1.9 W/m^2
SSP1-2.6	持続可能な発展（SSP1）	2.6 W/m^2
SSP2-4.5	中道的な発展（SSP2）	4.5 W/m^2
SSP3-7.0	地域対立的な発展（SSP3）	7.0 W/m^2
SSP5-8.5	化石燃料依存型の発展（SSP5）	8.5 W/m^2

注：放射強制力は、CO_2濃度変化など気候変動を起こす影響度合い（平方メートルあたりのワット数）。

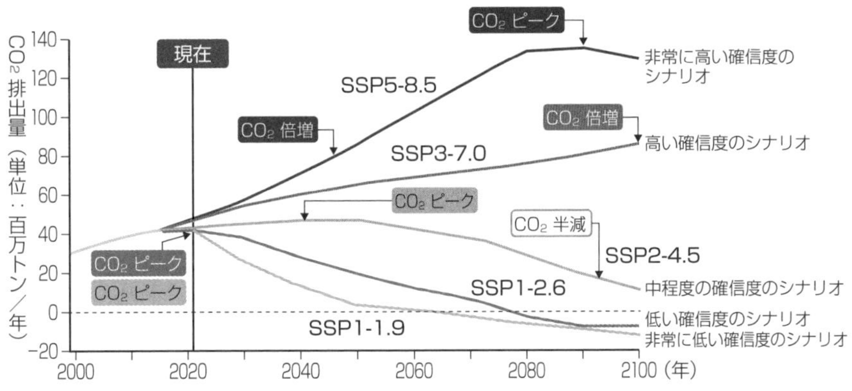

▲図8　各シナリオのCO_2排出量推移予測
出所：IPCC第6次報告書

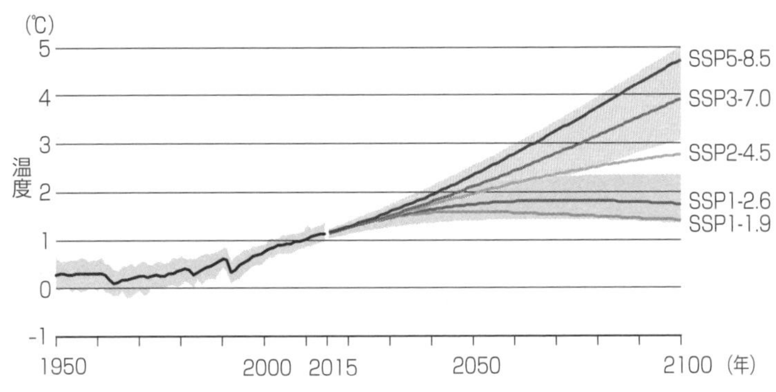

▲図9　世界平均気温の変化予測
出所：IPCC第6次報告書

地球温暖化は、どのシナリオでも2015年時点より進むことが予測されている。気温上昇については、2021年時点で世界各国が表明した2030年の温室ガス排出目標が達成されたとしても、21世紀末には1.5℃を超える気温上昇の可能性が高く、2℃を超える可能性もある。最悪のシナリオ（SSP5-8.5）では、5℃近くまで上昇することも予測されている（図9）。

IPCCの報告書によれば海面上昇の世界平均の実績値は、1901年から2018年の間に約0.2mの上昇があった。その上昇率は、1901～1971年では約1.3mm/年であったが、1971～2006年には約1.9mm/年、2006～2018年には約3.7mm/年と、急激な増加の傾向であった。海面上昇を起こす要因は、気温上昇による海水の熱膨張が約50%で、氷河の減少が約22%、氷床の減少が約20%、陸水の貯水量の減少が約8%であった。

一方、2100年までの将来予測については中程度および可能性が高い5つの確信度のシナリオ（表2）では、1995～2014年に対して0.28～1.01mの平均海面上昇の可能性が示されている（図10）。

海面水位上昇は、地球上の場所によって異なるが、世界の約3分の2の地域では、世界平均の±20%以内である。

海面上昇は気温と異なり、数百年から数千年のタイムスケールで不可逆的であり、気温上昇が止まったとしても、海面上昇はその時点以後も継続し、最悪のシナリオでは、南極やグリーンランドの氷床が不安定化した場合、2300年には15mを超える上昇の可能性もあるとしている。

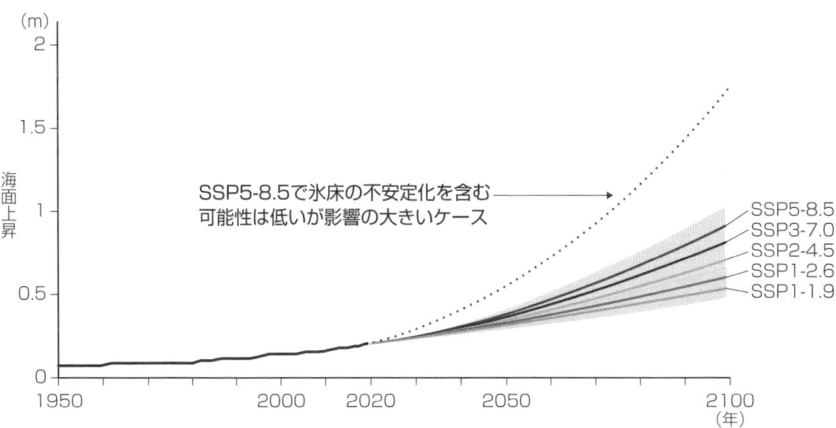

▲図10　世界平均海面上昇の予測
出所：IPCC第6次報告書

このほか、降水量については、1950年以降、陸域の平均降水量は増加しており、1980年代以降はその速度が加速している。今後の予測では、1995~2014年と比べると、2081~2100年の陸域の年平均降水量は、最も楽観的なシナリオ(SSP1-1.9)で0~5%、最悪シナリオ(SSP5-8.5)で1~13%の増加があるとされている。

熱帯低気圧については、強い熱帯低気圧の発生割合は過去40年間で増加しており、北西太平洋の熱帯低気圧は、その強度がピークに達する緯度が北方に移っている。非常に強い熱帯低気圧の発生割合、および熱帯低気圧のピーク時の風速は、地球温暖化の進行とともに上昇している。

気候変動による気温上昇、海面上昇、降水量の増加、より強い熱帯低気圧の発生などが引き起こす気象災害は、先進国よりも発展途上国にいっそう深刻な被害を発生させる傾向がある。気候変動は、気象災害リスクを高めるとともに、人間や生態系にも大きな影響を及ぼしている。気温が5℃上がると、最大でおよそ半分の種が絶滅するという、生物多様性に対する危機が高まると予測されている。

地球温暖化の抑制には、CO_2排出量を正味ゼロとすることが必要であるが、温暖化を1.5℃あるいは2℃に抑えられるかどうかは、その達成時点における累積炭素排出量によって決まる。そのためIPCCでは、2020年代以後の10年間に行う世界各国の地球温暖化の抑制対策が、現在から数千年先までの地球環境に影響を与えるという意味で、この10年間は重要な時期である——としている。

IPCC第6次報告書では、温暖化の対策としての温度上昇を抑制するための緩和策とともに、気候変動で変化する環境への適応策の必要性が述べられている。温暖化を抑制する緩和策に対し、適応策とは、海面上昇に対する防潮堤、ハザードマップの整備、気温上昇に適応する農作物の品種開発など、被害を低下させるための方策である。

■2 日本の気候変動の傾向

文部科学省および気象庁は、気候変動に関する科学的知見を「**日本の気候変動2020**」として報告している。過去、長期間にわたり蓄積されてきた大気と陸・海洋に関する観測データをもとに、それらを分析・評価して将来予測を行い、気候変動への取り組みのための基盤情報として公表している。

国内の気温の変動については、気象庁は網走から石垣島までの国内15地点で観測された1898～2020年の気温データをもとに、気温上昇の傾向を算出している（図11）。これによれば、国内の年平均気温は変動しながら100年あたり1.24℃の上昇があった。季節別では春（3～5月）の気温上昇が最も高く1.47℃で、秋（9～11月）1.23℃、冬（12～2月）1.13℃、夏（6～8月）1.11℃と続く。100年間の気温変動の傾向として、1950年以前は比較的低温であったが、その後、1960年前後の比較的高温の時期、1960年代後半から1980年代までの比較的低温の時期を経て、1990年代以降は急激な気温上昇に転じている。

国内の100年あたり1.24℃の平均気温上昇は、世界の平均気温上昇の0.74℃よりも大きい。この違いは、北半球中緯度で大陸の東側に位置して南北に延びる日本列島の地理的条件が、より大きな温暖化の影響をもたらしたためだと考えられる。

今後の日本の全国年平均気温については、21世紀末で、20世紀末に対して1.4～4.5℃の上昇の可能性があり、多くの地域で猛暑日のような極端に暑い日の年間日数が増加すると予測されている。

海面上昇については、日本沿岸の平均海面水位（図12）は、世界の平均海面水位の上昇とは異なる傾向が見られる。世界の平均海面上昇があったほぼ同じ時期の1906～2018年では、日本沿岸の海面水位は上昇傾向が見られない。2006～2018年の期間では、1年あたり0.8～5.0mm（平均2.9mm）の上昇率であったが、これは世界平均の海面水位上昇率（約3.7mm/年）の80％程度であった。

海面水位の上昇は、海域によって±30％程度の範囲で異なるとされている。この差異は、陸域の氷の減少に伴う地殻変動や、海洋の水温変化、海流による海水温分布の違いによる熱膨張の影響などで生じる。海面水位には地球温暖化以外に、地盤変動等の要因も関係しているが、日本沿岸の海面水位変化に対する地球温暖化の影響分がどの程度なのかは明らかとなっていない。

将来の日本沿岸の海面水位であるが、21世紀中は年平均海面水位が上昇を続け、21世紀末には、気温4℃上昇のシナリオで0.71m（0.46～0.97m）、気温2℃上昇のシナリオで0.39m（0.22～0.55m）の海面上昇が予測されている。

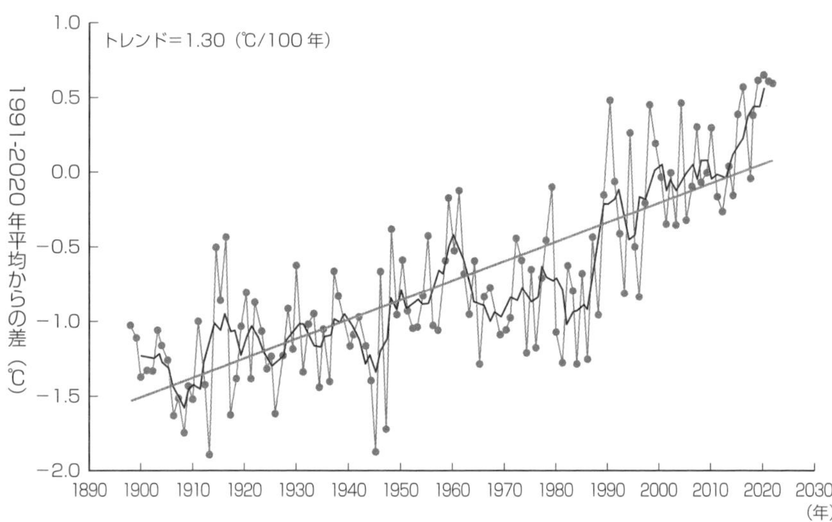

▲図11　日本の年平均気温偏差の傾向

出所：気象庁

細線：各年の平均気温の基準値からの偏差、太折れ線：偏差の5年移動平均、直線：長期的変化傾向。
基準値：1991～2020年の30年平均値。

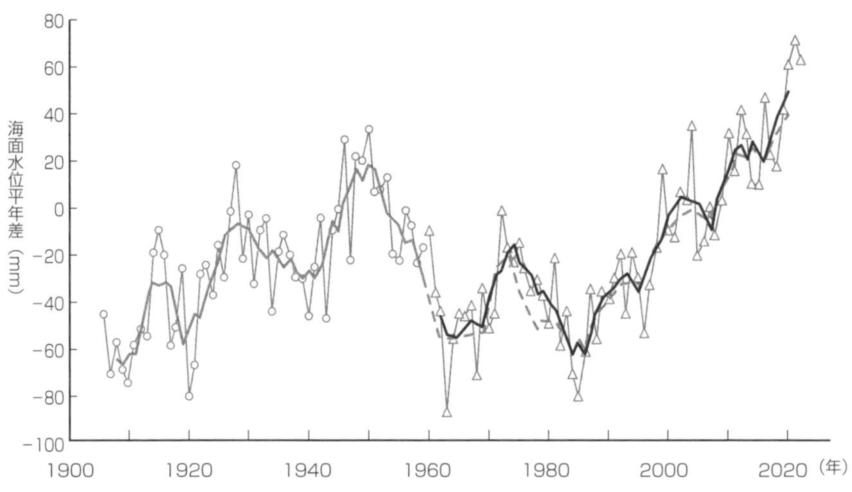

▲図12　日本沿岸の1906～2022年の海面水位の変化

出所：気象庁

1991～2020年の平均を基準（平年値）と設定し、それとの差を示している。

国内の過去の降水の傾向については、長期的な変化は見られないが、降水のあった日数は減少傾向にあり、大雨や短時間強雨の発生頻度は増加している。

21世紀末の降水予測では、20世紀末と比較して変化は見られないが、大雨および短時間強雨の発生頻度が増加することが予測される。初夏（6月）の梅雨降水帯は強まり、停滞する位置は今日よりも南になることが増える。

熱帯低気圧については、台風の発生数、日本への接近・上陸数、台風の強度に、長期的な変化傾向は見られない。日本列島が位置する北西太平洋域では、台風の強度が最大となる緯度がやや高緯度側へ移動する傾向がある。

世界的には、全熱帯低気圧に占める非常に強い熱帯低気圧の割合が増加する。日本付近においても、台風の強度は強まり、台風のもたらす降水の年間総量には変化がないものの、個々の台風の降水量は増加すると予測されている。

降雪・積雪については、1962年以降の観測データによれば、年最深積雪は減少傾向にある。全国各地の1日あたり降雪量が20cmを超える日数も減少している。降雪量の予測でも、気温の上昇傾向が続く間は降雪量の減少傾向も続くと思われる。気温2℃上昇のシナリオでは、21世紀末の年最深積雪・年降雪量ともに、20世紀末よりも減少することが予測されている。ただし、気温上昇傾向が続くと大気中の水蒸気量が増加するため、厳冬期の降雪量・最深積雪は増加すると予測され、頻度は少ないが大雪のリスクもある。

6-3

気象災害に関する国際的な認識

第３回国連防災世界会議（2015年３月）で採択された「仙台防災枠組」では、優先事項の１つに、防災・減災への投資を進め、レジリエンスの向上を図ることが掲げられている。

■１　防災に関する国際認識

温暖化ガスの削減などを柱とする気候変動の緩和策と、気温上昇や海面上昇といった変化する気象環境のもたらす影響に対する適応策との関係について、IPCCの報告書では、次のように、緩和策と適応策の両者による対応の必要性を指摘している。

〈適応は気候変動影響のリスクを低減できるが、特に気候変動の影響がより大きく、速度がより速い場合には、その有効性には限界がある。気候変動を抑制する場合には、温室効果ガスの排出を大幅かつ持続的に削減する必要があり、適応と合わせて実施することによって、気候変動のリスクの抑制が可能となる〉（IPCC第５次評価報告書統合報告書、2013年）

また、第3回国連防災世界会議（2015年3月）で採択された「仙台防災枠組2015-2030」では、4つの優先事項の中の1項目として、防災・減災への投資を進め、レジリエンス（回復力、強靱性）を高めることが掲げられている。この流れは、1990年から始まった「国際自然災害軽減の10年」を経て、**国連国際防災戦略事務局**（**UNISDR***）や防災関係者の間に広まった共通的な認識である「防災の主流化（Mainstreaming Disaster Risk Reduction）」に遡る。防災の主流化とは、諸々の政策において防災の優先順位を上げ、すべての開発や計画に防災の概念を導入して、防災に関する投資を増やすことである。

「国際自然災害軽減の10年」の活動を通じ、世界中で、社会的・経済的安定を脅かす世界共通の重大な脅威である自然災害に対する理解が進んだ。特に、「自然災害の脅威を防止するためには、国際協調による長期的な取り組みが基本となる」という共通認識が醸成されたことは、グローバルな予防文化の創造への端緒となった。

2000年にUNISDRを継承して発足した**国連防災機関**（**UNDRR***）は、第2回国連防災世界会議（2005年）の「兵庫行動枠組2005-2015」、そして先述の「仙台防災枠組2015-2030」へと活動を拡大させ、国際防災協力の枠組み構築、各国の防災政策実施の支援、防災に関する国際的な指針の実施推進を担っている（表3）。

＊**UNISDR**　United Nations International Strategy for Disaster Reductionの略。
＊**UNDRR**　United Nations Office for Disaster Risk Reductionの略。

▼表3　自然災害に関する国連の取り組み

年	国連の主な活動
1960、70年代	災害への個別的な支援
1971年	災害支援局創設
1987年	持続可能な開発の文脈で、国連による気候リスク管理、自然災害軽減促進
1990～1999年	国際自然災害軽減の10年（IDNDR）
1994年	第1回国連防災世界会議（横浜）：IDNDRの中間レビュー
1998～1999年	IDNDRの10年間の総括イベント開催（➡防災の主流化の認識）
2000年	国連防災機関（UNDRR）設立（UNISDR継承）
2005年	第2回国連防災世界会議（兵庫）：2005-2015兵庫行動枠組採択
2015年	第3回国連防災世界会議（仙台）：2015-2030仙台防災枠組採択

COLUMN

テムズ・バリアー（ロンドンの防潮堤）

テムズ・バリアーは、テムズ川河口から70kmのロンドンを高潮から守るための防潮堤である。かつてロンドンの市街は、低気圧と北海からの強風により上昇するテムズ川の高潮被害を受けてきたが、その対策として1984年に建設されたのがこの防潮堤である。円弧状の断面の鋼製ゲートを、回転させて垂直に立て起こして川を堰き止める、という珍しい構造形式で、最大9mの潮位差を食い止めることができる。

中世の騎士のヘルメットのような防潮堤機械室▶

6-4

日本の気象災害への取り組み

気象災害への国内の対応としては、温室効果ガスの削減による緩和策、および気候災害の被害防止・軽減を図る適応策という２つの取り組みが進められている。

■1　地球温暖化対策と気候変動適応

国内の気象災害を含む温暖化によるリスクの回避・軽減への取り組みでは、温室効果ガス（GHG）排出削減・吸収などの対策（緩和策）、ならびに発生が予測される気候変動による人命、社会、自然環境への被害防止・軽減の対策（適応策）という2つの取り組みを車の両輪と位置づけている（図13）。

緩和策は「地球温暖化対策推進法」および「地球温暖化対策計画」、適応策は「気候変動適応法」および「気候変動適応計画」に基づいて進められている。

地球温暖化対策推進法（1998年）は、地球温暖化対策に取り組むための国の枠組みを定めるもので、この法律に基づいて設定された政府の総合計画が、地球温暖化対策計画（2021年10月閣議決定）である。

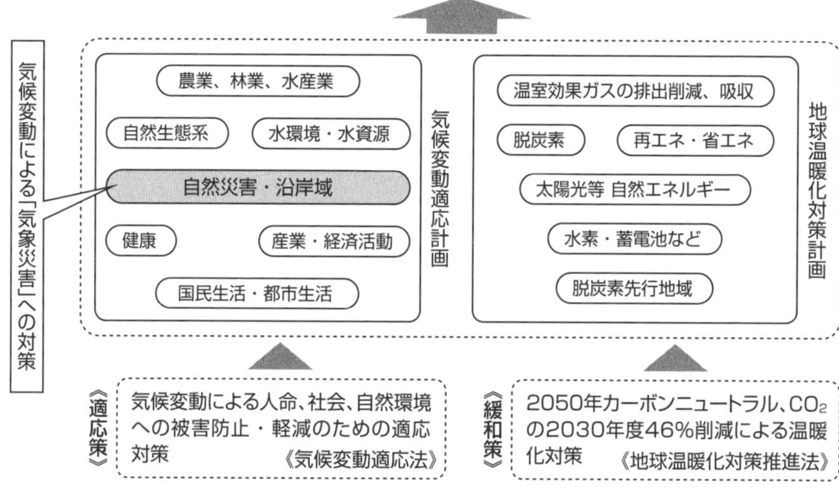

▲図13　地球温暖化対策における気象災害対策の位置づけ

この計画では、「2050年カーボンニュートラル」宣言、「CO_2の2030年度46%削減目標」の実現のための省エネ、再エネ、技術開発などの施策・対策を設定している。

これらの削減目標が達成されたとしても、気候変動による大雨などの変化は避けられないと予測されており、その対応として定められたのが、「発生が予測される被害の回避・軽減の適応策」である**気候変動適応法**（2018年）である。気候変動の影響によって発生する人の生命や社会、自然環境などへの被害を防止・軽減するため、気候変動への適応を進めることを目的とするものであり、この法律に基づいて設定された政府の気候変動適応に関する総合的な計画が、気候変動適応計画（2021年10月閣議決定）である。

■2　気候変動適応計画における気象災害対策

気候変動適応計画には、高温耐性の農作物品種の開発などの「農業、林業、水産業」分野や、熱中症予防対策など「健康」、「国民生活・都市生活」、および「水環境・水資源」、「自然生態系」、「産業・経済活動」の各分野とともに、「自然災害・沿岸域」分野において気候災害の防災の施策が盛り込まれている（表4）。

「自然災害・沿岸域」分野において、予測される気温上昇、短時間強雨や大雨の発生頻度の増加、海面水位の上昇、台風の激化、無降水日数の増加などにより、発生頻度と規模の拡大が予測される災害としては、水害、土砂災害、高潮災害、渇水の頻発・激甚化、および浸水、海岸侵食などの港湾・海岸への影響や、交通への影響、

▼表4　気候変動適応計画における気象災害への対策

気候変動により増加する気象災害リスク	気象災害への対策（気候変動適応計画）
風水害発生頻度増加 風水害の大規模化	・施設の整備、既存施設の機能向上 ・効率的な施設の設計 ・施設の運用、構造、整備手順等の工夫 ・まちづくり、地域づくりとの連携 ・避難、応急活動、事業継続等のための備え ・その他
土砂災害の発生頻度増加 土砂災害の大規模化	・深層崩壊等への対策 ・警戒避難のリードタイムが短い土砂災害への対策 ・災害リスクを考慮した土地利用、住まい方 等 ・その他
海面上昇による高潮・高波被害リスク増加 海面上昇による海岸侵食リスク増加	・港湾における海象のモニタリングとその定期的な評価 ・防護水準等を超えた超過外力への対策 ・災害リスクの評価と災害リスクに応じた対策 ・進行する海岸侵食への対応の強化 ・その他
その他気象災害によるリスク増加	・気候変動による外力増大への対策 ・その他

ヒートアイランドの深刻化などがある。

こういった気象災害に対する適応策の基本的な考え方としては、すでに顕在化している事象によって発生する被害の軽減化、早期復旧の対策を講じるとともに、将来予測される気候変動による影響を各事業計画に組み込むことがある。気候変動に伴って予測される外力を組み込んだ計画への見直し、および外力に対応する追加的な対策も検討の対象となる。この場合、防災対策には危険箇所からの移転といった土地利用規制も含まれる。

気象災害への備えとしての防災・減災対策では、総合的な視点により、ハード・ソフトを一体化した対策とする。気候変動の進行や気象予測データ分析で得られた知見を活かし、既存の対策を活用するとともに、新たな対策との組み合わせによるリスク低減効果の向上を図る。将来の気候変動の影響への対応では、将来追加的・段階的に講じる対策を踏まえ、できるだけ手戻りのない設計とすることで、施設の改造などに柔軟性を持たせる必要がある。

分野別に見ると、河川分野では、短時間の局地的な大雨などによる浸水災害対策として、より精度の高いリスク評価や、その情報の共有化の方策を開発するとともに、予測される外力に備えた築堤や河道掘削、洪水調節施設などの整備を行う。内水氾濫対策では、水位情報を活用した既存施設の機能向上や下水道管渠(かんきょ)のネットワーク化など、災害リスク評価を踏まえた効果的な整備を進めることとなる。

■3 治水対策

治水では、山地から海岸まで一貫した総合的な土砂管理など、流域全体で行う流域治水を進める。既存の治水施設については、ダムの堆砂対策など、維持管理・更新、水門などの施設操作の遠隔化・自動化等が重要である。全国には約3000基のダムがあるが、このうち国が管理する573基（2021年度末時点）では、約12%のダムの堆砂が計画量を超えており、機能保全は重要課題である。新規施設では、改造等が容易な構造形式の選定により、手戻りのない施設の設計などを進める必要がある。

ダムの運用では、利水ダムを含む既存ダムの洪水調節機能を最大限活用し、予報技術向上に伴い事前放流の取り組みを推進するなど、既存施設の機能を最大限活用する運用や、治水ダムの導入を含む対策を進める。

事前放流については、国交省が2019年度に「発電や上水道などの利水用の容量も治水用に活用する」方針を打ち出した。大規模ダムの事前放流には5～7日程度の放流期間が必要となるが、事前放流の本格的な導入のためには、ダムへの流入量の予測精度の向上が必須となる。梅雨期末期の線状降水帯による集中豪雨の場合は、台風のような、時期や進路の精度の高い予測が難しく、事前放流に踏み切るかどうかの判断の難度は高い。実施に対してはAIを活用するなど、ダムへの流入量の予測精度を向上させる技術の開発が必要である。

2022年9月の令和4年台風14号（最低気圧910hPa）では、九州・中国・四国地方の合計129基のダムで、事前放流を行った。九州最大級の貯水容量を持つ鹿児島県川内川上流の鶴田ダムでは、貯水率が70%を超えると緊急放流を行う可能性が高まることから、治水用の水量に加えて利水用の発電水量分も含めて、台風上陸の54時間前から事前放流を開始した。これによって128mあった水位を13m低下させ、毎秒2000トン近くの台風によるダムへの流入水量を受け入れることができ、下流域でのピーク水位を低下させた（図14／図15）。このダムでは、事前放流を想定し、当初の放流管よりも25m下方に新たな放流管を増設して洪水調節機能を強化する改造工事が、2018年に終了していた。

洪水対策としては、多目的ダムの事前放流による運用のほかに、流水型ダムの設置がある。流水型ダムは、洪水に特化した洪水調整のみを目的としており、農業や発電などの利水の機能は持たない。通常は貯水

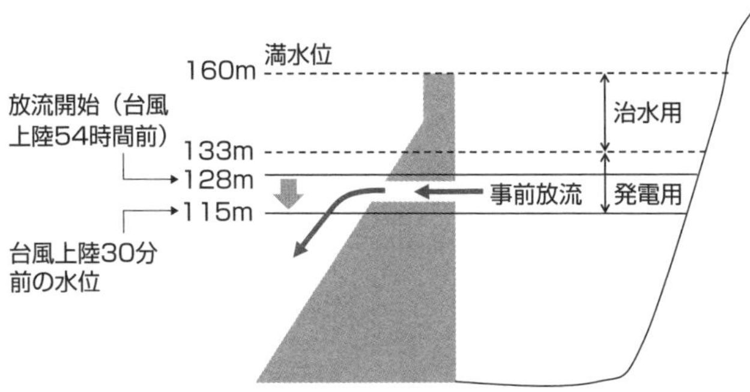

▲図14　鹿児島県鶴田ダムの事前放流（令和4〈2022〉年台風14号）

◀図15　放流中の鶴田ダム
出所：国交省

することなしに河川流量をそのまま放流し、洪水時には通常水量を超える分を一時的に貯水して、下流域のピーク流量を抑える。河川水が貯留せずに、河床近くの洪水吐きや土砂吐きから流水し、水循環、土砂循環、魚類の移動など、自然河川に近い循環が維持されるとされている（図16）。

国内における流水型ダムの実績はまだ少なく、初期の例では、島根県益田川ダム（2005年）、鹿児島県西之谷ダム（2012年），石川県辰巳ダム（2012年）などがある。熊本県では、2023年度に国交省管理の最初の流水ダムである立野ダムが白川に完成予定である（図17）。このほか、熊本県では球磨川水系流域治水として、川辺川での流水型ダムの建設計画が進められている。

多目的ダムに対し、洪水調節や農地防災に特化した治水ダムに区分される小規模のダムが、戦後の1950年代以降、特に農地防災などの目的で建設された。治水ダムは流量調整をする必要がないため、非常用洪水吐きにはゲートがなく、維持管理も比較的容易であり、現在では全国に200基ほどある。近年建設されるようになった流水型ダムは、治水に特化した点で治水ダムの一種であるが、通常時にはまったく貯水をしないことから、**流水ダム**と呼ぶことが多い。

ダムは、水系全体の環境に与える影響が大きく、過去、長年にわたり多くの議論が積み重ねられてきた。熊本県球磨川の荒瀬ダムのように、ダムを撤去するケースも出てきた。ダムについては、気候変動への防災対策とともに、環境保全を含めた総合的な視点での適応策としての判断が必要となる。

気候変動に備えたダム以外の洪水対策としては、河川・下水道の施設の一体運用や、貯留施設等の整備がある。また、まちづくり・地域づくりとの一体的整備において、河川堤防が決壊に至るまでの時間を引き延ばし避難時間の確保をする「高規格堤

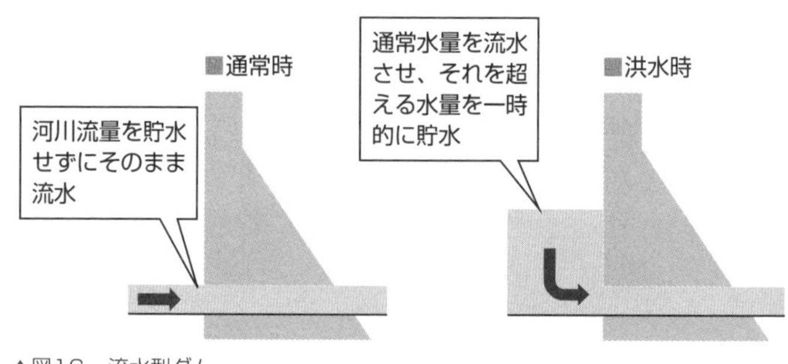

▲図16　流水型ダム

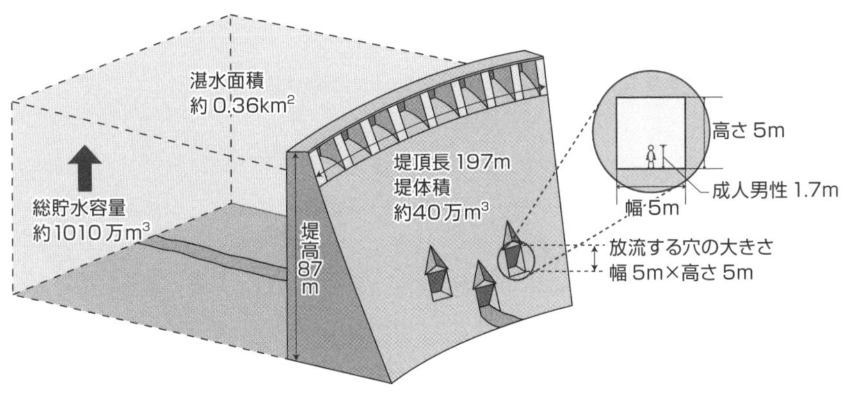

ダム位置	熊本県菊池郡大津町／阿蘇郡南阿蘇村		
河川	白川水系白川	堤頂長さ	197m
構造形式	曲線重力式RCダム	堤体積	約40万m³
集水面積	約383km²	天端高	標高282m
湛水面積	約0.36km²	最高水位	標高276m
総貯水容量	約1010万m³	計画堆砂	約60万m³
堤体高さ	87m		

▲図17　立野ダムの構造と諸元
出所：国交省立野ダム工事事務所ホームページ

防」の整備もある。既存住宅が集積する地域の浸水軽減対策については、雨水貯留浸透施設や止水板の設置といった浸水対策とともに、「災害リスクの低い地域への居住や都市機能の誘導」も含める必要がある。

減災対策では、二線堤（堤内地に築く控えの堤防）などによる氾濫拡大の抑制、低地の道路などをつなぎ安全確保・避難を可能とする高台まちづくり、地下空間への浸水防止対策や避難確保対策などがある。流域治水におけるグリーンインフラの活用として、雨水貯留・浸透施設の整備などの対応策もある。

河川の流域全体の視点から土砂の供給・流下を管理するために、透過型砂防堰堤、ダム堆積土砂の下流還元、サンドバイパス／サンドリサイクルなどによる海岸の侵食・堆砂対策なども、洪水対策の選択肢となる。

■4　沿岸域の防災対策

沿岸域の防災も、海面上昇予測による外力の予測を、過去の実績に基づくものから、将来予測に基づく潮位などを考慮したものに見直すことを進める。国交省の有識者委員会の提言「**気候変動を踏まえた海岸保全のあり方**」(2020年7月）では、海岸保全を、過去のデータに基づきつつも、IPCCの気候変動による影響を考慮した対策へと転換すべきことが提言されている（表5)。

この提言に基づいて、高潮被害の想定される沿岸部では、防潮堤などの見直しを今後予測される海面上昇に応じて行う。この場合、高潮ハザードマップや避難情報を整備するソフト対策との一体的対策で、堤外地・堤内地の高潮等のリスク抑制対策を計画する。防波堤・防潮堤による一線防御の考え方を改め、ハード·ソフト施策による多重防御の考え方を取り入れた対策の検討を進める。

首都圏のゼロメートル地帯の広がる東京湾奥沿岸部では、全国に先駆けて気候変動の影響による海面上昇傾向を取り入れた計画への見直しがなされている。気候変動による降雨量の増加を見込んで、内水氾

▼表5　「気候変動を踏まえた海岸保全のあり方」検討委員会提言のポイント

項目	対策
高潮・津波対策	ハード対策＋ソフト対策の組み合わせ
	設計潮位＝朔望平均満潮位＋供用期間の予測海面上昇
	潮位偏差、波浪は予測不確実性大だが上昇傾向
	潮位偏差、波浪の推算に各種研究成果、大規模アンサンブル気候予測(d4PDF)等を活用
海岸保全対策	地域の実情、背後地の土地利用状況、環境配慮および外力変化予測を施設整備で考慮
	堤防の粘り強い構造、排水対策による被害軽減策
	外力変化＋LCC考慮の施設の更新・維持管理
	海象や地形、海岸環境のモニタリング、保全施設の健全度評価の強化
他分野との連携対策	高潮浸水想定区域の指定促進、リスク情報提供の強化
	高潮、洪水の同時発生も想定したハード整備、水害リスクを考慮しまちづくりと一体的対策
	沿岸地域の水害も配慮したBCPの作成
	モニタリングによる海浜地形観察で侵食対策
	沿岸漂砂による長期的な地形変化に対し、気候変動の影響予測を実施
	予測重視の順応的砂浜管理
	河川、ダム管理との一体的な流域連携の総合土砂管理
今後5〜10年に着手すること	海岸保全における気候変動の予測・影響評価・適応サイクルの確立
	将来変化予測ベースの地域リスク情報の提供

濫への対策についても計画を策定している。この計画の見直しは、委員会の提言にある「2100年までに平均気温が2℃上昇する」予測を前提として海岸保全施設を整備するものであり、海面の平均水位が29～59cm上昇する予測をもとに、60cm上昇した際に発生の可能性のある高潮や波浪について検討を行っている。

東京湾岸の東京都区間では、既存の総延長62.4km、荒川工事基準面（A.P.）に対し4.6～8mの防潮堤を、5.6～8mまでかさ上げする対策を実施する。現在の堤防高A.P.4.6～8mは、朔望平均満潮位に高潮偏差および波浪の要素を加えて算出している。なお、津波の最高波高の潮位はA.P.3.7mで、高潮の最高潮位よりも低い（図18）。

東京都区間での最大のかさ上げ高は、東雲駅付近の東部地区で1.4mとなる。江東区の青海付近はすでに8mの高さで整備が完了しており、現状で2100年の海面上昇潮位への対応が可能である。防潮堤のかさ上げ工事は、施工50年経過の改修時期を考慮しつつ、2100年まで段階的に実施される。第1段階（おおむね2070年まで）は、それまでの海面上昇分に余裕高を考慮した天端高で施工を行い、それ以後の第2段階では、高潮偏差・波浪の増大分を上乗せした天端高で施工する計画となっている（図19／図20）。なお、今後の海面上昇水位は、継続する潮位モニタリングを反映して見直しを行う。

防潮堤その他の海岸保全施設の耐震・耐水対策では、最大級の地震を対象とした海岸保全施設の耐震対策を講じることとされており、水門、排水機場の電気・機械設備の浸水を防ぐ耐水対策が施される。

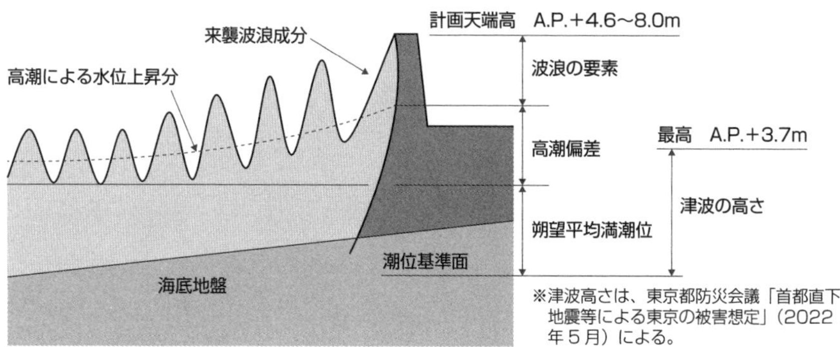

▲図18　天端高設定方法
出所：東京湾沿岸海岸保全基本計画［東京都区間］（案）、令和４年

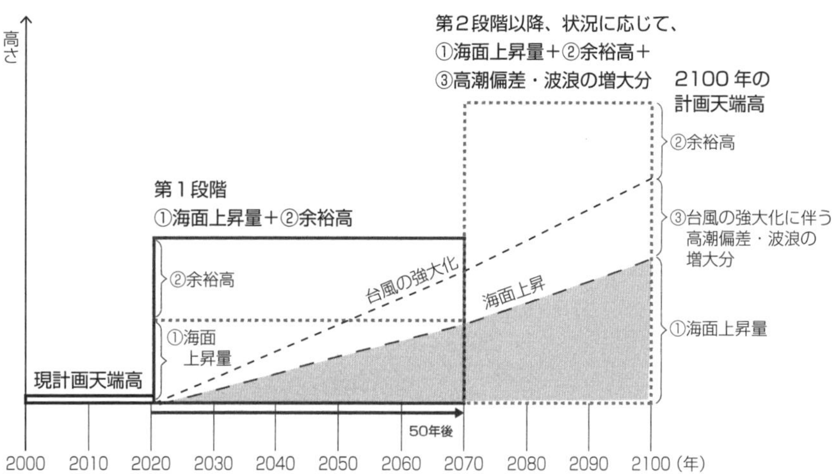

▲図19　段階施工による防潮堤かさ上げ工事
出所：東京湾沿岸海岸保全基本計画［東京都区間］、令和５年３月

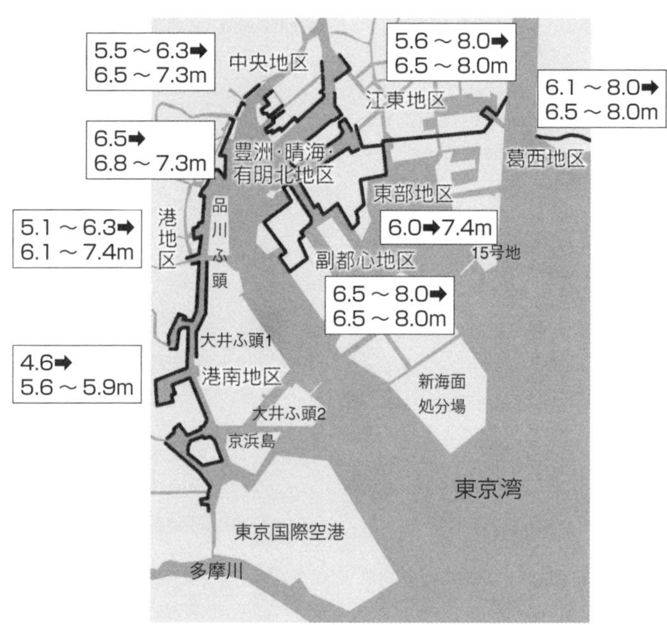

▲図20　東京湾奥部の防潮堤計画天端高（数字はA.P.で現在高➡計画高を示す）
出所：東京湾沿岸海岸保全基本計画［東京都区間］、令和５年３月

降雨量の増大については、気候変動の影響により1日あたりの降雨量が1.1倍に増加することを想定し、内水氾濫の発生を防ぐために排水機場の排水ポンプ機能などの強化を行う（図21）。

沿岸部に立地する空港施設については、海面上昇、高波等の外力の増大に対し、空港BCP（BCP：事業継続計画）の観点から対策を講じる。空港施設の大規模自然災害に関する対策について、国交省航空局では検討委員会を設置し、災害が発生した場合においても航空ネットワークを維持し続

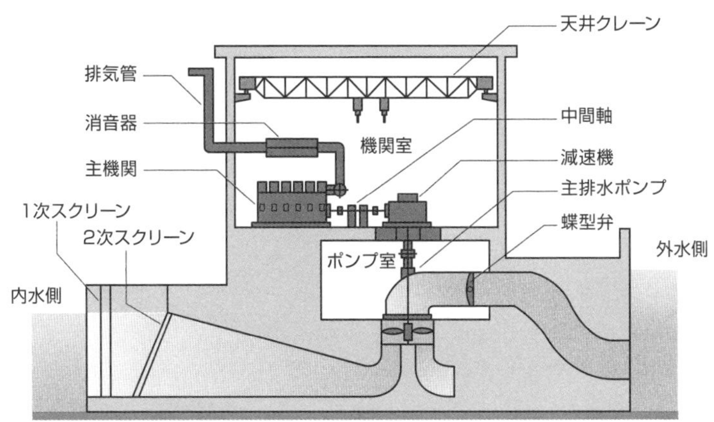

▲図21　水門に隣接する辰巳排水機場（上）とその仕組み（下）

辰巳水門に隣接して排水機場が設置されている。水門の閉鎖後、降雨などによる内水位上昇を抑えるため、防潮堤と水門に囲まれた地域の雨水をポンプで排除する。

けるための方策の検討を行っている(全国主要空港における大規模自然災害対策に関する検討委員会・最終とりまとめ、2019年4月)。

この中で、ハード面における対策としては、護岸や管渠等の浸水・排水施設に対する気候変動の影響を踏まえた設計値の見直し、滑走路等の液状化対策や水密性扉の設置などが挙げられている。

特に、災害時において空港の基幹的機能を保持する最低限の電力確保に向けた取り組みは急務だとしている。さらに、整備後も定期的な点検と、必要に応じた対策の実施が不可欠だとし、空港機能を継続するために統括的災害マネジメントの考え方で取り組むこととして、**空港業務継続計画**が策定されている(「『A2-BCP』ガイドライン～災害に強い空港を目指して～」、国土交通省航空局、2020年3月)。

この計画は、空港の機能保持および早期復旧を目的として、空港利用者の安全確保の計画および、滑走路・旅客ターミナルビルなどの空港施設の維持計画に加えて、空港関連インフラがこれまで経験したことのないレベルの自然災害などを受けた場合を想定した事業継続計画である。電力、通信、上下水道、燃料供給、空港アクセスの各機能が喪失した場合を想定している。なお、BCPの発動基準について、東京国際空港の場合は、東京23区で震度6強以上の地震を観測した場合、および、東京湾内に大津波警報が発表された場合とされている。

海岸の侵食・堆砂の対策については、気候変動による影響を含む砂浜の変動傾向を把握し、将来予測に基づき対策を実施する――という予測重視の「**順応的砂浜管理**」を進める。この「順応的砂浜管理」は、「水系全体での土砂の収支がバランスするように構造物を配置することで、海岸部への適切な土砂供給を行う」土砂管理対策である。

「順応的砂浜管理」の考え方は、国交省が設置した**津波防災地域づくりと砂浜保全のあり方に関する懇談会**の「砂浜保全に関する中間とりまとめ」(2019年6月)で報告され、特に、すべての砂浜の状況を定期的に確認する「健診的モニタリング」を行って、必要な砂浜幅が確保できないと予測された時点で対策を行うことが重要だとされている(図22)。

予測を重視した順応的砂浜管理では、対象とする砂浜の状況を、対応策の設計に必要な精度で把握することが重要となる。対象の砂浜のこれまでの状況に応じて、モニタリングの項目・精度・頻度および範囲などの管理水準や、モニタリングの実施体制、モニタリング方法を設定し、モニタリング実施で得られた各種データの集計、整理、データ処理をして、分析・評価を行う。この結果をもとに侵食メカニズムを解明し、当該砂浜に対する要求性能に従った砂浜管理指標を設定して、侵食対策を講じる。このあと、モニタリング結果により、対策後の砂浜の侵食状況を把握し、設計意

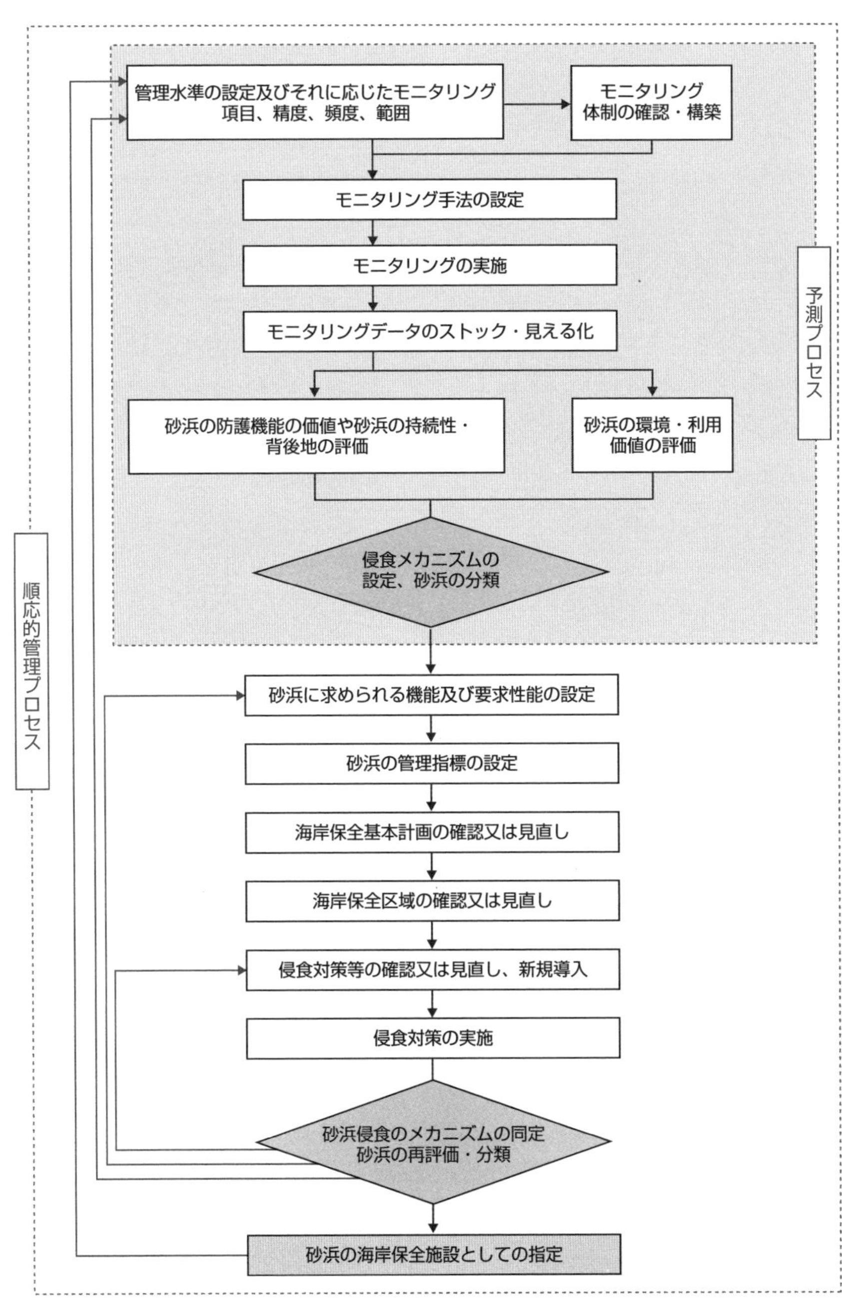

▲図22　順応的砂浜管理のフロー

出所：砂浜保全に関する中間とりまとめ（2019年）

図との対比から効果の評価を行う。以後もさらに変更を加えつつ、対策と効果をモニタリングで追跡して評価を行う。

このほか、気象災害への取り組みとしては、土砂災害リスクの高い流域において、土砂流出を抑制する砂防堰堤や遊砂地等の整備を進めるとともに、過去の観測データに基づいてより精度の高い土砂災害ハザードマップを整備し、リスク情報の周知を図る。さらに、急傾斜地付近での開発が進んだ危険度の高いハザードエリアからの移転を促進する土地利用規制を含めた、まちづくりを進める。既存の土砂災害関連の防災施設では、点検を実施し、必要に応じて砂防堰堤の適切な除石などの維持管理を進める。また、大規模土砂災害につながる深層崩壊等の発生や河道閉塞の可能性を検知できる危機管理体制を整備する。

土砂災害とともに起こりがちな流木による被害への対策としては、流木止めの設置や、既存の不透過型堰堤の透過型堰堤への改造、流木捕捉式治山ダムの設置を行う。

旧岩淵水門

東京の下町は、明治後半に、隅田川(荒川)のたびたびの氾濫による水害に悩まされ続けてきた。この水害対策として建設されたのが、隅田川の水の一部を東京湾に流す、現在の荒川下流部である。**旧岩淵水門**は、「隅田川の水位を一定の高さ以下に抑える」目的で新たに開削された荒川放水路と隅田川の間に設置された水門である。1930(昭和5)年に完成してから1982(昭和57)年に建設された2代目に引き継ぐまで、隅田川の水位を制御する役割を果たし続けた。

◀現在も原位置にモニュメントとして残る

第7章

防災計画（国土強靭化による防災対策）

本章では、主としてハード面の防災対策の視点でインフラ整備計画について述べる。まず、インフラの老朽化と脆弱性の状況について述べ、この状況を踏まえて策定された事前防災のための国土強靭化の推進によるインフラの整備の取り組みについて述べる。次いで、この計画に沿って進められる防災対策について、重点プログラムを中心に、緊急対策として実施された事例を挙げながら解説する。

7-1

ハード対策としてのインフラ

ハード面の対策とは、自然災害の種類に応じて予測される自然外力に対し、工学的知見に基づいて実施される、インフラの整備などによる対策である。

■1　工学的知見に基づく防災対策

国の防災の取り組みは、第1章「自然災害と防災」で述べたとおり、災害対策基本法で示される防災の基本理念のもとで実施される。この基本法に基づいて策定された防災基本計画では、自然災害とは常に変化するものだという認識の必要性が述べられている（第1編「総則」の第3章「防災をめぐる社会構造の変化と対応」）。加害力としての自然現象の発生については、20世紀後半から特に地球温暖化の影響による激甚化の傾向があるが（本書の第6章「気候変動と気候災害」参照）、さらにこの間の社会状況の変化もまた、災害発生の素因としてインフラの脆弱性に影響を与えている。

自然災害への備えは、構造物の耐震化、河川堤防の強化、あるいは津波に対する防波堤といったハードのインフラとともに、災害予知、ハザードマップ、防災関連情報の整備から、災害時の帰宅困難者の扱い、避難施設、防災教育、広報、情報管理などまで、広範な分野のソフト面の知見を一体とし、総合的に活用して取り組むべき課題である。これらの中で、ハード面の対策としては、各章で見てきた水害、地盤土砂災害、地震災害、火山災害、気象災害などの自然災害の種類ごとに、科学的知見に基づいて予測された自然外力に対し、工学的知見に基づいた防災対策を講じる。大規模な地震や津波、火山噴火など外力が大きくなると、ソフト面の対策が果たす役割は大きくなり、重要度も高くなる。しかし、「発生頻度は高いがレベルはさほど高くない」自然外力による被害の程度は、ハード面の対策に依存している。インフラの整備の状況によっては、あるレベルの外力までは大部分が無災害、あるいは災害の程度を最小限に抑えることが可能である。大規模な災害の場合でも、被災前のハードのインフラの整備状況は、被災後の復興・復旧段階に大きく影響を与える。これらについては、国内で毎年発生する台風や地震の被害で経験するところであり、国際的にも自然災害の被害が発展途上国に偏っていることからもわかる（第1章「自然災害と防災」参照）。

防災においてハードのインフラは、災害への備えであると同時に、平時の人々の生活の利便性や快適性を確保するものである。道路・鉄道等の交通システムや、水道・電気等のライフラインなどは、「機能して当たり前という日常のレベルを、災害時にもどれだけ継続できるか」が防災上の大きな課題である。ただし、例えば津波防波堤の高さは、過去最高の津波高さに耐えうるように設定するのではなく、日常生活における環境保全などの視点から、それよりも低く設定し、防波堤の高さを超える津波が発生した場合は、「迅速で的確な避難」というソフト対策によって人命を救うことを目指すという方策もある。この意味から、防災計画の中で、ハードのインフラによる備えは一次的かつ基本的な防災対策であり、適切な管理によってインフラを常に機能するように維持することは、防災対策の根幹をなしている。インフラ施設は時間の経過とともに必ず劣化が進み、耐久力や機能の低下が起こるので、補修・補強・更新などの手入れをしながら維持する必要がある。したがって、日常におけるインフラの維持管理と、インフラによる防災対策とは、表裏一体だといえる。

7-2

インフラの老朽化と脆弱性

老朽インフラの増加は、平時における社会基盤の安全性の低下につながるが、同時に、自然災害による外力への抵抗力を低下させる防災力の脆弱化も意味する。

■1　老朽化と防災力低下

自然災害への備えとしての国内のインフラの防災力は、過去数十年にわたって、耐震補強などによる強化が進められた一方では、経年による老朽化の進展で低下する面もあった。日本を含む世界各国では、戦後の建設投資が集中的に行われたが、そのピーク時期は日本では欧米よりやや遅く、1960年代から70年代であった。

国内の建設投資は、1990年代後半にピークを迎えると、その後は四半世紀にわたって減少から横ばいで、世界的にも特異な傾向にあった（図1）。この間、高度経済成長期に集中して建設されたインフラストックの老朽化が目立ち始めた。その後も進行したインフラの老朽化によって、中央高速道路笹子トンネルの天井板崩落事故（2012年）、和歌山県の水道橋崩落事故（2021年）、あるいは各地での水道管破裂や道路陥没事故などが引き起こされた。

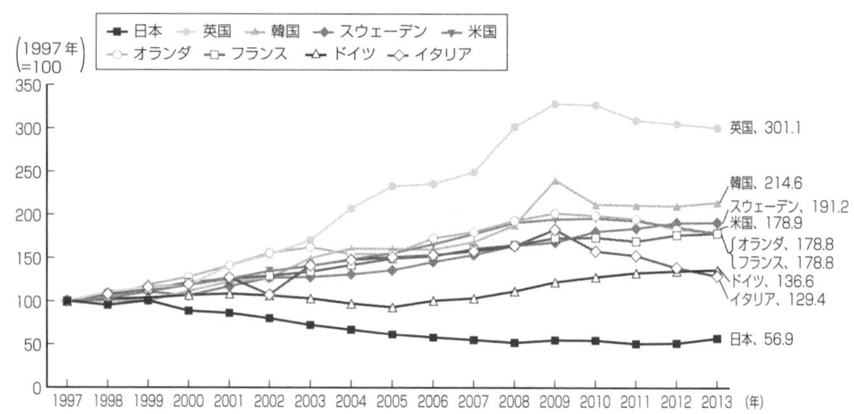

▲図1　一般政府公的固定資本形成の推移（1997～2013年）

出所：内閣府「2014年度国民経済計算（2005年基準・93SNA）（確報）」、国土交通省作成

1997年を基準（100）とし、2013年まで日本を含む各国の推移を示した。日本は、2012年の56.9まで一貫して減少し、東日本大震災翌々年の2013年にわずかに増加に転じた。

このようなインフラの老朽化は、平時における安全性を脅かすと同時に、自然災害に対する靱性を低下させ、脆弱性を高めることにもなっている。インフラの老朽化、防災力の脆弱化が進む中で、インフラの強靱化による大規模災害などの防災計画として、**国土強靱化基本計画**が開始された(図2)。

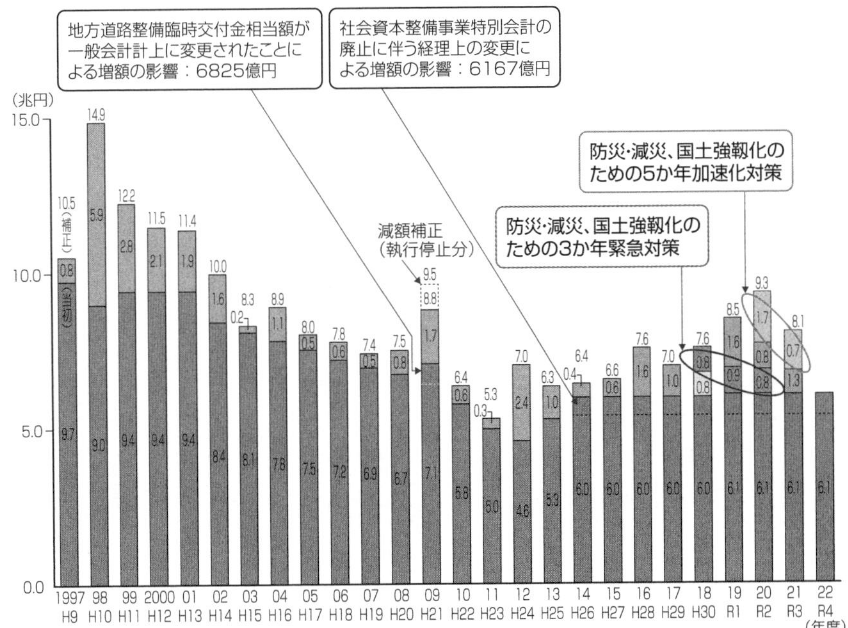

※本表は、予算ベースである。また、計数は、それぞれ四捨五入によっているので、端数において合計とは一致しないものがある。
※平成23・24年度予算については、同年度に地域自主戦略交付金に移行した額を含まない。
※防災・減災、国土強靱化のための5か年加速化対策の初年度及び2年度分は、それぞれ令和2年度及び令和3年度の補正予算により措置されている。
※令和3年度予算額(6兆549億円)は、デジタル庁一括計上分145億円を公共事業関係費から行政経費へ組み替えたあとの額であり、デジタル庁一括計上分を含めた場合、6兆695億円である。

▲図2　公共事業関係費（政府全体）の推移（1997～2021年度）

出所：国土交通省

1998年度をピークに2011年まで減少し、その後は反転して2014年度からほぼ6兆円台で推移している。2018年度から国土強靱化基本計画に基づく施策の一環として、3か年緊急対策が始まった。

7-3

インフラ強靱化計画

国土強靱化の目指すところは、災害を受けるたびに行う事後的な災害復旧から脱却し、最悪のシナリオを見据えた大規模災害への事前の備えを平時から進めることである。

■1　国土強靱化への取り組みの経緯

東日本大震災が発生した翌年の2012（平成24）年12月末に、「老朽化インフラ対策など事前防災のための国土強靱化の推進、大規模災害などへの危機管理対応」が内閣の基本方針として盛り込まれた。国土強靱化担当大臣が設置され、2013（平成25）年1月には内閣官房に国土強靱化推進室が設置されて活動が開始された。同年3月に、「ナショナル・レジリエンス（防災・減災）懇談会」が設置され、国土強靱化の議論、地方や民間の意見聴取が行われた。政府内の組織として、「国土強靱化の推進に関する関係府省庁連絡会議」が設置され、2014（平成26）年度に予算概算要求をするため、国土強靱化のための基本的な方針の整理や、既存インフラ等の脆弱性評価を試行的に行い、重点化すべき国土強靱化のプログラムの対応方針の決定等が進められた。2013（平成25）年12月には、施策のための基本的な指針として「国土強靱化政策大綱」策定され、「国土強靱化基本法」（議員立法）が公布・施行された。これを受け、翌2014年6月に、具体的対策のもととなる「国土強靱化基本計画」が策定された。

■2　国土強靱化基本計画の基本目標

国土強靱化基本計画で示されている防災の考え方は、災害を受けるたびに応急的な復旧策を講じたあと長期間で復興を図る「事後対策」から脱却し、最悪のシナリオを見据えたリスク管理として、平時から大規模災害への総合的な事前の備えを目指すことにある。「いかなる災害が発生した場合も、経済社会システムが機能不全に陥らない」ことを目指し、次の4点を基本目標としている。

①人命の保護が最大限図られること
②国家・社会の重要な機能が致命的な障害を受けず維持されること
③国民の財産、公共施設の被害の最小化
④迅速な復旧復興

これらの4項目を基本目標とし、「国土の強靱化」（ナショナル・レジリエンス）を、まずは大規模な自然災害を対象として推進することとしている。

■3　国土強靱化プログラムの推進方針

４項目の基本目標を受けて、大規模自然災害などに対する脆弱性の評価が実施され、この評価結果から、国土の強靱性を確保するために事前に備えるべき目標として、次の８項目の**事前に備えるべき目標**が設定されている（図3）。

①人命保護
②救急医療活動確保
③行政機能確保
④情報通信機能確保
⑤経済活動継続
⑥電気、ガス、水道、燃料、交通ネットワークの確保
⑦二次災害回避
⑧地域社会・経済の再建・回復

これらの事前に備えるべき目標を前提に、各分野のインフラ施設に関する脆弱性評価から、従来の対応だけでは防ぐことが困難と思われる45の「起こってはならない最悪の事態」が設定されている。実施すべき防災対策は、これら最悪の事態の発生を回避するための施策パッケージのプログラムとしてまとめられている。45の事態回避項目ごとのプログラムには、国の役割の大きさ、緊急度の観点から優先順位がつけられて、さらに15の重点プログラムが選定されている。

以上のように、国土強靱化プログラムの推進は、想定した回避すべき事態（リスク）に対し、そのような事態が発生しないように予防策として講じる「事前対策」として実施される。

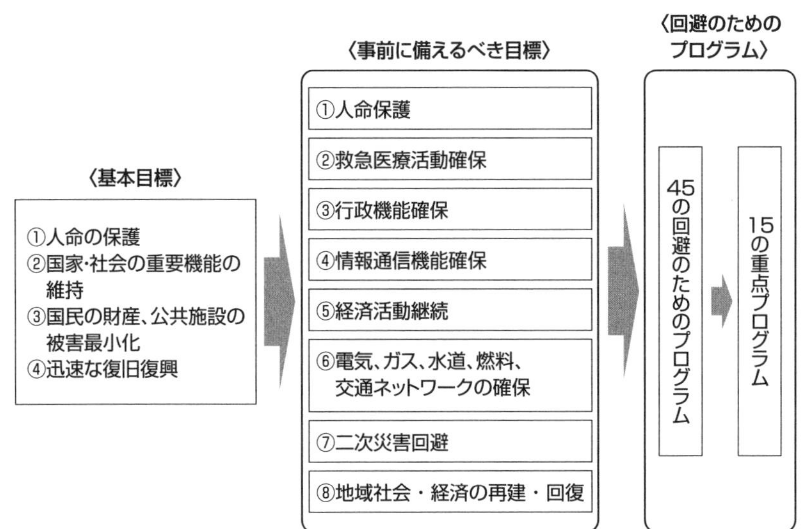

▲図3　国土強靱化プログラムの構成

第7章　防災計画（国土強靱化による防災対策）

7-4

インフラ関連の重点プログラム

想定した回避すべき事態に対し、45項目の強靱化の各プログラムが設定され、その中から優先順位の高い15の重点プログラムが選定されている。

■1　重点15分野の防災インフラ

国土強靱化施策のための重点15分野の中から、防災インフラに関わる主なものをみてみる（表1)。起こってはならない事態（リスク）として設定された「大都市での建物・交通施設等の複合的・大規模倒壊や住宅密集地における火災による死傷者の発生」に対しては、これらのリスクを回避するために、「各種施設の耐震化促進」、「人命に関わる天井脱落対策」、「長時間・長周期地震動に対する建築物の構造安全対策」、「公共空間活用」、「無電柱化推進による避難・救助活動円滑化」、「避難地、避難路、延焼遮断帯の確保等密集市街地対策」などが設定されている。これらの対応プログラムを実施することで、阪神・淡路大震災で発生したような、大都市で発生する都市インフラの複合的・大規模倒壊、死傷者の発生の回避を図る。

また、「広域にわたる大規模津波等による多数の死者の発生」のリスクに対しては、「避難場所、避難路の確保・耐震化、火災予防、高台移転の促進」、「避難路の整備に合わせた無電柱化、沿道建物の耐震化」、「通信基盤・施設の堅牢化・高度化等の推進」、「河川・海岸堤防、海岸防災林等設備、水門・陸閘等の効果的管理運用」などが設定され、東日本大震災のような広域・大規模津波による多数の死者の発生の回避を図る。

■2　国土強靱化基本計画の見直し、国土強靱化プログラムの開始

2014（平成26）年の国土強靱化基本計画から約5年経過後の2018（平成30）年11月に計画の見直しが行われ、強靱化計画が実行段階に入った。計画の見直しでは、2016（平成28）年の熊本地震などの災害や、2018（平成30）年7月豪雨、台風第21号、北海道胆振東部地震などから得られた新たな知見も考慮に入れて、上水道の長期間供給停止などの15の重点プログラムの組み替えと追加が行われた。

強靱化計画の実施にあたり、重点プログラムの推進を図るため、特に緊急に実施すべき施策として3か年緊急対策が決定された。この「**防災・減災、国土強靱化のための3か年緊急対策**」は、2018（平成30）年度から2020（令和2）年度の3か年で実施され、さらにその後の計画として「**防災・減災、国土強靱化のための5か年加速化対策**」(2021〈令和3〉年度から2025〈令和7〉年度）が決定された。

▼表1　国土強靭化計画における主なインフラ防災対策

回避すべき事態（リスク）	リスク回避の対策（対応プログラム）	災害の種類				
		風水害	地震	地盤	火山	気象
大都市での建物・交通施設等の複合的・大規模倒壊や住宅密集地における火災による死傷者の発生	各種施設・盛土造成地の耐震化、天井等非構造材脱落対策		○	○		
	長時間・長周期地震動に対する建築物の構造安全対策		○			
	公共空間活用、無電柱化推進による避難・救助活動円滑化		○			
	避難地、避難路、延焼遮断帯の確保等密集市街地対策		○			
広域にわたる大規模津波等による多数の死者の発生	避難場所、避難路の確保・耐震化、火災予防、高台移転の促進		○			○
	避難路の整備に合わせた無電柱化、沿道建物の耐震化		○			○
	通信基盤・施設の堅牢化・高度化等の推進	○	○		○	
	河川・海岸堤防、海岸防災林等整備、水門・陸閘等の効果的管理運用	○				○
異常気象等による広域かつ長期的な市街地等の浸水	ICTの活用により災害対応の迅速化、高度化推進					○
	河川堤防の避難への活用、地下構造物の浸水対策、局地的水害対策	○				
	津波等の予測、情報提供、ハザードマップの統合化	○	○			○
	通信基盤・施設の堅牢化・高度化	○			○	
大規模な火山噴火・土砂災害（深層崩壊）等による多数の死傷者の発生のみならず、後年度にわたり国土の脆弱性が高まる事態	災害に強い森林づくり、総合的土砂災害・深層崩壊対策	○		○		
	ため池、農業水利施設等の総点検	○	○			
	火山警戒システム整備、火山土砂災害の危機管理計画策定				○	
	火山・台風・集中豪雨等の防災情報強化、ハザードマップの統合化	○			○	
	自然生態系が有する防災・減災機能を定量評価	○		○		
	災害救助・救急活動の通信基盤・施設の堅牢化・高度化	○				

（次ページに続く）

回避すべき事態（リスク）	リスク回避の対策（対応プログラム）	災害の種類				
		風水害	地震	地盤	火山	気象
電力供給停止等による情報通信の麻痺・長期停止	電力・通信施設/ネットワークの耐災害性向上	○	○			
	長期電力供給停止に対する情報通信システムの強化対策	○	○			
	災害対応機関の情報通信施設・設備等の強化・充実	○	○			
	情報通信機能使用のライフラインの制御システムの安全性確保	○	○			
太平洋ベルト地帯の幹線が分断する等、基幹的陸上交通ネットワーク機能停止	地震、津波、火山噴火等の幹線交通等交通施設の被害想定精度向上		○		○	
	道路、鉄道、港湾、空港等の水害、土砂災害等への対応力強化	○		○		
食料等の安定供給の停滞	生産基盤施設の耐震化、治山等防災対策推進	○	○			
	物流インフラの道路、港湾、空港等の耐震対策推進		○			
電力供給ネットワーク（発変電所、送配電設備）や石油・LPガスサプライチェーンの機能の停止	電気設備の地震津波対応力強化		○			
	コンビナートの災害の発生・拡大の防止		○			
	設備耐震化、液状化・側方流動対策、防波堤や護岸等の強化		○			
農地・森林等の荒廃による被害の拡大	森林づくりによる山地防災力向上			○		
	自然環境の保全・再生による災害規模低減	○				○

注：「国土強靭化基本計画」（2014年6月）に示された「プログラムごとの脆弱性評価結果」の一部に、本書で区分する災害の種類などを加筆して作表。

■3 防災・減災、国土強靭化のための3か年緊急対策

3か年緊急対策では、防災のための重要インフラなどの機能維持策として、約120河川を対象に、大規模な浸水、土砂災害、地震・津波などによる被害の防止・最小化のため、バックウォーター現象などにより氾濫した場合に備え、甚大な人命被害などが生じるおそれのある区間について、堤防強化対策や堤防かさ上げなどの緊急対策が実施された。

交通ネットワークの確保に関しては、幹線道路などのうち、土砂災害等の危険性が高く、鉄道近接や広域迂回（うかい）など社会的影響が大きい約2000か所を対象に、土砂災害等に対応した道路法面・盛土対策、地盤改良や道路拡幅などが進められた。

鉄道では、豪雨により流失等のおそれがある河川橋梁や、斜面崩壊のおそれがある約240か所、浸水のおそれがある地下駅・電源設備など約270か所、地震により倒壊・損壊のおそれがある高架橋その他、約5900か所を対象に緊急対策が実施された。

港湾分野では、主要な外貿コンテナターミナルを対象に、コンテナ流出、電源浸水など、高潮・津波・高波・地震等のリスクのある港湾・施設について、浸水対策（約50施設）、耐震対策（5施設）、港湾BCPの充実化（約40港）が実施されている。

土砂災害関連では、災害時の避難・救助や物資供給を担う緊急輸送道路における過去の豪雨被災か所周辺の法面補強の前倒し（図4）、河川洪水時の避難用高台のない地区で堤防決壊時の避難時間確保のための堤防補強（図5）、地震時に高圧ガス設備による人的被害を抑制する耐震事業（図6）などが実施された。また、過去に橋脚洗掘で被災した鉄道橋の洗掘防止対策（図7）への補助、災害時に防災拠点をつなぐ要所に架かる国道の橋梁の耐震化（図8）、緊急輸送道路に埋設された管渠の陥没による災害時の交通障害を防ぐための埋設管渠の補強（図9）、緊急時に重要給水施設へ水を届ける基幹管路の耐震化（図10）などが、緊急対策として実施された。

これらの、各リスクを回避するための対応プログラムについて、2018（平成30）年から2020（令和2）年まで3か年計画として進められた（各事例の写真は、いずれも内閣官房ホームページ「防災・減災、国土強靱化のための3か年緊急対策（事例）」特集サイトより引用）。

▲図4　3か年緊急対策の事例（土砂災害防止の道路法面対策、和歌山県）
出所：内閣官房ホームページ

国道169号は、災害時に避難・救助や物資供給を担う第2次緊急輸送道路で優先順位が高いことから、過去の豪雨被災か所周辺斜面において法面対策を前倒しで実施。

▲図5　3か年緊急対策の事例（堤防法尻補強、山形県東根市）

出所：内閣官房ホームページ

この地区では、最上川の堤防が決壊すると約400世帯が浸水深3～5mとなるが、一帯は低地で避難用の高台がないことから、堤防決壊までの時間を稼ぐための堤防強化策として法尻の補強を実施。

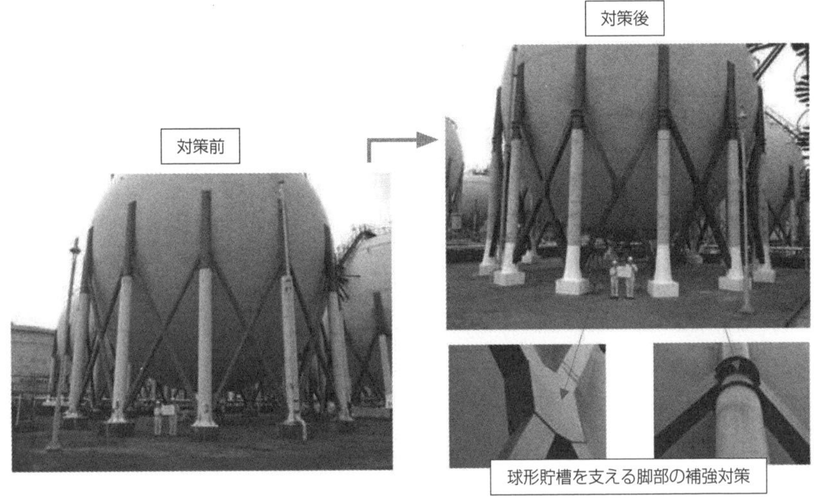

▲図6　3か年緊急対策の事例（高圧ガス設備の耐震補強支援事業、全国の高圧ガス製造所）

出所：内閣官房ホームページ

東日本大震災での高圧球形貯槽の被害を受けて、地震時に高圧ガス設備による人的被害を抑制するため、補強工事を行う事業者への補助を実施。

▲図7　3か年緊急対策の事例（鉄道橋梁の豪雨時の洗掘対策、南海本線 仙南市／阪南市）

出所：内閣官房ホームページ

砂州の侵食による河床低下で急勾配となった河川に架かる南海本線の鉄道橋の抜本的な洗掘対策を実施。2017（平成29）年の台風21号で短時間に21mmの急激な増水により橋脚傾斜の被害が発生しことを受けた緊急措置。

▲図8　3か年緊急対策の事例（緊急輸送路橋梁の耐震化、宮崎県）

出所：内閣官房ホームページ

第1次緊急輸送道路である国道10号の日向大橋は、防災拠点をつなぐ要所で災害時の緊急輸送を担うために優先順位が高い。近年の地震の頻発化を受けて耐震補強を前倒しで実施。

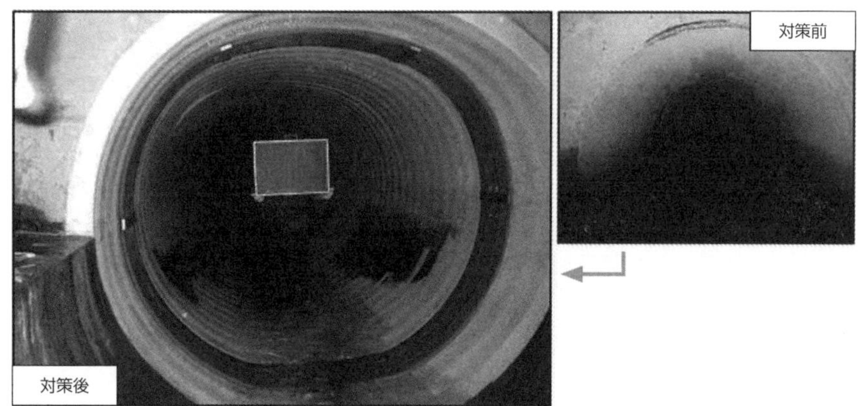

▲図9　3か年緊急対策の事例（下水道管渠の耐震化による緊急車両交通機能の確保、千葉県千葉市）

出所：内閣官房ホームページ

緊急輸送道路に敷設される管渠の被災は、災害時の交通障害につながる。特に、東日本大震災で液状化被害を受け、液状化による陥没が予測される地域の下水道管渠の耐震化を実施。

▲図10　3か年緊急対策の事例（上水道管路の耐震化による緊急時給水拠点の確保、山形県鶴岡市）

出所：内閣官房ホームページ

緊急時に給水優先度の高い重要給水施設へ水を届ける基幹管路について、耐震化を実施。

7-5

防災・減災、国土強靱化のための5か年加速化対策

5か年加速化対策で取り組む内容としては、降水量予測精度の向上によるダムの事前放流推進、IT活用の道路管理体制整備など、合計123項目が設定されている。

■1 5か年加速化対策

5か年加速化対策は、2021（令和3）年度から2025（令和7）年度まで国土強靱化の対策に集中的に取り組む計画として、2020（令和2）年12月、国土強靱化基本計画に基づいて策定された。3か年緊急対策に続いて、近年激甚化の傾向を強める風水害や、大規模地震への対策、老朽化が進むインフラの予防保全型への転換、さらにはこういった国土強靱化の取り組みをデジタル化によって効率化することを目的としている。

重点的・集中的に取り組む具体的な対策としては、降水量予測精度の向上によるダムの事前放流の推進、遊水地の整備などの治水対策、道路橋梁、学校施設などの老朽化対策、ITを活用した道路管理体制、防災気象情報の高度化……といった123項目が設定されている。

なお、国土強靱化基本計画で示されているとおり、毎年度ごとの年次計画とともに、都道府県・市区町村は、それぞれの地域における自然災害のリスクを踏まえ、国土強靱化地域計画を策定し、それに則って地域の強靱化の施策に取り組むことになっている（図11）。市区町村レベルの地域計画は、2022（令和4）年5月時点で1688市区町村（全国の約97%）が策定済みである。地域計画に基づく取り組みの過程で、新たな情報を入手したり、計画策定後に発生した自然災害による被害状況、あるいは新たに得られた学術的な知見などがあれば、それらを反映して地域計画の見直しが行われる。

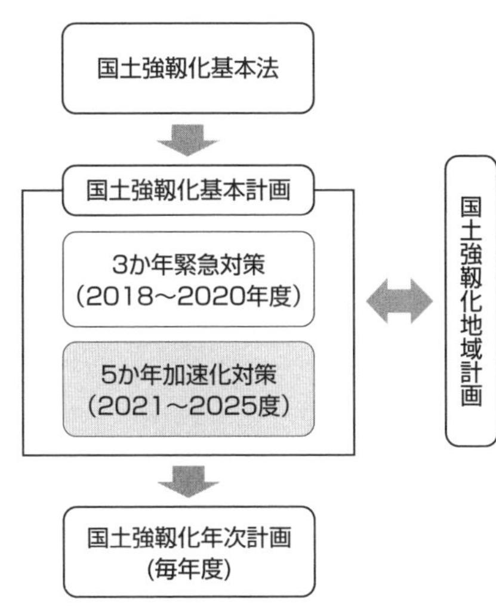

▲図11　国土強靱化推進の枠組み

□５か年加速化対策の項目例（表２）

５か年加速化対策で重点的に取り組む対策として設定された123項目の内訳は、人命・財産の被害を防止・最小化するための50対策、交通ネットワーク・ライフラインを維持し、国民経済・生活を支えるための28対策、インフラ老朽化対策として21対策、およびデジタル化などの推進として24対策である。

これらの各項目には、風水害・地震防災関連では、河川、下水道、砂防、海岸、農業水利施設の整備などの流域治水対策や、港湾における津波対策、密集市街地対策、市街地形成に関する防災対策などがある。また、国民経済・生活を支える交通ネットワークやライフラインを維持・強化する対策としては、高規格道路の未整備か所や暫定２車線区間の４車線化、緊急輸送道路における無電柱化対策などがある。そのほか、インフラメンテナンスの予防保全型への転換に向けた老朽化対策なども含まれる。

▼表2　防災・減災、国土強靭化のための５か年加速化対策における項目例

対策区分		項目例	担当省庁
激甚化する風水害や切迫する大規模地震等への対策［78対策］	（1）人命・財産の被害を防止・最小化するための対策［50対策］	流域治水対策（河川、下水道、砂防、海岸、農業水利施設の整備、水田の貯留機能向上、国有地を活用した遊水地・貯留施設の整備加速）	国土交通省、農林水産省、財務省
		港湾における津波対策、地震時等に著しく危険な密集市街地対策、災害に強い市街地形成に関する対策	国土交通省
		防災重点農業用ため池の防災・減災対策、山地災害危険地区等における治山対策、漁港施設の耐震・耐津波・耐浪化等の対策	農林水産省
		医療施設の耐災害性強化対策、社会福祉施設等の耐災害性強化対策	厚生労働省
		警察における災害対策に必要な資機材に関する対策、警察施設の耐災害性等に関する対策	警察庁
		大規模災害等緊急消防援助隊の充実強化対策、地域防災力の中核を担う消防団に関する対策	総務省
		その他	

対策区分		項目例	担当省庁
激甚化する風水害や切迫する大規模地震等への対策［78対策］	（2）交通ネットワーク・ライフラインを維持し、国民経済・生活を支えるための対策［28対策］	高規格道路のミッシングリンク解消および４車線化、高規格道路と直轄国道とのダブルネットワーク化等による道路ネットワークの機能強化対策、市街地等の緊急輸送道路における無電柱化対策	国土交通省
		送電網の整備・強化対策、SS等の災害対応能力強化対策	経済産業省
		水道施設（浄水場等）の耐災害性強化対策、上水道管路の耐震化対策	厚生労働省
		その他	
予防保全型インフラメンテナンスへの転換に向けた老朽化対策［21対策］		河川管理施設・道路・港湾・鉄道・空港の老朽化対策、老朽化した公営住宅の建替による防災・減災対策	国土交通省
		農業水利施設等の老朽化、豪雨・地震対策	農林水産省
		公立小中学校施設の老朽化対策、国立大学施設等の老朽化・防災機能強化対策	文部科学省
		その他	
国土強靱化に関する施策を効率的に進めるためのデジタル化等の推進［24対策］	（1）国土強靱化に関する施策のデジタル化［12対策］	連携型インフラデータプラットフォームの構築等、インフラ維持管理に関する対策	内閣府
		無人化施工技術の安全性・生産性向上対策、ITを活用した道路管理体制の強化対策	国土交通省
		その他	
	（2）災害関連情報の予測、収集・集積・伝達の高度化［12対策］	スーパーコンピューターを活用した防災・減災対策、高精度予測情報等を通じた気候変動対策	文部科学省
		線状降水帯の予測精度向上等の防災気象情報の高度化対策、河川・砂防・海岸分野における防災情報等の高度化対策	国土交通省
		その他	

注：内閣府「防災・減災、国土強靱化のための５か年加速化対策 対策例」をもとに作表。

MEMO

参考資料

●第１章

1) 土木工学ハンドブック 第4版、2巻第64編 防災システム、土木学会編、技報堂出版、1989年
2) 安田進他、建設技術者を目指す人のための防災工学、コロナ社、2019年
3) 海上智昭他、行動科学・社会科学的な災害の概念定義の整理、日本リスク研究学会誌、22(4), pp.199-218、2012年
4) 自然災害と防災の事典、1.自然災害と防災、京都大学防災研究所監修、丸善出版、2011年
5) 鈴木猛康他、改訂 防災工学、第１章 災害多発国ー日本、理工図書、2022年
6) 水谷武司、自然災害と防災の科学、Ⅰ序論、東京大学出版会、2002年
7) 渕田邦彦他、防災工学、コロナ社、2021年
8) 寺田寅彦、地震雑感 津浪と人間：寺田寅彦随筆選集、（オリジナル：中公文庫、1933年）、千葉他編、中公文庫／中央公論新社、2011年
9) 災害史に学ぶ〔海溝型地震・津波編〕／〔内陸型直下型地震編〕／〔火山編〕／〔風水害・火災編〕、中央防災会議 災害教訓の継承に関する専門調査会編、内閣府（防災担当）災害予防担当、2011年3月
10) 五十畑弘、都市計画の基本と仕組み、秀和システム、2020年
11) 国土交通白書2012（平成24年版）／2021（令和３年版）、国土交通省
12) 災害教訓の継承に関する専門調査会 第１〜4期報告書、内閣府 中央防災会議（内閣府防災情報のページ）

●第２章

1) 河川管理者のための浸透・侵食に関する重点監視の手引き（案）、国土交通省 水管理・国土保全局、2016年3月
2) 土木工学ハンドブック 第4版、2巻第43編 河川、土木学会編、技報堂出版、1989年
3) 富田孝史他、2004年台風16号による高松の高潮浸水被害、海岸工学論文集、土木学会、第52巻pp.1326-1330、2005年
4) 高木泰士他、2019年9月台風15号による神奈川・千葉・茨城の高波被害および東京湾の波浪追算、土木学会論文集B3（海洋開発）、76(1), pp.12-21、2020年
5) 洪水浸水想定区域図作成マニュアル（第4版）、国土交通省 水管理・国土保全局／国土技術政策総合研究所、2015年7月
6) 浸透・侵食に関する監視の強化について（国交省事務連絡）＋ 河川管理者のための浸透・侵食に関する重点監視の手引き（案）、国土交通省 水管理・国土保全局、2016年3月
7) 河川砂防技術基準 設計編、国土交通省 水管理・国土保全局、2019年7月
8) 河川管理者のための浸透・侵食に関する重点監視の手引き（案）、国土交通省 水管理・国土保全局、2016年3月
9) 鬼怒川堤防調査委員会報告書、国土交通省 関東地方整備局、2016年3月

●第３章

1) 気象庁震度階級の解説、気象庁、2009年3月
2) 1923 関東大震災報告書、第1編 発災とメカニズム、中央防災会議 災害教訓の継承に関する専門調査会、2006年7月

3)　震源断層を特定した地震の強震動予測手法（「レシピ」）、2020年3月、地震調査研究推進本部地震調査委員会
4)　川辺孝幸、1995年兵庫県南部地震における液状化災害-とくに仁川百合野台の斜面崩壊について-、東北地域災害科学研究、32, pp.213-218、1996年
5)　浅野志穂、Ⅱ章：地震動と斜面崩壊のメカニズム（特集：地震と山地災害）、森林科学56号、2009年
6)　小山内信智他、平成30年北海道胆振東部地震による土砂災害、砂防学会誌、71(5), pp.54-65、2019年
7)　村山良之他、活断層上への防災型土地利用規制の導入可能性、季刊地理学、53(1), pp.34-44、2001年
8)　濱田政則他、新しい耐震設計法、地質と調査90号、2001年
9)　南海トラフ沿いの地震観測・評価に基づく防災対応のあり方について（報告）、中央防災会議 防災対策実行会議 南海トラフ沿いの地震観測・評価に基づく防災対応検討ワーキンググループ、2017年9月
10)　地震と津波 その監視と防災情報、気象庁、2020年

●第4章

1)　自然災害と防災の辞典、3.地盤・土砂災害、京都大学防災研究所監修、丸善出版、2011年
2)　鈴木猛康他、改訂 防災工学、第5章 土砂災害・火山災害、理工図書、2022年
3)　水谷武司、自然災害と防災の科学、Ⅱ気象災害、東京大学出版会、2002年
4)　平成16年新潟中越地震第二次調査団 調査結果と緊急提言、Ⅰ報告・提言編、土木学会、2004年12月
5)　野尻峰広他、豪雨時における傾斜地盤上の盛土崩壊調査対策事例、全地連技術フォーラム、2019年
6)　大規模盛土造成地の滑動崩落対策推進ガイドライン及び同解説、国土交通省、2015年5月
7)　北園芳人他、斜面崩壊の素因に注目した斜面の危険度評価、第4回土砂災害に関するシンポジウム論文集、2008年 8 月
8)　笹原克夫他、地形要因が斜面崩壊発生に及ぼす影響に関する研究、破防学会誌、1994年
9)　浅田秋江、都市周辺における丘陵地宅地造成地の地震危険度に関する研究、1994年
10)　野尻峰広他、豪雨時における傾斜地盤上の盛土崩壊調査対策事例、全地連技術フォーラム、2019年
11)　土木工学ハンドブック 第4版、2巻第27編 土構造物、土木学会編、技報堂出版、1989年
12)　安田進他、建設技術者を目指す人のための防災工学、コロナ社、2019年
13)　正垣孝晴、技術者に必要な地盤災害と対策の知識、鹿島出版会、2013年
14)　知っておきたい斜面の話Q&A 2、土木学会、2022年

●第5章

1)　S Sekiya, Y Kikuchi, The Eruption of Bandai-san, Imperial University,1889
2)　フンガ・トンガ-フンガ・ハアパイ火山の噴火により発生した潮位変化に関する報告書、気象庁津波予測技術に関する勉強会、2022年4月
3)　富士山火山広域防災対策基本方針、中央防災会議、2006年2月

4) 災害の軽減に貢献するための地震火山観測研究計画（第２次）、地震・火山噴火予知研究協議会、2020年３月
5) 大倉敬宏、火山現象の解明と予測〜阿蘇山を事例として、レジリエンス研究教育推進コンソーシアム講演資料、2023年２月14日
6) 日本活火山総覧（第４版）Web掲載版、気象庁、2013年３月
7) 内閣府 防災情報のページ 火山対策（https://www.bousai.go.jp/kazan/index.html）
8) 水谷武司、自然災害と防災の科学、Ⅲ地震・火山災害、東京大学出版会、2002年
9) 自然災害と防災の事典、2.地震・火山災害、京都大学防災研究所監修、丸善出版、2011年

●第６章

1) WMO ATLAS OF MORTALITY AND ECONOMIC LOSSES FROM WEATHER, CLIMATE AND WATER EXTREMES (1970-2019), WMO-No.1267, World Meteorological Organization, 2021
2) State of the Global Climate 2021, WMO-No.1290, World Meteorological Organization, 2022
3) 日本の気候変動 2020 —大気と陸・海洋に関する観測・予測評価報告書—（詳細版）、文部科学省・気象庁、2020年 12月
4) 気候変動監視レポート 2022、気象庁、2023年３月
5) 気候変動適応計画（令和３年10月22日 閣議決定）、2021年
6) 東京湾沿岸海岸保全基本計画［東京都区間］、東京都、2023年
7) 災害多発時代に備えよ!!〜空港における「統括的災害マネジメント」への転換〜、国土交通省 航空局、2019年４月
8) 「A2-BCP」ガイドライン〜自然災害に強い空港を目指して〜、国土交通省 航空局、2020年３月
9) 気候変動を踏まえた海岸保全のあり方 提言、気候変動を踏まえた海岸保全のあり方検討委員会、2020年７月
10) 砂浜保全に関する中間とりまとめ、津波防災地域づくりと砂浜保全のあり方に関する懇談会、2019年６月20日

●第７章

1) 国土強靱化政策大綱、国土強靱化推進本部、2013年12月17日
2) 国土強靱化基本計画 －強くて、しなやかなニッポンへ－（平成26年６月３日 閣議決定）、2014年
3) 国土強靱化年次計画2022、国土強靱化推進本部、2022年６月21日
4) 防災・減災、国土強靱化のための５か年加速化対策、内閣官房、2020年12月11日
5) 国土強靱化進めよう!!（国土強靱化パンフレット）、内閣官房 国土強靱化推進室
6) 国土強靱化地域計画策定・改定ガイドライン 資料編、内閣官房 国土強靱化推進室、2022年７月
7) 自然災害と防災の事典、6.防災計画と管理、京都大学防災研究所監修、丸善出版、2011年

INDEX

あ行

か行

さ行

た行

な行

は行

ま行

や行

ら行

アルファベット・数字

索引

■著者紹介

五十畑 弘（いそはた ひろし）

1947年東京生まれ。1971年日本大学生産工学部土木工学科卒業。博士（工学）、技術士、土木学会フェロー、特別上級技術者、日本鋼管（株）で橋梁、鋼構造物の設計・開発に従事。JFEエンジニアリング（株）主席を経て、2004年から2018年まで日本大学生産工学部教授。2019年から道路文化研究所特別顧問。2020年土木学会田中賞（業績部門）受賞。

●著書

『図解入門　建設材料の基本と仕組み』（秀和システム）2021年

『図解入門　構造力学の基本と仕組み』（秀和システム）2020年

『図解入門　よくわかる最新都市計画の基本と仕組み』（秀和システム）2020年

『図解入門　よくわかる最新『橋』の科学と技術』（秀和システム）2019年

『図解　日本と世界の土木遺産』（秀和システム）2017年

『日本の橋』（ミネルヴァ書房）2016年

『図解入門　よくわかる最新土木技術の基本と仕組み』（秀和システム）2014年

図解入門（ずかいにゅうもん） よくわかる
最新（さいしん）防災土木（ぼうさいどぼく）の基礎知識（きそちしき）

発行日　2023年 9月 1日　　第1版第1刷

著　者　五十畑（いそはた）　弘（ひろし）

発行者　斉藤　和邦

発行所　株式会社　秀和システム
〒135-0016
東京都江東区東陽2-4-2　新宮ビル2F
Tel 03-6264-3105（販売）Fax 03-6264-3094

印刷所　三松堂印刷株式会社　　Printed in Japan

ISBN978-4-7980-6944-9 C3051